建设工程质量检测人员培训丛书

胡贺松　丛书主编

# 建筑节能检测

李　淼　主　编

许文君　吕法旻　副主编

中国建筑工业出版社

图书在版编目（CIP）数据

建筑节能检测 / 李淼主编；许文君，吕法旻副主编.
北京 ：中国建筑工业出版社, 2025. 4. -- (建设工程质
量检测人员培训丛书 / 胡贺松主编). -- ISBN 978-7
-112-31136-1

Ⅰ. TU111.4

中国国家版本馆 CIP 数据核字第 2025UD7434 号


责任编辑：杨　允　李静伟

责任校对：芦欣甜

**建设工程质量检测人员培训丛书**

胡贺松　丛书主编

**建筑节能检测**

李　淼　主　编

许文君　吕法旻　副主编

＊

中国建筑工业出版社出版、发行（北京海淀三里河路9号）

各地新华书店、建筑书店经销

国排高科（北京）人工智能科技有限公司制版

三河市富华印刷包装有限公司印刷

＊

开本：787 毫米×1092 毫米　1/16　印张：14¾　字数：360 千字

2025 年 7 月第一版　2025 年 7 月第一次印刷

定价：**46.00** 元

ISBN 978-7-112-31136-1

（44762）

# 丛书编委会

主　　编：胡贺松

副主编：刘春林　孙晓立

编　　委：刘炳凯　梅爱华　罗旭辉　杨勇华　宋雄彬
　　　　　李祥新　邢宇帆　张宪圆　余佳琳　李　昂
　　　　　张　鹏　李　淼

# 本书编委会

主　　编：李　淼

副 主 编：许文君　吕法旻

编　　委：李　宁　　邓集铿　　杨亚琨　　项思毅　　邓乐彰
　　　　　严淑珍　　倪胜友　　梁永松　　张增钰　　曾宪翔
　　　　　陈勇发　　萧盛龙　　陈柏霖　　刘　斌　　汤小平
　　　　　丁洪涛

建设工程质量检测监测，乃现代工程建设之命脉，承载着守护工程安全与品质之重任。随着建造技术革新浪潮奔涌、材料与工艺迭代日新月异，检测行业亦面临前所未有的挑战与机遇。检测工作不仅需为工程全生命周期提供精准数据支撑，更需以创新之力推动行业向绿色化、智能化、标准化纵深发展。在此背景下，培养兼具理论素养与实践能力的专业人才，实为行业高质量发展的关键基石。

"建设工程质量检测人员培训丛书"应势而生。此丛书由广州市建筑科学研究院集团有限公司倾力编纂，凝聚四十余载技术积淀，博采行业前沿成果，体系严谨、内容丰实。丛书十二分册，涵盖建筑材料、主体结构、节能幕墙、市政道路、桥梁地下工程等核心领域，更兼实验室管理与安全监测等专项内容，既立足基础，又紧扣时代脉搏。尤为可贵者，各分册编写皆以"问题导向"为纲，如《主体结构及装饰装修检测》聚焦施工质量隐患诊断，《工程安全监测》剖析风险预警技术，《建筑节能检测》则直指"双碳"目标下的绿色建筑评价体系。凡此种种，皆彰显丛书对行业痛点的精准回应与前瞻引领。

丛书之价值，尤在其"知行合一"的编撰理念。检测工作绝非纸上谈兵，须以理论为帆，以实践为舵。书中每一章节以现行标准为导向，辅以数据图表与操作流程详解，使晦涩标准化为生动指南。编写团队更汇集数位资深专家，其笔锋既透学术之严谨，又蕴实战之智慧。

"工欲善其事，必先利其器"。此丛书之意义，非止于知识传递，更在于精神传承。书中字里行间，浸润着编者"精益求精、守正创新"的行业匠心。冀望读者持此卷为舟楫，既夯实检测技术之根基，亦淬炼科学思维之锐度，以专业之力筑牢工程品质长城，以敬畏之心守护万家灯火安然。愿此书成为检测同仁案头常备之典，助力中国建造迈向更高、更远、更强之境。

是为序。

博士、教授级高工

# 前　言

## FOREWORD

　　根据住房和城乡建设部颁布的《建设工程质量检测机构资质标准》（建质规〔2023〕1号）的相关规定，建设工程质量检测机构资质分为两个类别，即综合资质和专项资质，其中专项资质共分为建筑材料及构配件、主体结构及装饰装修、钢结构、地基基础、建筑节能、建筑幕墙、市政工程材料、道路工程、桥梁及地下工程9个专项。本书详细介绍了建筑结构的保温绝热性能、增强加固情况、保温砂浆及抹面材料的施工质量、隔热型材的选择与安装、建筑外窗的密封性能、节能工程的设计合理性、电线电缆的布线方式及安全性、反射隔热材料的反射效率、供暖通风空调节能设备的运行效率、照明灯具的能效性能以及可再生能源应用系统的整体效益。通过对这些方面的综合检测和评估，可以全面了解建筑节能状况，为节能改造和提升建筑能效提供可靠依据。

　　本书共分为13章：第1章概述，由李淼编写；第2章保温绝热材料，由邓集铿、严淑珍、汤小平编写；第3章增强加固材料，由汤小平、陈勇发编写；第4章保温砂浆，第5章抹面材料，由汤小平、萧盛龙编写；第6章隔热型材，由汤小平、梁永松编写；第7章建筑外门窗，由倪胜友、许文君、陈柏霖编写；第8章节能工程，由李淼、曾宪翔、丁洪涛、项思毅、李宁、杨亚琨、张增钰、许文君、陈柏霖编写；第9章电线电缆，第10章反射隔热材料，由倪胜友编写；第11章供暖通风空调节能工程用设备，由邓集铿编写；第12章照明灯具，由严淑珍编写；第13章可再生能源应用系统，由邓乐彰、吕法旻编写。刘斌对本书图稿进行了整理绘制。

　　本书将建筑节能检测的各个方面有机地组织起来，形成系统性的学习体系，有助于读者全面、系统地理解建筑节能检测的原理和方法。

　　本书特别感谢丛书总主编胡贺松教授级高级工程师的大力支持和指导，教材的编写工作还得到了有关领导、专家的大力支持和帮助，并提出了宝贵意见，感谢所有为本书编写提供专业建议和技术支持的专家学者。

　　由于编者水平有限和编写时间仓促，书中难免存在不足之处，恳请广大读者批评指正，欢迎反馈宝贵意见和建议。

# 目　录

CONTENTS

# 第1章

# 概　述

## 1.1　建筑节能检测基本概念与术语

### 1.1.1　建筑节能

建筑节能，是指在规划、设计、建造和使用过程中，通过采用新型墙体材料，执行建筑节能标准，加强建筑物用能设备的运行管理，合理设计建筑围护结构的热工性能，提高供暖、制冷、照明、通风、给水排水和通道系统的运行效率，以及利用可再生能源，在保证建筑物使用功能和室内热环境质量的前提下，降低建筑能源消耗，合理、有效地利用能源的活动。这里的能耗主要包括两个方面：一是建造过程中的能耗，包括建筑材料、建筑构配件、建筑设备的生产和运输以及建筑施工和安装中的能耗；二是使用过程中的能耗，包括房屋建筑和构筑物使用期内供暖、通风、空调、照明、家用电器、电梯和冷热水供应等的能耗。本书中的建筑节能，更着重于使用过程中的节能。

建筑节能的重点是空调、供暖和照明的节能，需从建筑规划与设计、围护结构建造、提高设备用能效率等方面进行统筹，最终达到有效提高总的能源利用效率的目标。这些措施可以在保证室内热环境质量的前提下，减少供暖、空调制冷制热、照明、热水供应的能耗。

需要注意的是，建筑节能是在满足建筑使用功能及使用人员舒适性的前提下，采用科学合理的措施来降低能耗，而不是简单地减少能源的使用量。因此，建筑节能需要综合考虑技术、经济、环境等多方面的因素，以实现可持续发展为目标。

### 1.1.2　围护结构

分隔建筑室内与室外，以及建筑内部使用空间的建筑部件。

### 1.1.3　导热系数

在稳态条件和单位温差作用下，通过单位厚度、单位面积匀质材料的热流量。导热系数也称热导率，通常以$\lambda$表示，单位为 $W/(m \cdot K)$。

导热系数是材料的固有特性，与材料的成分、结构、孔隙率、孔隙特征和含水率等有关，而密度和湿度对材料导热系数的影响最大。习惯上，导热系数小于 $0.23W/(m \cdot K)$ 的材料称为保温隔热材料或者绝热材料，导热系数在 $0.05W/(m \cdot K)$ 以下的材料称为高效保温隔热材料或者高效绝热材料。

静止的空气是热的不良导体，故此，当材料内部有较多的小气孔特别是互相完全隔离的小气孔时，其导热系数会变小。因而材料越密实，其导热性越好，导热系数越大。对于密实性材料来说，导热系数随着材料密度的提高而增大。

由于水的导热系数比空气的大 20 多倍，因而当材料的含水率增大时，其导热系数随之增大。本来干燥的材料在受潮后导热系数随之增大；因为冰的导热系数较水大，所以材料受潮后再产生冰冻状况，导热系数会增加得更大。聚苯乙烯泡沫这类材料结构中充满巨大量微细而封闭的孔隙，吸水率非常低，因而其保温隔热性能不会受到水侵蚀的影响，成为目前广泛使用的建筑保温隔热材料。

对于各向异性材料，如木材等纤维材料，当热流与纤维延伸方向平行时，热流受到的阻力小；而热流垂直于纤维延伸方向时，受到的阻力大。因而，在进行导热系数测试时应注意，其传热方向应与材料在实际应用中的方向一致。

### 1.1.4 传热阻

表征围护结构本身加上两侧空气边界层作为一个整体的阻抗传热能力的物理量，单位是 $m^2 \cdot K/W$。传热阻表征了物体阻止传热的能力，与导热系数不同的是，传热阻与传热物体的厚度有关，对同一种材料而言，材料越厚，传热阻越大。

### 1.1.5 传热系数

在稳态条件下，围护结构两侧空气为单位温差时，单位时间内通过单位面积传递的热量，单位是 $W/(m^2 \cdot K)$。传热系数与传热阻互为倒数。

### 1.1.6 热桥

围护结构中热流强度显著增大的部位。在建筑物围护结构中常见的热桥有处在外墙周边的钢筋混凝土抗震柱、圈梁、门窗、过梁，钢筋混凝土或钢框架梁、柱，钢筋混凝土或金属屋面板中的边肋或小肋，以及幕墙、窗中的金属框等。

### 1.1.7 进场验收

对进入施工现场的材料、设备等进行外观质量检查和规格、型号、技术参数及质量证明文件核查并形成相应验收记录的活动。

### 1.1.8 检验

对被检验项目的特征、性能进行量测、检查、试验等，并将结果与标准或设计规定的要求进行比较，以确定项目每项性能是否合格的活动。

### 1.1.9 复验

进入施工现场的材料、设备等在进场验收合格的基础上，按照有关规定从施工现场随机抽样，送至具备相应资质的检测机构进行部分或全部性能参数检验的活动。

### 1.1.10 见证取样检验

施工单位取样人员在监理工程师的见证下，按照有关规定从施工现场随机抽样，送至具备相应资质的检测机构进行检验的活动。

### 1.1.11　现场实体检验

在监理工程师见证下，对已经完成施工作业的分项或子分部工程，按照有关规定在工程实体上抽取试样，在现场进行检验；当现场不具备检验条件时，送至具有相应资质的检测机构进行检验的活动，简称实体检验。

### 1.1.12　质量证明文件

随同进场材料、设备等一同提供的能够证明其质量状况的文件。通常包括出厂合格证、中文说明书、型式检验报告及相关性能检测报告等。进口产品应包括出入境商品检验合格证明。适用时，也可包括进场验收、进场复验、见证取样检验和现场实体检验等资料。

### 1.1.13　核查

对技术资料的检查及资料与实物的核对。包括：对技术资料的完整性、内容的正确性、与其他相关资料的一致性及整理归档情况等的检查，以及将技术资料中的技术参数等与相应的材料、构件、设备或产品实物进行核对、确认。

### 1.1.14　型式检验

由生产厂家委托具有相应资质的检测机构，对定型产品或成套技术的全部性能指标进行的检验，其检验报告为型式检验报告。通常在产品定型鉴定、正常生产期间规定时间内、出厂检验结果与上次型式检验结果有较大差异、材料及工艺参数改变、停产半年以上恢复生产或有型式检验要求时进行。

## 1.2　我国建筑节能政策与标准

我国建筑节能的发展史可以追溯到 20 世纪 80 年代初期。这一时期，建筑节能工作主要集中在北方供暖地区，并且开始逐步向南方夏热冬冷地区推进。直到 2003 年，夏热冬暖地区也开始实行建筑节能，随着相关工作逐渐展开，形成了一系列的法规与标准。

1998 年 1 月 1 日起实施《中华人民共和国节约能源法》，该法对建筑节能明确了主管部门和相关的要求。2007 年，全国人大常委会对《中华人民共和国节约能源法》进行了修订，在 2016 年、2018 年进行了两次修正，该法明确部署了我国建筑节能立法的框架蓝图，使建筑节能工作翻开了新的篇章。2000 年 10 月 1 日实施《民用建筑节能管理规定》（建设部令第 76 号），其后在 2005 年 11 月发布了新版《民用建筑节能管理规定》（建设部令第 143 号），2008 年 10 月 1 日起施行的《民用建筑节能条例》（国务院令第 530 号），对新建建筑节能、既有建筑节能改造、建筑用能系统运行节能、叮再生能源应用等方面提出了要求，规定了各级人民政府、建设单位、设计单位、监理单位和施工单位在建筑节能方面的责任和义务。

住房和城乡建设部于 2022 年 3 月 1 日发布《关于印发"十四五"建筑节能与绿色建筑发展规划的通知》（建标〔2022〕24 号），提出了提升绿色建筑发展质量、提高新建建筑节能水平、加强既有建筑节能绿色改造、推动可再生能源应用、实施建筑电气化工程、推广新型绿色建造方式等重点任务，并提出健全法规标准体系、落实激励政策保障、创新工程质量监管模式等保障措施。

在建筑节能的发展过程中，我国建筑节能标准稳步提高，大致经历了三个阶段。第一阶段始于 1986 年。1986 年 8 月 1 日，《民用建筑节能设计标准（采暖居住建筑部分）》JGJ 26—1986 实施，要求在当地 1980—1981 年住宅通用设计能耗水平的基础上节约 30% 的能耗。

第二阶段开始于 1996 年，当时实施了更为严格的节能标准，要求在原有基础上再节能 30%，节能率达到 50%。代表性的标准有：1996 年 7 月实施的《民用建筑节能设计标准（采暖居住建筑部分）》JGJ 26—1995，2001 年 10 月实施的《夏热冬冷地区居住建筑节能设计标准》JGJ 134—2001，2003 年 10 月实施的《夏热冬暖地区居住建筑节能设计标准》JGJ 75—2003，2005 年 7 月实施的《公共建筑节能设计标准》GB 50189—2005。

第三阶段要求在第二阶段的基础上再节能 30%，节能率达到 65%。代表性的标准有：2010 年 8 月实施的《严寒和寒冷地区居住建筑节能设计标准》JGJ 26—2010，2010 年 8 月实施的《夏热冬冷地区居住建筑节能设计标准》JGJ 134—2010，2015 年 10 月实施的《公共建筑节能设计标准》GB 50189—2015。

通过前期的积累，我国建筑节能工作继续深入发展。2019 年 8 月实施的《严寒和寒冷地区居住建筑节能设计标准》JGJ 26—2018，在 JGJ 26—2010 的基础上再节能 30%，节能率达到了 75%。

相应的，在不同的阶段也提出了节能工程验收标准，对节能工程的验收进行了规范管理。建筑节能工程验收标准见表 1.2-1。

**建筑节能工程验收标准**　　　　　　　　　　　　　　　　　　表 1.2-1

| 序号 | 名称 | 代码 | 实施时间 | 备注 |
|---|---|---|---|---|
| 1 | 建筑节能工程施工质量验收规范 | GB 50411—2007 | 2007-10-01 | 被 GB 50411—2019 替代 |
| 2 | 建筑节能工程施工质量验收标准 | GB 50411—2019 | 2019-12-01 | 自《建筑节能与可再生能源利用通用规范》GB 55015—2021 实施之日起，该标准相关强制性条文同期废止 |
| 3 | 建筑节能与可再生能源利用通用规范 | GB 55015—2021 | 2022-04-01 | 自本标准实施之日起，现行工程建设标准相关强制性条文同时废止 |
| 4 | 采暖居住建筑节能检验标准 | JGJ 132—2001 | 2001-06-01 | 被 JGJ/T 132—2009 替代 |
| 5 | 居住建筑节能检测标准 | JGJ/T 132—2009 | 2010-07-01 | — |
| 6 | 公共建筑节能检测标准 | JGJ/T 177—2009 | 2010-07-01 | — |

从地方层面来看，全国多个地方政府陆续出台了建筑节能相关政策和地方性规范，对建筑节能提出具体要求，故此，节能检测应同时满足国家、行业和当地的地方标准与政策要求。

## 1.3　建筑节能检测的特点

### 1.3.1　建筑节能检测技术的发展

建筑节能检测基本上包括三个方面的内容，即建筑节能材料（包括应用系统）的检测，节能构配件的检测和工程现场的实体检测。

建筑节能材料主要是指建筑物围护构造以及冷（热）源系统、供暖空调输配系统的保温隔热材料，如通常使用的蒸压加气混凝土砌块（板）、挤塑聚苯板、岩棉板、橡塑保温板（管）等；保温系统主要是保温隔热材料应用的方式，最常见的是外墙外保温系统。

建筑节能构配件主要是电器照明、太阳能节能产品、供暖空调产品以及建材砌体等。这两类检测通常是在实验室中进行。

现场实体检测主要是对已经施工的节能工程进行实际工程质量的检测，是对材料和施工质量的综合检测。如，外墙保温系统的钻芯取样，能够检测保温层的厚度；实体拉拔试验能够检测保温层的抗拉强度和拉伸粘结强度等。目前能够进行的工程现场实体检测项目很多，例如饰面砖的粘结强度、门窗的气密性、墙体的传热系数、热工缺陷等。

#### 1.3.1.1　建筑节能检测技术的起步

（1）建筑节能材料和工程检测的起步

我国于 20 世纪 80 年代开始实施建筑节能管理，提高围护结构的保温隔热性能成为建筑节能的首选技术。工程监理根据我国工程验收标准，要求施工单位提供节能材料和工程质量的检测报告，从此开始了我国节能材料和节能工程的检测。1988 年我国颁布了《绝热材料稳态热阻及有关特性的测定防护热板法》GB/T 10294—1988，是材料导热系数的检测方法，现行版本为 GB/T 10294—2008。

外墙外保温系统的检测标准是 2000 年后参照欧洲标准，并结合我国实际情况制定的《膨胀聚苯板薄抹灰外墙外保温系统》JG 149—2003（已废止）和《胶粉聚苯颗粒外墙外保温系统》JG 158—2004（已被 JG/T 158—2013 替代），以及《外墙外保温工程技术规程》JGJ 144—2004（已被 JGJ 144—2019 替代）等，JGJ 144 除规定了施工验收要求外，同时规定了材料和系统的检测方法。

（2）节能系统配件检测

2003 年我国颁布的《风机盘管机组》GB/T 19232—2003，现行版本为 GB/T 19232—2019，规定了技术指标和试验方法。

1987 年发布《建筑外窗保温性能分级及其检测方法》GB 8484—1987，开始门窗的热工性能检测，该标准现行版本为《建筑外门窗保温性能检测方法》GB/T 8484—2020。

1992 年发布《建筑构件稳态热传递性质的测定标定和防护热箱法》GB/T 13475—1992，开始实验室测定构件的稳态传热性质，该标准现行版本为 GB/T 13475—2008。

（3）居住建筑节能现场检验方法

2001 年建设部颁布了《采暖居住建筑节能检验标准》JGJ 132—2001，规定了现场检测围护结构热工性能、建筑物单位供暖耗热量和室外管网输送效率等 9 项检测方法，第一次将供暖系统的检测纳入标准，同时给出了合格判定的依据。其后该标准被《居住建筑节能检测标准》JGJ/T 132—2009 替代。

#### 1.3.1.2　我国建筑节能检测技术的发展

2005 年 4 月 28 日建设部第 143 号令颁布了《民用建筑节能管理规定》，指明了建筑节能的发展方向，强化了建筑节能工作，使建筑节能检测技术进入新的发展阶段。经过近 20

年的应用总结，建筑节能技术进入成熟发展期。建筑节能技术的进步带动了建筑节能检测技术的发展，建筑节能检测机构如雨后春笋般成立和壮大起来。建筑节能材料检测、门窗幕墙构配件检测、空调供暖配件检测和工程实体检测普遍开展，建筑节能标准的制定规范了建筑节能工程质量，检测方法有了依据，计量认证和实验室认可规范了检测机构的管理。

（1）材料基本性能检测时期

《绝热材料稳态热阻及有关特性的测定防护热板法》GB/T 10294—1988 的实施，规范了材料保温性能的评价体系，使得不同保温材料的保温性能可以直接比较，在工程验收的推动下，全国的节能检测机构都具备了该参数的检测能力。

（2）构配件性能检测时期

2006 年以来，根据工程验收的需要，国内开始对墙体构件的热工性能、门窗的气密性和热工性能进行检测。物理性能的检测技术基本依赖于设备性能，但热工性能的检测需要有一定的专业知识。

《建筑节能工程施工质量验收规范》GB 50411—2007 颁布后，开始散热器、风机盘管机组的检测，且由于能效测评工作的推动，能够承担此项业务的检测机构逐渐增多。

（3）现场实体检测时期

这是我国特有的检测项目，主要指围护结构现场的传热系数、窗气密性、围护结构构造层钻芯、保温材料等材料的粘结拉拔等，这部分检测的主要目的是加强对施工质量的控制。

（4）供暖空调和照明配电系统

《采暖居住建筑节能检验标准》JGJ 132—2001 提出了供暖系统的检测方法，后被《居住建筑节能检测标准》JGJ/T 132—2009 替代，现在共有 11 项，增加了外围护结构隔热性能、外窗遮阳设施、锅炉运行效率和耗电输热比等的检测。

系统检测的概念是《建筑节能工程施工质量验收规范》GB 50411—2007 提出的，各地为了配合该标准的执行，用实验室的方法在现场检测，《公共建筑节能检测标准》JGJ/T 177—2009 提供的检测方法使检测机构有了现场可依据的方法标准，该标准的检测内容与以前执行的标准相比是全新的，其中围护结构检测项目 4 项，供暖、空调、通风、配电、照明、监测与控制 6 项，合计 10 项。

（5）研发新型检测技术和检测设备

为满足工程质量控制和检测工作的需要，近年来研究了一些新型检测设备和试验方法、仪器等。除了大型耐候性试验仪、抗风压试验仪以外，还有各种现场热工性能检测的仪器，如建筑围护结构保温性能检测装置、建筑热工温度与热流自动监测系统等。

### 1.3.2　建筑保温隔热检测业务的主要内容

#### 1.3.2.1　建筑保温隔热检测业务基本的内容

建筑保温隔热检测是建筑节能工作的一项重要内容，是产品和工程质量的有力保证。建筑保温隔热的检测业务内容多、范围广、专业跨度大、检测周期长，检测技术具有一定的复杂性和难度。例如，既有实验室内的产品检测、系统检测，又有工程实体检测；其材料品种既有墙体材料，又有屋面材料、管道材料等，既有保温隔热材料又有反射隔热涂料、红外辐射隔热涂料等，不同品种、不同类别和不同专业的检测项目有近一百多个。表 1.3-1

从不同角度概述了建筑保温隔热检测的主要业务分类。

保温隔热检测的主要业务分类
表 1.3-1

| 分类依据 | 类别 | 主要检测内容举例 |
|---|---|---|
| 检测场所 | ①实验室检测；<br>②实体检测；<br>③实验室和施工现场结合检测 | ①单项产品检测、单一性能项目检测（如砌体传热系数检测）、系统检测；<br>②如墙体传热系数现场检测、外围护构造钻芯法检测；<br>③如同条件养护试块检测等 |
| 检测性能项目 | ①产品原始状态性能和施工性能；<br>②物理性能；<br>③力学性能 | ①堆积密度、外观质量、镀锌层质量、可操作时间、干燥时间、凝结时间等；<br>②干密度、燃烧性能分级、氧指数、反射率、吸水率、导热系数、传热系数、耐碱性、憎水率、抗冲击性、放射性和各种化学成分含量等；<br>③抗压强度、压缩强度、拉伸粘结强度、压折比、抗拉强度、延伸率、焊点抗拉力等 |
| 材料应用场合和品种 | ①墙体保温材料；<br>②屋面保温材料；<br>③管道保温材料；<br>④涂料；<br>⑤其他材料 | ①挤塑聚苯板、泡沫混凝土、建筑保温砂浆、硬泡聚氨酯、脲醛树脂泡沫、酚醛树脂泡沫等；<br>②挤塑聚苯板、硬泡聚氨酯、泡沫混凝土、泡沫玻璃等；<br>③橡塑泡沫制品、泡沫玻璃、酚醛树脂泡沫等；<br>④反射隔热涂料、红外辐射隔热涂料、弹性涂料、柔性耐水腻子等；<br>⑤锚栓、镀锌增强网、耐碱玻纤网格布、界面砂浆、抗裂砂浆、面砖粘结砂浆等 |

### 1.3.3 检测工作的主要标准依据

如表 1.3-1 所示，建筑保温隔热检测的范围广，从检测项目来说，包括了材料性能检测、产品检测、实体检测和材料的物理力学性能检测、原始状态性能检测和施工性能检测等多种。如果详细罗列，各种项目综合起来有数百个，而且这些项目的专业分布范围广泛，涉及多种专业和不同性质、业务的检测。

检测工作的主要依据是标准，包括产品标准、检测方法标准和工程技术规程中所规定的检测方法等，随着技术的发展，这些标准、规范、规程也会不定期地更新换版。

建筑保温隔热日常检测工作所涉及的一些主要标准如表 1.3-2 所示。

建筑节能检测依据的主要标准
表 1.3-2

| 类别 | 标准编号 | 标准名称 |
|---|---|---|
| 验收标准、规范、技术规程（检测项目、抽检比例、合格判定的依据） | GB 50411—2019 | 建筑节能工程施工质量验收标准 |
| | GB 55015—2021 | 建筑节能与可再生能源利用通用规范 |
| | GB 55016—2021 | 建筑环境通用规范 |
| | GB 50189—2015 | 公共建筑节能设计标准 |
| | GB/T 50801—2013 | 可再生能源建筑应用工程评价标准 |
| | JGJ/T 132—2009 | 居住建筑节能检测标准 |
| | JGJ/T 177—2009 | 公共建筑节能检测标准 |
| | JGJ/T 235—2011 | 建筑外墙防水工程技术规程 |
| | 地方标准 | 当地节能工程质量地方验收标准、规范或规程 |

| 类别 | 标准编号 | 标准名称 |
|---|---|---|
| 检测方法（检测操作、数据处理与报告编制的依据） | GB/T 10294—2008 | 绝热材料稳态热阻及有关特性的测定防护热板法 |
| | GB/T 10295—2008 | 绝热材料稳态热阻及有关特性的测定热流计法 |
| | GB/T 13475—2008 | 绝热稳态传热性质的测定标定和防护热箱法 |
| | GB/T 13480—2014 | 建筑用绝热制品压缩性能的测定 |
| | GB/T 13754—2017 | 供暖散热器散热量测定方法 |
| | GB/T 14402—2007 | 建筑材料及制品的燃烧性能燃烧热值的测定 |
| | GB/T 17146—2015 | 建筑材料及其制品水蒸气透过性能试验方法 |
| | GB/T 17671—2021 | 水泥胶砂强度检验方法（ISO法） |
| | GB/T 18380.12—2022 | 电缆和光缆在火焰条件下的燃烧试验 第12部分：单根绝缘电线电缆火焰垂直蔓延试验 1kW预混合型火焰试验方法 |
| | GB/T 18380.13—2022 | 电缆和光缆在火焰条件下的燃烧试验 第13部分：单根绝缘电线电缆火焰垂直蔓延试验测定燃烧的滴落（物）/微粒的试验方法 |
| | GB/T 18708—2002 | 家用太阳热水系统热性能试验方法 |
| | GB/T 20102—2006 | 玻璃纤维网布耐碱性试验方法氢氧化钠溶液浸泡法 |
| | GB/T 20284—2006 | 建筑材料或制品的单体燃烧试验 |
| | GB/T 2406.2—2009 | 塑料用氧指数法测定燃烧行为 第2部分：室温试验 |
| | GB/T 24824—2009 | 普通照明用LED模块测试方法 |
| | GB/T 2680—2021 | 建筑玻璃可见光透射比、太阳光直接透射比、太阳能总透射比、紫外线透射比及有关窗玻璃参数的测定 |
| | GB/T 26971—2011 | 家用分体双回路太阳能热水系统试验方法 |
| | GB/T 28289—2012 | 铝合金隔热型材复合性能试验方法 |
| | GB/T 29293—2012 | LED筒灯性能测量方法 |
| | GB/T 29295—2012 | 反射型自镇流LED灯性能测试方法 |
| | GB/T 30804—2014 | 建筑用绝热制品垂直于表面抗拉强度的测定 |
| | GB/T 4271—2021 | 太阳能集热器性能试验方法 |
| | GB/T 5013.2—2008 | 额定电压450/750V及以下橡皮绝缘电缆 第2部分：试验方法 |
| | GB/T 5023.2—2008 | 额定电压450/750V及以下聚氯乙烯绝缘电缆 第2部分：试验方法 |
| | GB/T 5464—2010 | 建筑材料不燃性试验方法 |
| | GB/T 5480—2017 | 矿物棉及其制品试验方法 |
| | GB/T 5486—2008 | 无机硬质绝热制品试验方法 |
| | GB/T 5700—2023 | 照明测量方法 |
| | GB/T 6343—2009 | 泡沫塑料及橡胶表观密度的测定 |
| | GB/T 7106—2019 | 建筑外门窗气密、水密、抗风压性能检测方法 |
| | GB/T 7689.5—2013 | 增强材料机织物试验方法 第5部分：玻璃纤维拉伸断裂强力和断裂伸长的测定 |

续表

| 类别 | 标准编号 | 标准名称 |
|---|---|---|
| 检测方法（检测操作、数据处理与报告编制的依据） | GB/T 8484—2020 | 建筑外门窗保温性能检测方法 |
| | GB 8624—2012 | 建筑材料及制品燃烧性能分级 |
| | GB/T 8625—2005 | 建筑材料难燃性试验方法 |
| | GB/T 8626—2007 | 建筑材料可燃性试验方法 |
| | GB/T 8810—2005 | 硬质泡沫塑料吸水率的测定 |
| | GB/T 8813—2020 | 硬质泡沫塑料压缩性能的测定 |
| | GB/T 9468—2008 | 灯具分布光度测量的一般要求 |
| | GB/T 9914.2—2013 | 增强制品试验方法 第 2 部分：玻璃纤维可燃物含量的测定 |
| | GB/T 9914.3—2013 | 增强制品试验方法 第 3 部分：单位面积质量的测定 |
| | GB 17625.1—2022 | 电磁兼容限值 第 1 部分：谐波电流发射限值（设备每相输入电流 ≤ 16A） |
| | JG/T 211—2007 | 建筑外窗气密、水密、抗风压性能现场检测方法 |
| | JGJ/T 151—2008 | 建筑门窗玻璃幕墙热工计算规程 |
| | JGJ/T 260—2011 | 采暖通风与空气调节工程检测技术规程 |
| | JGJ/T 287—2014 | 建筑反射隔热涂料节能检测标准 |
| 产品标准（检测参数选择的依据，部分产品标准同时是检测方法的依据） | GB/T 10682—2010 | 双端荧光灯性能要求 |
| | GB/T 10801.1—2021 | 绝热用模塑聚苯乙烯泡沫塑料（EPS） |
| | GB/T 10801.2—2018 | 绝热用挤塑聚苯乙烯泡沫塑料（XPS） |
| | GB/T 11835—2016 | 绝热用岩棉、矿渣棉及其制品 |
| | GB/T 15042—2008 | 灯用附件放电灯（管形荧光灯除外）用镇流器性能要求 |
| | GB/T 17263—2013 | 普通照明用自镇流荧光灯性能要求 |
| | GB/T 17794—2021 | 柔性泡沫橡塑绝热制品 |
| | GB/T 19232—2019 | 风机盘管机组 |
| | GB/T 20473—2021 | 建筑保温砂浆 |
| | GB/T 24908—2014 | 普通照明用非定向自镇流 LED 灯性能要求 |
| | GB/T 25975—2018 | 建筑外墙外保温用岩棉制品 |
| | GB/T 26000—2010 | 膨胀玻化微珠保温隔热砂浆 |
| | GB/T 26970—2011 | 家用分体双同路太阳能热水系统技术条件 |
| | GB/T 29296—2012 | 反射型自镇流 LED 灯性能要求 |
| | GB/T 29906—2013 | 模塑聚苯板薄抹灰外墙外保温系统材料 |
| | GB/T 3048.4—2007 | 电线电缆电性能试验方法 第 4 部分：导体直流电阻试验 |
| | GB/T 30593—2014 | 外墙内保温复合板系统 |
| | GB/T 30595—2014 | 挤塑聚苯板（XPS）薄抹灰外墙外保温系统材料 |

| 类别 | 标准编号 | 标准名称 |
|---|---|---|
| 产品标准（检测参数选择的依据，部分产品标准同时是检测方法的依据） | GB/T 33281—2016 | 镀锌电焊网 |
| | GB/T 3956—2008 | 电缆的导体 |
| | GB 17896—2022 | 普通照明用气体放电灯用镇流器能效限定值及能效等级 |
| | GB 26969—2011 | 家用太阳能热水系统能效限定值及能效等级 |
| | GB 50404—2017 | 硬泡聚氨酯保温防水工程技术规范 |
| | JC/T 1040—2020 | 建筑外表面用热反射隔热涂料 |
| | JC/T 547—2017 | 陶瓷砖胶粘剂 |
| | JC/T 647—2014 | 泡沫玻璃绝热制品 |
| | JC/T 841—2007 | 耐碱玻璃纤维网布 |
| | JC/T 992—2006 | 墙体保温用膨胀聚苯乙烯板胶粘剂 |
| | JC/T 993—2006 | 外墙外保温用膨胀聚苯乙烯板抹面胶浆 |
| | JC/T 998—2006 | 喷涂聚氨酯硬泡体保温材料 |
| | JG/T 158—2013 | 胶粉聚苯颗粒外墙外保温系统材料 |
| | JG/T 159—2004 | 外墙内保温板 |
| | JG/T 175—2011 | 建筑用隔热铝合金型材 |
| | JG/T 206—2018 | 外墙外保温用丙烯酸涂料 |
| | JG/T 228—2015 | 建筑用混凝土复合聚苯板外墙外保温材料 |
| | JG/T 235—2014 | 建筑反射隔热涂料 |
| | JG/T 266—2011 | 泡沫混凝土 |
| | JG/T 287—2013 | 保温装饰板外墙外保温系统材料 |
| | JG/T 366—2012 | 外墙保温用锚栓 |
| | JG/T 420—2013 | 硬泡聚氨酯薄抹灰外墙外保温系统材料 |
| | JG/T 438—2014 | 建筑用真空绝热板 |
| | JG/T 480—2015 | 外墙保温复合板通用技术要求 |
| | JG/T 515—2017 | 酚醛泡沫板薄抹灰外墙外保温系统材料 |
| | JG/T 536—2017 | 热固复合聚苯乙烯泡沫保温板 |
| | JGJ 144—2019 | 外墙外保温工程技术标准 |
| | JGJ/T 253—2019 | 无机轻集料砂浆保温系统技术标准 |

表 1.3-2 所列的标准，只是目前建筑节能检测工作的一部分。在建筑节能检测中涉及大量标准，这从后面将要介绍的各种检测技术所依据的标准可以看出。

此外，地方政府职能部门很多时候也会结合本地实际情况，组织制定地方工程技术规程作为当地验收、检测工作的依据。

### 1.3.4 建筑保温隔热检测工作的特点

#### 1.3.4.1 需要使用大型设备

一些检测项目需要使用大型设备，如外墙外保温系统耐候性检测、抗风压检测、供暖空调设备的风机盘管检测等。这些检测项目的设备一是体积大，且实验室面积大；二是设备的价值高；三是设备的安装条件特殊，需要在专用实验室内安装。

#### 1.3.4.2 检测周期长

检测周期长是建筑保温隔热检测工作的突出特点。例如，按照《建筑材料或制品的单体燃烧试验》GB/T 20284—2006 的规定，经阻燃处理的木材和经阻燃处理的木质基础产品（制品）在二级环境养护至少 2 个月时间，因此相应养护室要保证有足够空间提供试件养护周转。

#### 1.3.4.3 试验场地要求高

涉及建筑保温隔热检测的大型试件其实很多，例如检测传热系数的试件为 1.63m×1.63m×（0.15～0.40）m，单体试验试件为 0.50m×1.50m×（0.01～0.25）m 等，都是大试件。

由于试件大，试验（养护）周期长，因而对试验场地要求高，通常结构紧凑的实验室已不能够满足要求，而需要大面积、大跨度和高净高的试验场地。

#### 1.3.4.4 业务跨度大

外墙外保温系统的检测涉及力学、传热、热工、声学、化学分析、放射性等不同专业，业务跨度很大。因而，为了提高检测工作质量，实验室需要配备不同专业的人才和检测技术人员。

#### 1.3.4.5 检测项目多

组成外墙外保温系统材料有多种，每种材料又包含很多检测参数，因而建筑保温隔热检测涉及的性能项目很多，检测业务量非常大。

#### 1.3.4.6 执行标准多

由于检测所涉及的产品多、性能项目多，检测专业宽度大，因而检测执行的标准也很多。表 1.3-2 中仅罗列出部分常用标准。

#### 1.3.4.7 检测工作量大、难度大

建筑保温隔热检测涉及多个检测参数，检测周期长，因而检测工作量大。有部分试件的制作和检验需具备一定的检测经验和技术。例如，系统耐候性的检测、胶粉聚苯颗粒保温浆料、胶粘剂和抹面胶浆等产品的检测，均具有一定难度。此外，一些产品检测时从试件制作、养护到检验，周期长，付出劳动多。

### 1.3.5 建筑节能检测对检测人员的要求

专业知识：检测人员需要具备跨学科的专业知识，包括建筑学、热工学、材料学、机

械学等。他们需要了解各种节能材料、设备和系统的性能特点、工作原理以及检测方法，以便能够准确地进行检测并得出科学的结论。

技能和经验：检测人员需要具备一定的技能和经验，能够熟练使用各种专业的检测仪器和设备，如热像仪、热流计、温度计等。同时，他们还需要具备一定的数据分析能力，能够对检测结果进行准确的分析和处理，提出相应的改进建议。

沟通和协调能力：建筑节能检测通常需要与多个部门和单位进行合作，如设计单位、施工单位、监理单位等。因此，检测人员需要具备良好的沟通和协调能力，能够与各相关方进行有效的沟通和协作，确保检测工作顺利进行。

职业素养：检测人员需要具备高度的职业素养和责任心，能够秉持客观、公正、科学的态度进行检测，并严格遵守相关的法律法规和标准规范。同时，他们还需要具备良好的职业道德和保密意识，确保检测结果的准确性和可靠性。

综上所述，建筑节能检测对检测人员的要求较高，需要具备专业知识、技能和经验、沟通和协调能力以及职业素养等多方面的素质。这些要求旨在确保检测人员能够准确地进行检测并得出科学的结论，为建筑节能工作提供有力的支持。

### 1.3.6　建筑节能检测的发展方向

建筑节能检测的发展方向主要体现在以下几个方面。

智能化与自动化技术的应用：随着智能技术的迅猛发展，如物联网、人工智能等，智能化建筑节能系统逐渐应用于建筑中。这些技术可以实时监测建筑的能源消耗情况，并通过数据分析和智能调控实现建筑能源的合理分配和利用。建筑节能检测技术也将更加智能化和自动化，提高检测效率和准确性。

新材料与新技术的应用：新材料在建筑节能领域的应用不断推进，如具有良好绝热性能、隔热性能和保温性能的新型建筑材料，以及太阳能电池板等可再生能源利用技术。这些新材料和新技术将进一步提高建筑的节能水平，并为建筑节能检测技术的发展提供更多支持。

提高节能标准与加强监管：随着国家对节能环保要求的不断提高，建筑节能标准也将逐步提高。同时，政府将加强对建筑节能的监管力度，确保节能目标的实现。这将对建筑节能检测技术提出更高的要求，推动其向更高水平发展。

绿色建筑与可持续发展：绿色建筑和可持续发展将成为未来建筑行业的重要趋势。建筑节能检测将更加注重对绿色建筑材料和节能系统的检测与评估，推动建筑行业向更加环保、节能的方向发展。

创新与研发：随着科技的进步和创新精神的推动，建筑节能检测领域将不断涌现出新技术、新方法和新设备。这些创新将进一步提高检测精度、降低检测成本，并拓展建筑节能检测的应用范围。

总之，建筑节能检测的发展方向将更加注重智能化、自动化、新材料与新技术的应用、提高节能标准与加强监管、绿色建筑与可持续发展以及创新与研发等方面。这些发展方向将有助于推动建筑节能检测技术的不断进步，为建筑节能和可持续发展提供有力支持。

# 第 2 章

# 保温绝热材料

## 2.1 导热系数

### 2.1.1 概述

保温材料的导热系数是反映材料导热性能的物理量。导热系数不仅是评价材料热力学特性的依据，而且也是材料在工程应用时的重要设计依据，目前，测定材料导热系数的方法一般分两类，即稳态法和非稳态法。稳态法包括防护热板法、热流计法、圆管法和圆球法。非稳态法包括准稳态法、热线法、热带法、常功率热源法和其他方法。

### 2.1.2 防护热板法

《绝热材料稳态热阻及有关特性的测定防护热板法》GB/T 10294—2008 规定了使用防护热板装置测定板状试件稳态传热性质的方法以及传热性质的计算。

（1）防护热板法是测量传热性质的绝对法和仲裁法，只需要测量尺寸、温度和电功率。

（2）符合该标准的报告，试件的热阻不应小于 0.1m² · K/W，且厚度不超过"试件最大厚度"的要求。

（3）试件的热阻下限可以低到 0.02m² · K/W，但不一定在全部范围内达到"准确度和重复性"所述的准确度。

（4）如果试件满足"试件平均导热系数"的要求，试验结果可表示被测试件的平均可测导热系数。

（5）如果试件满足"材料导热系数、表观导热系数或热阻系数"的要求，试验结果可表示被测材料的导热系数或表观导热系数。

（6）主要适用于匀质平板状、热性质稳定材料，并规定试件的热阻不小于 0.1m² · K/W。指在稳态条件下，在具有平行表面的均匀板状试件内，建立类似于以两个平行温度均匀的平面为界的无限大平板中存在的一维均匀热流密度：

$$\lambda = \frac{Q \cdot d}{A(T_1 - T_2)}$$

式中：$\lambda$——导热系数 [W/(m · ℃)]；

    $Q$——加热单元计量部分的平均热流量，其值等于平均发热功率（W）；

    $d$——试件平均厚度（m）；

    $A$——计量面积（m²）；

    $T_1$——热板温度平均值（K）；

    $T_2$——冷板温度平均值（K）。

### 2.1.3 热流计法

《绝热材料稳态热阻及有关特性的测定热流计法》GB/T 10295—2008 表明热流计法是属于稳定导热原理进行测定的方法，相当于双层平壁稳定传热的情况。将试样两壁面保持具有恒定的温差，当稳定热状态建立起来后，测定试样壁面温差与通过试样的热流便可求得该试样的导热系数：

$$\lambda = \frac{\frac{E}{C} \cdot \Delta h}{t_1 - t_2}$$

式中：$\lambda$——导热系数〔W/(m·℃)〕；

$C$——热流计系数（mV·m²/W）；

$E$——热流计示值（mV）；

$\Delta h$——两热电偶间距（m）；

$t_1$、$t_2$——两支热电偶示值（℃）。

本方法试验装置分为两个系统：恒温系统和测温测热系统。恒温系统由两台低温循环浴与恒温箱组成；测温测热系统由热流计和两支热电偶及数据采集仪组成。

### 2.1.4 墙体保温材料——保温砂浆的导热系数测试

本节描述建筑保温砂浆拌合物硬化后（养护至规定龄期）的导热系数试验。适用于建筑保温隔热用干混砂浆的性能检测，使用防护热板法装置测定板状试件稳态传热性质的方法检测。

#### 2.1.4.1 检测依据、数量及评定标准

（1）《绝热材料稳态热阻及有关特性的测定防护热板法》GB/T 10294—2008

（2）《建筑保温砂浆》GB/T 20473—2021

（3）样品数量：2 块尺寸为 300mm×300mm×30mm 的试件

#### 2.1.4.2 检测仪器

（1）电子天平，分度值不大于 1g，量程为 20kg

（2）搅拌机：符合《混凝土试验用搅拌机》JG 244—2009 的规定

（3）砂浆稠度仪：符合《建筑砂浆基本性能试验方法标准》JGJ/T 70—2009 的规定

（4）300mm×300mm×30mm 钢质无底试模

（5）捣棒：直径 10mm、长 350mm 的钢棒，端部应磨圆

（6）料产、油灰刀

（7）导热系数测定仪

（8）绝缘材料导热系数参比板

（9）数显游标卡尺分度值 0.01mm

（10）钢直尺分度值为 1mm

（11）干燥器内置变色硅胶

（12）电热鼓风干燥箱

**2.1.4.3　检测前准备工作**

1）拌合物的制备

（1）将建筑保温砂浆干粉料、拌合用水至少提前 24h 放入试验环境中；

（2）按生产商提供的水料比，用电子天平进行称量，水料比为 1∶1，干粉料和拌合用水根据试验需要调制等比用量。若生产商未提供水料比，应通过试配确定拌合物稠度为（50±5）mm 时的水料比，稠度的测试方式按《建筑砂浆基本性能试验方法标准》JGJ/T 70—2009 的规定进行；

（3）检查搅拌机能否正常运行，并用少量的拌合物进行润腔，然后将粉料倒入已润腔的搅拌机中，再加入水，此时需要记录下加水时间，以计算养护时间，开动搅拌机制备拌合物，搅拌时间为 2min；

（4）搅拌结束后，取出拌合物备用。

2）试件的制备

（1）将制备好的拌合物一次注满试模，并略高于其上表面，注入拌合物前应在试模内壁涂刷一薄层脱模剂（一般可以采用过滤后的废机油）。用捣棒均匀由外向里按螺旋方向轻轻插捣 25 次，插捣时用力不应过大，尽量不破坏保温骨料，为防止留下空洞，用油灰刀沿模壁插捣数次或用橡皮锤敲击试模四周直至插捣棒留下的空洞消失，最后将高出部分的拌合物沿试模顶面削去抹平；

（2）试件制作好以后用聚乙烯薄膜将其覆盖，并在试验环境下静停（48±4）h，然后拆模；

（3）拆模后应立即在标准养护条件下，空气温度（23±2）℃，相对湿度（50±5）%。养护至 28d±8h，养护时间自拌合物加水时算起；

（4）养护结束后，将试件放在（105±5）℃或生产商推荐的温度下烘干至恒重，恒重的判据为恒温 3h 两次称量试件的质量变化率小于 2%。取出后应放入干燥器中冷却至室温。

**2.1.4.4　检测操作**

（1）检查试验环境温湿度并填写记录表，空气温度（23±5）℃，相对湿度（50±10）%；

（2）测量试件几何尺寸，依据《无机硬质绝热制品试验方法》GB/T 5486—2008 中第 4 章的规定；建议依据 GB/T 5486—2008 第 8 章的规定测定两个试件的干密度；

（3）试验前后均要检查仪器设备是否正常使用，并填写设备使用记录表；

（4）将两块试件放置于导热系数测定仪中，设备自动施加 2.5kPa 的压力夹紧试件，设备自动测量左右两块保温板的厚度；

（5）打开软件，输入样品信息；设置热板温度为 35℃，冷板温度为 15℃，输入厚度；

（6）点击开始试验，设备自动平衡后，平衡时间为 60min，平衡时间结束后，每隔 30min 采集一次数据，共采集 4 次数据；

（7）试验结束后，得出试件实测导热系数的数据，乘以修正系数，得出结果。

**2.1.4.5　数据处理**

一般试验结果由设备自动生成，最终结果需乘以校正系数，且精确到 0.001W/(m·K)。

并依据《建筑保温砂浆》GB/T 20473—2021进行判定（表2.1-1）。

硬化后的性能要求　　　　　　　　　　表2.1-1

| 项目 | 单位 | 技术要求 | |
|---|---|---|---|
| | | Ⅰ型 | Ⅱ型 |
| 干密度 | kg/m³ | ≤350 | ≤450 |
| 抗压强度 | MPa | ≥0.50 | ≥1.0 |
| 导热系数（平均温度25℃） | W/(m·K) | ≤0.070 | ≤0.085 |
| 拉伸粘结强度 | MPa | ≥0.10 | ≥0.15 |
| 线收缩率 | — | ≤0.30% | |
| 压剪粘结强度 | kPa | ≥60 | |
| 燃烧性能 | — | 应符合GB 8624—2012规定的A级要求 | |

### 2.1.5　屋面保温材料——挤塑聚苯板导热系数试验

#### 2.1.5.1　检测依据、数量及评定标准

（1）《绝热用挤塑聚苯乙烯泡沫塑料（XPS）》GB/T 10801.2—2018
（2）《绝热材料稳态热阻及有关特性的测定防护热板法》GB/T 10294—2008
（3）样品数量：2块尺寸为300mm×300mm×30mm的XPS试件

#### 2.1.5.2　检测仪器

（1）导热系数测定仪
（2）绝缘材料导热系数参比板
（3）游标卡尺
（4）电子称
（5）精密卷尺
（6）电热鼓风干燥箱

#### 2.1.5.3　检测前准备工作

1）检查环境温湿度，填写环境温湿度记录表；

2）样品状态调节：将2块试样置于温度（23±2）℃，相对湿度（50±5）%的环境中，放置不少于16h；

3）准备2块尺寸为300mm×300mm×30mm的XPS试件，为保证数据的准确性，建议试件的厚度选择在20～30mm之间为宜，写上编号，用游标卡尺测量试件的厚度，两个试件的厚度差别应小于2%；

4）导热系数测定仪标定，获得仪器校正系数：

（1）电热鼓风干燥箱设置成100℃，将标准板烘干8h质量恒定后使用；

（2）开启气泵，再开通电源，检查设备；

（3）将已烘干至恒重的两块标准板放置于导热仪中，施加2.5kPa的压力夹紧试件，设

备自动测量左右两块保温板的厚度；

（4）打开软件，输入样品信息；

（5）点击开始试验，设备自动平衡后，每隔 30min 后采集一次数据，共采集 4 次数据；

（6）试验结束后，得出标准板实测导热系数的数据，已知标准板合格证上的导热系数可得出该设备的校正系数，将校正系数填入仪器指定位置。

注意：仪器校准需每半年进行一次或数据偏差很大的时候随时进行仪器校准。

#### 2.1.5.4　检测操作

（1）将样品烘干；

（2）将经过 50℃烘干并冷却至室温的 2 块试样放置于导热系数测定仪中，施加 2.5kPa 的压力夹紧试件，设备自动测量左右两块保温板的厚度；

（3）输入样品信息；

（4）开始测试，当冷热板温差基本达到 20℃时，即进入温度平衡阶段，平衡时间为 60min，直至冷热板之间达到温差 20℃的平衡状态；

（5）达到平衡后，每隔 30min 仪器自动采集一次数据，共采集 4 次数据。系统自动记录数据，并自动计算出导热系数。

#### 2.1.5.5　数据处理

导热系数最终结果需乘以校正系数，并精确到 0.001W/(m·K)。并依据《绝热用挤塑聚苯乙烯泡沫塑料（XPS）》GB/T 10801.2—2018 判定结果（表 2.1-2）。

绝热性能　　　　　　　　　　　　　　　　　　　　　　表 2.1-2

| 等级 | 024 级 | 030 级 | 034 级 |
|---|---|---|---|
| 导热系数/［W/(m·K)］<br>平均温度<br>10℃<br>25℃ | ≤0.022<br>≤0.024 | ≤0.028<br>≤0.030 | ≤0.032<br>≤0.034 |
| 热阻/（m²·K/W）<br>厚度 25mm 时<br>平均温度<br>10℃<br>25℃ | ≥1.14<br>≥1.04 | ≥0.89<br>≥0.83 | ≥0.78<br>≥0.74 |

### 2.1.6　空调系统绝热材料——玻璃棉（岩棉）制品导热系数试验

#### 2.1.6.1　检测依据、数量及评定标准

（1）《绝热材料稳态热阻及有关特性的测定防护热板法》GB/T 10294—2008

（2）《建筑外墙外保温用岩棉制品》GB/T 25975—2018

（3）《矿物棉及其制品试验方法》GB/T 5480—2017

（4）样品数量：2 块尺寸为 300mm×300mm×30mm 的试件

#### 2.1.6.2　检测仪器

（1）导热系数测定仪

（2）绝缘材料导热系数参比板

（3）游标卡尺

（4）电子称

（5）精密卷尺

（6）电热鼓风干燥箱

### 2.1.6.3　检测前准备工作

（1）检查环境温湿度，填写环境温湿度记录表，推荐采用环境条件为室温 16～28℃，相对湿度 30%～80%；

（2）导热系数测定仪标定，获得仪器校正系数；

（3）电热鼓风干燥箱设置成 100℃，将标准板烘干 8h 质量恒定后使用；

（4）开启气泵，再开通电源，检查设备；

（5）将已烘干至恒重的两块标准板放置于导热仪中，施加 2.5kPa 的压力夹紧试件，设备自动测量左右两块保温板的厚度；

（6）打开软件，输入样品信息；设置热板温度为 35℃，冷板温度为 15℃，输入厚度；

（7）点击开始试验，设备自动平衡后，每隔 30min 后采集一次数据，共采集 4 次数据；

（8）试验结束后，得出标准板实测导热系数的数据，已知标准板合格证上的导热系数，可得出该设备的校正系数，将校正系数填入仪器指定位置。

注意：仪器校准需每半年进行一次或数据偏差很大的时候随时进行仪器校准。

### 2.1.6.4　检测操作

（1）准备 2 块尺寸为 300mm×300mm×30mm 的样品，写上编号，用游标卡尺测量试件的厚度，两个试件的厚度差别应小于 2%；

（2）将两块样品放入（105±5）℃电热鼓风干燥箱中烘干至恒量；

（3）将烘干并冷却至室温的 2 块试样放置于导热系数测定仪中，施加 2.5kPa 的压力夹紧试件，设备自动测量左右两块保温板的厚度；

（4）输入样品信息；设置热板温度为 35℃，冷板温度为 15℃，输入厚度；

（5）开始测试，当冷热板温差基本达到 20℃，即进入温度平衡阶段，平衡时间为 60min，直至冷热板之间达到温差 20℃的平衡状态；

（6）达到平衡后，每隔 30min 仪器自动采集一次数据，共采集 4 次数据。系统自动记录数据，并自动计算出导热系数；

（7）试验完毕后，切断电源，将仪器及配件清洁干净。

### 2.1.6.5　数据处理

导热系数最终结果需乘以校正系数，精确到 0.001W/(m·K)，并符合《建筑外墙外保温用岩棉制品》GB/T 25975—2018 第 5.11.1 条的规定，即岩棉板的导热系数（平均温度 25℃）应不大于 0.040W/(m·K)，有标称值时还应不大于其标称值。

## 2.1.7　冷（热）源系统绝热材料——橡塑保温材料导热系数试验

### 2.1.7.1　检测依据、数量及评定标准

（1）《绝热材料稳态热阻及有关特性的测定防护热板法》GB/T 10294—2008

（2）《柔性泡沫橡塑绝热制品》GB/T 17794—2021

（3）样品数量：2 块尺寸为 300mm × 300mm × 30mm 的试件

### 2.1.7.2　检测仪器

（1）导热系数测定仪

（2）绝缘材料导热系数参比板

（3）游标卡尺

（4）电子称

（5）精密卷尺

（6）电热鼓风干燥箱

### 2.1.7.3　检测前准备工作

（1）检查环境温湿度，填写环境温湿度记录表，推荐采用环境条件为室温（23 ± 2）℃，相对湿度（50 ± 10）%；

（2）导热系数测定仪标定，获得仪器校正系数；

（3）电热鼓风干燥箱设置成 100℃，将标准板烘干 8h 直至质量恒定后使用；

（4）开启气泵，再开通电源，检查设备；

（5）将已烘干至恒重的两块标准板放置于导热仪中，施加 2.5kPa 的压力夹紧试件，设备自动测量左右两块保温板的厚度；

（6）打开软件，输入样品信息；设置热板温度为 35℃，冷板温度为 15℃，输入厚度；

（7）点击开始试验，设备自动平衡后，每隔 30min 后采集一次数据，共采集 4 次数据；

（8）试验结束后，得出标准板实测导热系数的数据，已知标准板合格证上的导热系数，可得出该设备的校正系数，将校正系数填入仪器指定位置。

注意：仪器校准需每半年进行一次或数据偏差很大的时候随时进行仪器校准。

### 2.1.7.4　检测操作

（1）准备 2 块尺寸为 300mm × 300mm × 30mm 的样品，写上编号，用游标卡尺测量试件的厚度，两个试件的厚度差别应小于 2%；

（2）将两块样品放入（105 ± 5）℃电热鼓风干燥箱中烘干至恒量；

（3）将烘干并冷却至室温的 2 块试样放置于导热系数测定仪中，施加 2.5kPa 的压力夹紧试件，设备自动测量左右两块保温板的厚度；

（4）输入样品信息；设置热板温度为 35℃，冷板温度为 15℃，输入厚度；

（5）开始测试，当冷热板温差基本达到 20℃时，即进入温度平衡阶段，平衡时间为 60min，直至冷热板之间达到温差 20℃的平衡状态；

（6）达到平衡后，每隔 30min 仪器自动采集一次数据，共采集 4 次数据。系统自动记

录数据，并自动计算出导热系数；

（7）试验完毕后，切断电源，将仪器及配件清洁干净。

### 2.1.7.5 数据处理

按《柔性泡沫橡塑绝热制品》GB/T 17794—2021 第 5.3 条进行判定（表 2.1-3）。

物理性能要求                                                                表 2.1-3

| 项目 | | 单位 | 性能指标 | | |
|---|---|---|---|---|---|
| | | | CY 类 | DW 类 | GW 类 |
| 表观密度 | | kg/m³ | ≤95 | | |
| 导热系数 | 平均温度（−150±2）℃<br>平均温度（−20±2）℃<br>平均温度（0±2）℃<br>平均温度（25±2）℃<br>平均温度（50±2）℃<br>平均温度（150±2）℃ | W/(m·K) | ≤0.034<br>≤0.036<br>≤0.038 | ≤0.023<br>≤0.034 | ≤0.043<br>≤0.055 |

原始记录和检测报告查看附录 2.1、附录 2.2。

## 2.2 密度

### 2.2.1 概述

密度是指单位体积内所包含的物质质量，是材料性质的重要指标之一。在保温材料中，密度是衡量其质量大小程度的指标。测量保温材料密度的方法主要有两种：直接法和间接法。直接法是通过称量一定体积的材料得出其密度值，通常用于颗粒状、纤维状、板状等形状规则的材料；间接法是通过测量材料的几何尺寸和质量来计算出其密度值，通常用于硬质泡沫材料和砂浆类材料。保温材料密度对保温效果有着极大的影响。一般情况下，密度越小的保温材料，其隔热性能越好。因为低密度的保温材料可以形成更多的空气层，有效增加了保温材料的隔热性能。相反，密度越大的保温材料其保温效果不佳，且容易导致建筑物表面温度异常升高。

### 2.2.2 挤塑板（XPS）表观密度试验

挤塑板的材质主要是聚苯乙烯，密度小，因此挤塑板的表观密度较小。通常情况下，挤塑板表观密度在 20~30kg/m³ 之间。

#### 2.2.2.1 检测依据、数量及评定标准

（1）《挤塑聚苯板（XPS）薄抹灰外墙外保温系统材料》GB/T 30595—2014

（2）《泡沫塑料及橡胶 表观密度的测定》GB/T 6343—2009

（3）样品：试样尺寸为 100mm×100mm，数量 5 个

#### 2.2.2.2 检测仪器

（1）电子天平

（2）游标卡尺

#### 2.2.2.3　检测前准备工作

（1）将制备好的 5 块试样分别编号并置于温度（23±2）℃，相对湿度（50±5）%的环境中，放置不少于 16h；

（2）检查环境温湿度，填写环境温湿度记录表，试验环境条件：空气温度（23±5）℃，相对湿度（50±10）%。

#### 2.2.2.4　检测操作

（1）分析天平需调平，并提前 30min 开机预热，称量试样，精确到 0.5%，单位为 g；

（2）用游标卡尺分别测量 5 个试件的长、宽、厚，在每个试件的中部每个尺寸测量 5 个位置，单位为 mm，并记录。

#### 2.2.2.5　数据处理

由下式计算表观密度，取其平均值，并精确至 0.1kg/m³。

$$\rho = \frac{m}{V} \times 10^6$$

式中：$\rho$——表观密度（表观总密度或表观芯密度）（kg/m³）；

　　　$m$——试样的质量（g）；

　　　$V$——试样的体积（mm³）。

对于一些低密度闭孔材料（如密度小于 15kg/m³ 的材料），空气浮力可能会导致测量结果产生误差，在这种情况下表观密度应用下式计算：

$$\rho = \frac{m + m_a}{V} \times 10^6$$

式中：$\rho$——表观密度（表观总密度或表观芯密度）（kg/m³）；

　　　$m$——试样的质量（g）；

　　　$m_a$——排出空气的质量（g）；

　　　$V$——试样的体积（mm³）。

注：$m_a$ 指在常压和一定温度时的空气密度（g/mm³）乘以试样体积（mm³）。

当温度为 23℃、大气压为 101325Pa（760mm 汞柱）时，空气密度为 $1.220 \times 10^{-6}$g/mm³；当温度为 27℃、大气压为 101325Pa（760mm 汞柱）时，空气密度为 $1.1955 \times 10^{-6}$g/mm³。

求出结果后按《挤塑聚苯板（XPS）薄抹灰外墙外保温系统材料》GB/T 30595—2014 判定结果（表 2.2-1）。

挤塑板性能要求　　　　　　　　　　　　　　　　　　　　　　表 2.2-1

| 项目 | 性能指标 |
| --- | --- |
| 表观密度/（kg/m³） | 22～35 |
| 导热系数（25℃）/［W/(m·K)］ | 不带表皮的毛面板，≤0.032；带表皮的开槽板，≤0.030 |
| 垂直于板面方向的抗拉强度/MPa | ≥0.20 |
| 压缩强度/MPa | ≥0.20 |

续表

| 项目 | 性能指标 |
|---|---|
| 弯曲变形/mm | ≥20 |
| 尺寸稳定性/% | ≤1.2 |
| 吸水率（V/V）/% | ≤1.5 |
| 水蒸气透湿系数/［ng/(Pa·m·a)］ | 1.5～3.5 |
| 氧指数/% | ≥26 |
| 性能燃烧等级 | 不低于 B₂ 级 |
| 对带表皮的开槽板，弯曲试验的方向应与开槽方向平行 | |

原始记录和检测报告查看附录 2.3、附录 2.4。

### 2.2.3　矿物棉及其制品

#### 2.2.3.1　检测依据、数量及评定标准

（1）《矿物棉及其制品试验方法》GB/T 5480—2017

（2）密度测定没有数量要求，一般建议所送的样品全数检测

#### 2.2.3.2　检测仪器

（1）电子天平

（2）密卷尺

（3）针形厚度计

#### 2.2.3.3　检测前准备工作

（1）检查环境温湿度，填写环境温湿度记录表，推荐采用环境条件为室温 16～28℃，相对湿度 30%～80%；

（2）均可于样品抵达实验室后立即开始进行，样品无需在试验前进行状态调节。

#### 2.2.3.4　检测操作

（1）把试样水平放置在硬质平板上，用分度值为 1mm 的钢卷尺测量长度 $L$ 和宽度 $b$，测量位置在距试样两边约 100mm 处，试样长度 $L$ 测 2 次，测量时要求与对应的边平行及与相邻的边垂直，以 2 次测量结果的平均值作为试样长度 $L$，结果精确到 1mm（图 2.2-1）。

（2）试样宽度 $b$ 测量 3 次，测量位置在距试样两边约 100mm 及中间处，测量时要求与对应的边平行及与相邻的边垂直，以 3 次测量结果的平均值作为试样宽度 $b$，结果精确到 1mm。

（3）毡状制品：检查测厚仪能否正常工作，调零。如果试样长度大于 1m，截取试样中部 1m 进行厚度测量，将针形厚度计的压板轻轻平放在试样上，小心地将针插入试样。当测针与玻璃板接触 1min 后读数，精确到 1mm。在操作过程中应避免加外力于针形厚度计的压板上，对于厚度测量需包括贴面的试样，应将贴面向下放置，4 个厚度测量点的位置如图 2.2-2 所示，以 4 点测量的算数平均值作为该试样的厚度。

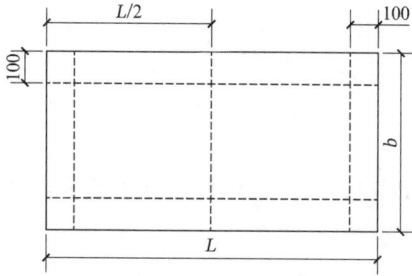

图 2.2-1　长度与宽度测量位置示意图　　图 2.2-2　毡状制品厚度测量点位置

（4）板状制品：每块试样切取尺寸为 100mm × 100mm 的小样 4 块，进行厚度测量。小样的取样位置如图 2.2-3 所示。扫净测厚仪的底面，调节测厚仪的压板与底面平行。平稳地抬起测厚仪压板，将小样放在底面和压板之间，轻轻放下压板，使其与小样接触。待测厚仪指针稳定后读数，精确到 0.1mm。以 4 个小样测量的算数平均值作为该试样的厚度。有贴面的情况处理同毡状制品。

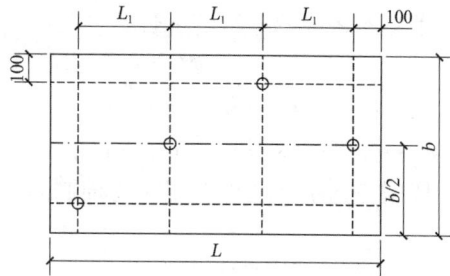

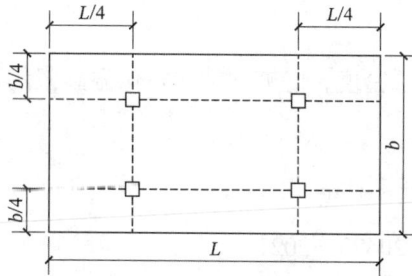

图 2.2-3　板状制品厚度测量小样的取样位置

（5）将试样放在电子天平上称量试样质量并记录。对于有贴面的制品，应分别称出试样的总质量以及扣除贴面后的质量。

### 2.2.3.5　数据处理

（1）毡状、板状制品

无贴面制品的密度按下式计算，结果取整。

$$\rho_1 = \frac{m_1 \times 10^9}{L \cdot b \cdot h}$$

式中：$\rho_1$——试样的密度（kg/m³）；

　　　$m_1$——试样的质量（kg）；

　　　$L$——试样的长度（mm）；

　　　$b$——试样的宽度（mm）；

　　　$h$——试样的厚度（mm）。

连贴面试样的密度按下式计算，结果取整数。

$$\rho_2 = \frac{m_2 \times 10^9}{L \cdot b \cdot h}$$

式中：$\rho_2$——带有贴面时试样的密度（kg/m³）；

　　　$m_2$——带有贴面时试样的质量（kg）。

（2）试样的密度偏差按下式计算：

$$密度偏差 = (\rho_1 - \rho_0)/\rho_0 \times 100\%$$

式中：$\rho_0$——样品标称密度（kg/m³）；

$\rho_1$——样品的体积密度（kg/m³）；

（3）依据《建筑外墙外保温用岩棉制品》GB/T 25975—2018 第 5.3 条（表 2.2-2）判定结果。

尺寸允许偏差及密度允许偏差　　　　　　　　表 2.2-2

| 类型 | 长度允许偏差 /mm | 宽度允许偏差 /mm | 厚度允许偏差 /mm | 直角偏离度 （mm/m） | 平整度偏差 /mm | 密度允许偏差 /% |
|---|---|---|---|---|---|---|
| 岩棉板 | +10 −3 | +5 −3 | +3 −3 | ≤5 | ≤6 | +10 −10 |
| 岩棉条 | +10 −3 | +3 −3 | +2 −2 | | | |

原始记录和检测报告查看附录 2.5、附录 2.6。

### 2.2.4　保温砂浆密度试验

通过测试建筑保温砂浆干密度，能够评估建筑保温砂浆的密实程度和性能，以保证建筑物的保温效果和安全性。

#### 2.2.4.1　检测依据、数量及评定标准

《建筑保温砂浆》GB/T 20473—2021

《无机硬质绝热制品试验方法》GB/T 5486—2008

样品：6 块尺寸大小为 70.7mm × 70.7mm × 70.7mm 的试件

#### 2.2.4.2　检测仪器

（1）电子天平，分度值不大于 1g，量程为 20kg。

（2）搅拌机：符合《混凝土试验用搅拌机》JG 244—2009 的规定。

（3）砂浆稠度仪：应符合《建筑砂浆基本性能试验方法标准》JGJ/T 70—2009 的规定。

（4）70.7mm × 70.7mm × 70.7mm 钢质无底试模。

（5）捣棒：直径 10mm、长 350mm 的钢棒，端部应磨圆。

（6）料产、油灰刀。

（7）数显游标卡尺分度值 0.01mm。

（8）钢直尺分度值为 1mm。

（9）干燥器内置变色硅胶。

（10）电热鼓风干燥箱：温度控制为（110 ± 5）℃。

#### 2.2.4.3　检测前准备工作

1）拌合物的制备

（1）将建筑保温砂浆干粉料、拌合用水至少提前 24h 放入试验环境中，按生产商提供的水料比，用电子天平进行称量，水料比为 1∶1，干粉料和拌合用水根据试验需要调制等比用量。若生产商未提供水料比，应通过试配确定拌合物稠度为（50 ± 5）mm 时的水料比，

稠度的测试方式按《建筑砂浆基本性能试验方法标准》JGJ/T 70—2009 的规定进行；

（2）检查搅拌机能否正常运行，并用少量的拌合物进行润膛，然后将粉料倒入已润膛的搅拌机中，再加入水，此时需要记录下加水时间，以计算养护时间，开动搅拌机制备拌合物，搅拌时间为 2min。搅拌结束后，取出拌合物备用。

2）试件的制备

（1）将制备好的拌合物一次注满试模，并略高于其上表面，注入拌合物前应在试模内壁涂刷一薄层脱模剂（一般可以采用过滤后的废机油）。用捣棒均匀由外向里按螺旋方向轻轻插捣 25 次，插捣时用力不应过大，尽量不破坏保温骨料，为防止留下空洞，用油灰刀沿模壁插捣数次或用橡皮锤敲击试模四周直至插捣棒留下的空洞消失，最后将高出部分的拌合物沿试模顶面削去抹平；

（2）试件制作好以后用聚乙烯薄膜将其覆盖，并在试验环境下静停（48±4）h，然后拆模并在成型面上编号；

（3）拆模后应立即在标准养护条件下，空气温度（23±2）℃，相对湿度（50±5）%。养护至 28d±8h，养护时间自拌合物加水时算起；

（4）养护结束后，将试件放在（105±5）℃或生产商推荐的温度下烘干至恒重，恒重的判据为恒温 3h 两次称量试件的质量变化率小于 2%。取出后应放入干燥器中冷却至室温。

## 2.2.4.4  检测操作

（1）检查试验环境温湿度并填写记录表，空气温度（23±5）℃，相对湿度（50±10）%；

（2）取 6 块试件进行干密度试验。称量试件质量 $G$，保留 5 位有效数字；

（3）在试块相对两个大面上距两边 20mm 处，用钢直尺分别测量试件的长度和宽度，精确至 1mm。测量结果为 4 个测量值的算术平均值；

（4）试块相对两个侧面距端面 20mm 处和中间位置用游标卡尺测量制品的厚度，精确至 0.5mm。测量结果为 6 个测量值的算术平均值；

（5）根据测量的长度、宽度以及厚度计算试件的体积 $V_1$。

## 2.2.4.5  数据处理

砂浆的干密度依据下式计算：

$$\rho = \frac{G}{V_1}$$

式中：$\rho$——砂浆的干密度（kg/m³），精确至 1kg/m³；

　　　$G$——试件烘干后的质量（kg）；

　　　$V_1$——试件的体积（m³）。

试验结果以 6 块试件测试值的算术平均值表示。

依据《建筑保温砂浆》GB/T 20473—2021 进行判定（表 2.2-3）。

硬化后的性能要求　　　　　　　　　　　　　　表 2.2-3

| 项目 | 单位 | 技术要求 | |
|---|---|---|---|
| | | Ⅰ 型 | Ⅱ 型 |
| 干密度 | kg/m³ | ≤350 | ≤450 |

| 项目 | 单位 | 技术要求 | |
|---|---|---|---|
| | | Ⅰ型 | Ⅱ型 |
| 抗压强度 | MPa | ≥0.50 | ≥1.0 |
| 导热系数（平均温度25℃） | W/(m·K) | ≤0.070 | ≤0.085 |
| 拉伸粘结强度 | MPa | ≥0.10 | ≥0.15 |
| 线收缩率 | — | ≤0.30% | |
| 压剪粘结强度 | kPa | ≥60 | |
| 燃烧性能 | — | 应符合 GB 8624—2012 规定的 A 级要求 | |

原始记录和检测报告查看附录 2.7、附录 2.8。

## 2.3 压缩强度及抗压强度

针对泡沫塑料等绝热制品，压缩强度或抗压强度系指一定形变下的压缩应力。

### 2.3.1 试验准备

#### 2.3.1.1 仪器设备

（1）试验机：压力试验机或万能试验机，相对示值误差应小于 1%，试验机应具有显示受压变形的装置。

（2）游标卡尺。

（3）电热鼓风干燥箱。

（4）干燥器。

（5）天平：称量 2kg，分度值 0.1g。

#### 2.3.1.2 环境条件

温度：（20±3）℃，湿度：（50±10）%。

### 2.3.2 试验步骤

#### 2.3.2.1 试样制备与调节

不同种类绝热材料的试件尺寸、取样数量、状态调节环境及试验环境不同，具体规定详见表 2.3-1。

试件尺寸、数量、状态调节及试验环境条件       表 2.3-1

| 材料种类 | 《硬质泡沫塑料 压缩性能的测定》GB/T 8813—2020 |
|---|---|
| 试件尺寸 | ①试样厚度应为（50±1）mm，若使用时需带有模塑表皮的制品，其试样应取整个制品的原厚，但厚度最小为 10mm，最大不得超过试样的宽度或直径；<br>②试样的受压面为正方形或圆形，最小面积为 25cm²，最大面积为 230cm²。首选使用受压面为（100±1）mm×（100±1）mm 的正四棱柱试样；<br>③试样两平面的平行度误差不应大于 1% |

续表

| 材料种类 | 《硬质泡沫塑料 压缩性能的测定》GB/T 8813—2020 | |
|---|---|---|
| 数量 | 数量应参照有关泡沫塑料制品标准中的规定，在缺乏相关规定时，至少要取 5 个试样 | |
| 状态调节 | 按下列条件中的一个，至少调节 6h：<br>①温度（23±2）℃，相对湿度（50±10）%；<br>②温度（23±5）℃，相对湿度（40~70）%；<br>③温度（27±5）℃，相对湿度（55~85）% | |
| 试验环境 | 试验条件应与试样状态调节条件相同 | |
| 材料种类 | 《建筑用绝热制品 压缩性能的测定》GB/T 13480—2014 | 《无机硬质绝热制品试验方法》GB/T 5486—2008 |
| 试件尺寸 | ①试样厚度应为制品原始厚度。试样宽度不小于厚度。在使用中保留表皮的制品在试验时也应保留表皮。不应将试样叠加来获得更大的厚度；<br>②试样应切割成方形，尺寸如下：<br>50mm×50mm，或 100mm×100mm，或 150mm×150mm，或 200mm×200mm，或 300mm×300mm；<br>③测定试样尺寸，精确到 0.5%。试样两表面的平行度和平整度应不大于试样边长的 0.5%或 0.5mm，取较小者 | ① 每块制取一个受压面尺寸约为 100mm×100mm 的试件；<br>②平板（或块）在任一对角线方向距两对角边缘 5mm 处到中心位置切取，试件厚度为制品厚度，但不应大于其宽度；弧形板和管壳如不能制成受压面尺寸为 100mm×100mm 的试件时，可制成受压面尺寸最小为 50mm×50mm 的试件，试件厚度应尽可能大，但不得低于 25mm；<br>③ 当无法制成该尺寸的试件时，可用同材料、同工艺制成同厚度的平板替代。试件表面应平整，不应有裂纹 |
| 数量 | 数量应参照有关泡沫塑料制品标准中的规定。在缺乏相关规定时，至少要取 5 个试样 | 随机抽取 4 块样品 |
| 状态调节 | 试样应在（23±5）℃的环境中放置至少 6h。有争议时，在温度（23±5）℃和相对湿度（50±10）%的环境中放置产品标准规定的时间 | — |
| 试验环境 | 试验条件应与试样状态调节条件相同 | — |

**2.3.2.2 《硬质泡沫塑料 压缩性能的测定》GB/T 8813—2020**

（1）试样状态调节完毕后，测量每个试样的三维尺寸。

（2）将试样放置在压缩试验机的两块平行板之间的中心，以 0.1d/min 的恒定速度压缩试样，直至测得压缩强度 $\sigma_m$ 和/或 10%相对形变时的压缩应力 $\sigma_m$。

**2.3.2.3 《建筑用绝热制品 压缩性能的测定》GB/T 13480—2014**

（1）测量试样尺寸。

（2）将试样放在压缩试验机的两块压板正中央，预加载（250±10）Pa 的压力。

（3）如在相关产品标准中有规定，当试样在 250Pa 的预压力下出现明显变形时，可施加 50Pa 的预压力。在该种情况下，厚度 $d_0$ 应在相同压力下测定。

（4）以 0.1d/min（±25%以内）的恒定速度压缩试样，d 为试样厚度，单位为 mm。

（5）连续压缩试样直至试样屈服得到压缩强度值，或压缩至 10%变形时得到 10%变形时的压缩应力。

（6）绘制荷载-位移曲线。

**2.3.2.4 《无机硬质绝热制品试验方法》GB/T 5486—2008**

（1）将试件置于干燥箱内，缓慢升温至（110±5）℃（若粘结材料在该温度下发生变化，则应低于其变化温度 10℃），烘干至恒定质量，然后移至干燥器中冷却至室温。恒定质量的判据为恒温 3h 两次称量试件质量的变化率小于 0.2%。

（2）在试件上、下两受压面距棱边 10mm 处用钢直尺（尺寸小于 100mm 时用游标卡尺）测量长度和宽度，在厚度的两个对应面的中部用钢直尺测量试件的厚度。长度和宽度测量结果分别为 4 个测量值的算术平均值，精确至 1mm（尺寸小于 100mm 时精确至 0.5mm），厚度测量结果为两个测量值的算术平均值，精确至 1mm。

（3）泡沫玻璃绝热制品在试验前应用漆刷或刮刀把乳化沥青或熔化沥青均匀涂在试件上下两个受压面上，要求泡孔刚好涂平，然后将预先裁好的约 100mm × 100mm 大小的沥青油纸覆盖在涂层上，并放置在干燥器中，至少干燥 24h。

（4）将试件置于试验机的承压板上，使试验机承压板的中心与试件中心重合。

（5）开动试验机，当上压板与试件接近时，调整球座，使试件受压面与承压板均匀接触。

（6）以（10±1）mm/min 速度对试件加荷，直至试件破坏，同时记录压缩变形值。当试件在压缩变形 5% 时没有破坏，则试件压缩变形 5% 时的荷载为破坏荷载。记录破坏荷载 $P_1$，精确至 10N。

### 2.3.2.5　结果计算

（1）压缩强度 $\sigma_m$（MPa）按以下公式计算：

$$\sigma_m = \frac{F_m}{A_0}$$

式中：$F_m$——相对形变 $\varepsilon_m < 10\%$ 时的最大压缩力（N）；

$A_0$——试样初始横截面积（mm²）。

在以上公式中，根据情况计算 $\sigma_m$ 和 $\varepsilon_m$［图 2.3-1（a）］，$\sigma$［图 2.3-1（b）］；如果材料在试验完成前屈服，但仍能抵抗住渐增的力时，3 个参数需全部计算［图 2.3-1（c）］。

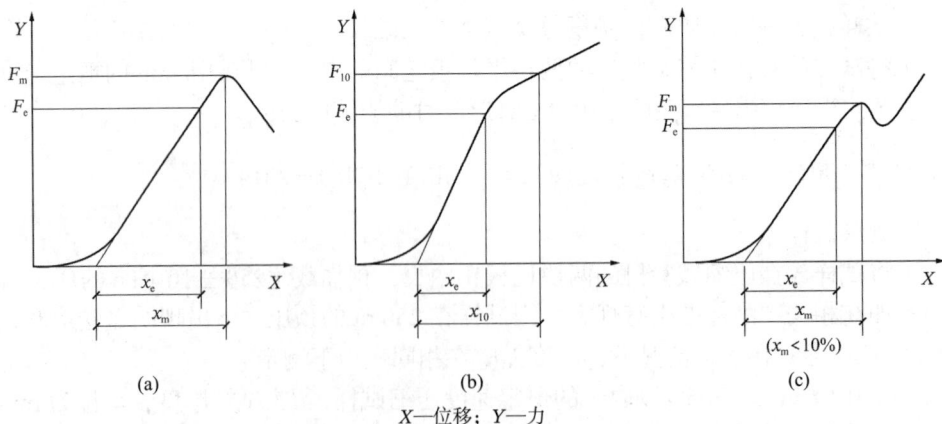

X—位移；Y—力

图 2.3-1　方法 A 的力-位移曲线图例

（2）相对形变

对于方法 A，用直尺将力-位移曲线上斜率最大的部分直线延伸至力零点线。测量从"形变零点"至此的整个位移来计算形变。

如果力-位移曲线上无明显的直线部分或用这种方法获得的"形变零点"为负值，则不采用这种方法。此时，"形变零点"应取压缩应力为（250 ± 10）Pa 所对应的形变。

对于方法 B，不需测定"形变零点"。

相对形变$\varepsilon_m$（%），按下式计算：

$$\varepsilon_m = \frac{x_m}{h_0} \times 100\%$$

式中：$x_m$——相对形变$\varepsilon_m < 10\%$时的最大压缩力（N）；

　　　$h_0$——试样初始厚度（方法 A）或初始标距长度（方法 B）（mm）。

（3）相对形变为 10%时的压缩应力

相对形变为 10%时的压缩应力$\sigma_{10}$（MPa），按下式计算：

$$\sigma_{10} = \frac{F_{10}}{A_0}$$

式中：$F_{10}$——使试样产生 10%相对形变的力（N）；

　　　$A_0$——试样初始横截面积（mm²）。

（4）抗压强度按以下公式计算，制品的抗压强度为 4 块试件抗压强度的算术平均值，精确至 0.01MPa。

$$\sigma = \frac{P_1}{S}$$

式中：$\sigma$——试件的抗压强度（MPa）；

　　　$P_1$——试样的破坏荷载（N）；

　　　$S$——试样的受压面积（mm²）。

# 2.4　垂直于板面方向的抗拉强度

垂直于板面方向的抗拉强度系数指将试样的两表面分别粘结在上下两刚性板上，然后安装在试验机上，以恒定的速度进行拉伸试验直至破坏，得出的单位面积上的破坏应力。

## 2.4.1　技术要求（表2.4-1）

不同种类的保温材料其对垂直于板面方向的抗拉强度的技术要求　　　　表 2.4-1

| 项目 | | 材料种类 | | | | | | | | |
|---|---|---|---|---|---|---|---|---|---|---|
| | | 024 级 | 032 级 | 033 级 | 039 级 | 040 级 | 050 级 | 060 级 | EPS 板 | XPS 板 |
| 《模塑聚苯板薄抹灰外墙外保温系统材料》GB/T 29906—2013 | | — | — | ≥ 0.10 | ≥ 0.10 | — | — | — | — | — |
| 《胶粉聚苯颗粒外墙外保温系统材料》JG/T 158—2013 | | — | — | — | — | — | — | — | ≥ 0.10 | ≥ 0.15 |
| 《热固复合聚苯乙烯泡沫保温板》JG/T 536—2017 | D 型热固复合聚苯板 | — | — | — | — | ≥ 0.15 | — | — | — | — |
| | G 型热固复合聚苯板 | — | — | — | — | — | ≥ 0.10 | ≥ 0.12 | — | — |

续表

| 项目 | 材料种类 | | | | | | | | |
|---|---|---|---|---|---|---|---|---|---|
| | 024级 | 032级 | 033级 | 039级 | 040级 | 050级 | 060级 | EPS板 | XPS板 |
| 《建筑用混凝土复合聚苯板外墙外保温材料》JG/T 228—2015 | — | — | ≥0.10 | ≥0.10 | — | — | — | — | ≥0.20 |
| 《酚醛泡沫板薄抹灰外墙外保温系统材料》JG/T 515—2017 | ≥0.10 | ≥0.10 | — | — | — | — | — | — | — |
| 《硬泡聚氨酯保温防水工程技术规范》GB 50404—2017 | ≥0.10 并且破坏部位不得位于粘结界面 | | | | | | | | |
| 《挤塑聚苯板（XPS）薄抹灰外墙外保温系统材料》GB/T 30595—2014 | ≥0.20 | | | | | | | | |

| 《建筑用真空绝热板》JG/T 438—2014 | I型 | ≥0.08 |
|---|---|---|
| | II型 | |
| | III型 | |

## 2.4.2 试验步骤

### 2.4.2.1 试验前准备

1）仪器设备

（1）试验机：拉力试验机或万能试验机，相对示值误差应小于1%，试验机应具有显示受拉变形的装置。

（2）游标卡尺：分度值为0.05mm。

2）试验步骤

（1）试样制备与环境条件

不同种类绝热材料的试件尺寸、取样数量、状态调节环境和试验环境不同，具体规定详见表2.4-2。

**不同种类绝热材料的试件尺寸、取样数量、状态调节环境和试验环境条件** 表2.4-2

| 材料种类 | 《模塑聚苯板薄抹灰外墙外保温系统材料》GB/T 29906—2013 | 《建筑用绝热制品垂直与表面抗拉强度的测定》GB/T 30804—2014 | 《外墙外保温工程技术标准》JGJ 144—2019 |
|---|---|---|---|
| 试样尺寸/mm | 100mm×100mm，试样在模塑板上切割制成，其基面应与受力方向垂直，切割时应离模塑板边缘15mm以上 | ①试样厚度为制品原厚，应包括表皮、面层和/或涂层；②试样应为正方形，推荐采用的试样尺有：（50×50）mm、（100×100）mm、（150×150）mm、（200×200）mm、（300×300）mm，试样尺寸应在相关产品标准中规定 | 试样应在保温板上切割而成，试样尺寸应为100mm×100mm，厚度应为保温板产品厚度 |

续表

| 材料种类 | | 《模塑聚苯板薄抹灰外墙外保温系统材料》GB/T 29906—2013 | 《建筑用绝热制品垂直与表面抗拉强度的测定》GB/T 30804—2014 | 《外墙外保温工程技术标准》JGJ 144—2019 |
|---|---|---|---|---|
| 取样数量/个 | | 5 | 试样数量应在相关产品标准中进行规定。如未规定试样数量，应至少 5 个试样。在没有产品标准或技术规范时，试样数量由各相关方商定 | 5 |
| 状态调节 | 温度/℃ | 23±2 | 23±5（有争议时：23±2） | 23±2 |
| | 湿度/% | 50±5 | 50±5 | 50±5 |
| | 放置时间/h | ≥24 | ≥6 | 以水泥为主要粘结基料的试样，养护时间应为 28d |
| 试验环境条件 | 温度/℃ | 23±2 | 23±2 | 23±2 |
| | 湿度/% | 50±5 | 50±5 | 50±5 |

| 材料种类 | | 《胶粉聚苯颗粒外墙外保温系统材料》JG/T 158—2013 | 《硬泡聚氨酯保温防水工程技术规范》GB 50404—2017 | 《建筑用真空绝热板》JG/T 438—2014 |
|---|---|---|---|---|
| 试样尺寸/mm | | 在厚 50mm 的聚苯板上切割下 5 块 100mm×100mm 试件 | 100mm×100mm×板材厚度 | 600mm×400mm |
| 取样数量/个 | | 5 | 5 | 6 |
| 状态调节 | 温度/℃ | 23±2 | 23±2 | 23±2 |
| | 湿度/% | 50±5 | 50±5 | 50±5 |
| | 放置时间/h | ≥24 | ≥6 | — |
| 试验环境条件 | 温度/℃ | 23±2 | 23±2 | 23±2 |
| | 湿度/% | 60±15 | 50±5 | 50±10 |

| 材料种类 | | 《热固复合聚苯乙烯泡沫保温板》JG/T 536—2017 | 《建筑用混凝土复合聚苯板外墙外保温材料》JG/T 228—2015 | 《挤塑聚苯板（XPS）薄抹灰外墙外保温系统材料》GB/T 30595—2014 | 《酚醛泡沫板薄抹灰外墙外保温系统材料》JG/T 515—2017 |
|---|---|---|---|---|---|
| 试样尺寸/mm | | 试样拉拔面尺寸（50±1）mm×（50±1）mm 或面积相当，试样应从已测定密度的样品上截取 | 在厚 50mm 的聚苯板上切割下 5 块 100mm×100mm 试件 | 100mm×100mm | 50mm×50mm |
| 取样数量/个 | | 5 | 5 | 5 | 5 |
| 状态调节 | 温度/℃ | 23±2 | 23±2 | 23±2 | 23±2 |
| | 湿度/% | 50±5 | 50±5 | 50±5 | 50±5 |
| | 放置时间/h | ≥24 | ≥24 | ≥24 | ≥24 |
| 试验环境条件 | 温度/℃ | 23±2 | 23±5 | 23±5 | 23±5 |
| | 湿度/% | 50±10 | 50±10 | 50±10 | 50±10 |

（2）试验步骤

①用合适的胶粘剂将试样分别粘贴在拉伸用刚性夹具上，胶粘剂不能对试件表面有损害或增强作用；

②将试样装入拉力试验机上，根据试验标准要求选择对应的速率加荷，直至试样破坏，记录最大荷载值。当试样和刚性板或刚性块之间的胶粘剂层发生整体或部分破坏时，舍弃该试样。

（3）结果计算

垂直于板面方向的抗拉强度按以下公式计算：

$$\sigma = \frac{F}{A}$$

式中：$\sigma$——垂直于板面方向的抗拉强度（MPa）；

$\quad\quad F$——试样破坏拉力（N）；

$\quad\quad A$——试样的横截面积（mm²）。

## 2.5 吸水率

### 2.5.1 概述

保温材料的吸水率是指材料在一定时间内所吸收的水分量与材料自身干重的比值。常见的测定方法主要有两种：

（1）常温吸水法：将样品约500g放入蒸馏水中浸泡24h，取出后擦干表面水分，称取湿重后干燥，完成后再次称取干重，即可计算出材料吸水率。

（2）饱水吸水法：将样品先放入蒸馏水中浸泡24h，使材料饱和，取出后擦干表面水分，按常温吸水法进行测定。保温材料的吸水率是判断其保温性能和使用寿命的重要指标。因为保温材料在使用中常常会受到潮湿、雨水等水分的影响，如果吸水率过高，会导致保温材料的保温性能下降，同时也会加速材料的老化，降低使用寿命。而吸水率低的保温材料则具有较好的防潮性和抗老化性能，能够更好地保护建筑结构。

### 2.5.2 硬质泡沫塑料吸水率试验

#### 2.5.2.1 检测依据、数量及评定标准

《绝热用挤塑聚苯乙烯泡沫塑料（XPS）》GB/T 10801.2—2018

《硬质泡沫塑料吸水率的测定》GB/T 8810—2005

《泡沫塑料与橡胶 线性尺寸的测定》6342—1996

样品：3块，尺寸为150mm×150mm×原厚

#### 2.5.2.2 检测仪器

（1）浸泡液

（2）网笼

（3）圆筒容器

（4）切片器

（5）投影仪

（6）静水天平

（7）电子天平

（8）低渗透塑料薄膜

（9）载片

（10）干燥器

（11）其他工具：玻璃棒、滤纸、毛刷

### 2.5.2.3　检测前准备工作

（1）检查环境温湿度，填写环境温湿度记录表；

（2）准备 3 块试样，尺寸为 150mm×150mm×原厚，试样表面应光滑、平整、无粉尘，分别给试样编号。

### 2.5.2.4　检测操作

（1）将制备好的试样在常温下放置于干燥器中，每隔 12h 称重一次，直至连续两次称重质量相差不大于平均值的 1%；

（2）分别称量干燥后的试样质量（$m$），准确至 0.1g；

（3）用游标卡尺测量试样的线性尺寸，测量的位置取决于试样的形状和尺寸，但至少 5 点，为了得到一个可靠平均值，测量点尽可能分散些。取每一点上 3 个读数的中值，并用 5 个或 5 个以上的中值计算平均值，做好数据的原始记录；

（4）在试验环境下将蒸馏水注入圆筒容器内，将网笼浸入水中，除去网笼表面气泡，挂在天平上，称其表观质量（$m$），准确至 0.1g，将试样装入网笼，重新浸入水中，并使试样顶面距水面约 50mm，用软毛刷或玻璃棒搅动，除去网笼和样品表面气泡；

（5）渗透塑料薄膜覆盖在圆筒容器上，浸泡时间达（96±1）h 后，移去塑料薄膜，称量浸在水中装有试样的网笼的表观质量（$m^3$），准确至 0.1g；

（6）若目测浸泡后试样没有明显的非均匀溶胀，采用方法 A 进行切割表面体积校正，从水中取出试样，用滤纸吸去表面水分，立即重新测量试样的长、宽、厚，做好数据记录；

（7）从进行吸水试验的相同样品上，用锯子切割 50mm×50mm×原厚的试样，从试件上任意切割试片，试片的厚度应小于单个炮孔的直径，保证影像不因孔壁重叠而被遮住，将薄片插入载片中，再将载片插入投影仪，调整焦距，使其影像在屏幕上成像清晰，从投影影像上测量平均泡孔弦长 $T$，首先在标尺长 30mm 范围内确定泡孔或孔壁数目，将直线长度除以泡孔数目则得平均泡孔弦长 $T$，计算出全部试样结果。

### 2.5.2.5　数据处理

（1）方法 A（均匀溶胀）

适用性：当试样没有明显的非均匀溶胀时用方法 A。

试样均匀溶胀体积校正系数 $S_0$ 计算见下式：

$$S_0 = \frac{V_1 - V_0}{V_0}$$

$$V_0 = \frac{d \times l \times b}{1000}$$

$$V_1 = \frac{d_1 \times l_1 \times b_1}{1000}$$

式中：$V_1$——试样浸泡后体积（$cm^3$）；

    $V_0$——试样初始体积（$cm^3$）；

    $d$——试样初始厚度（mm）；

    $l$——试样初始长度（mm）；

    $b$——试样初始宽度（mm）；

    $d_1$——试样浸泡后厚度（mm）；

    $l_1$——试样浸泡后长度（mm）；

    $b_1$——试样浸泡后宽度（mm）。

切割表面泡孔的体积校正：

有自然表皮或复合表皮的试样按下式计算：

$$V_C = \frac{0.54D(l \times d + b \times d)}{500}$$

各表面均为切割面的试样：

$$V_C = \frac{0.54D(l \times d + l \times b + b \times d)}{500}$$

式中：$V_C$——试样切割表面泡孔体积（$cm^3$）；

    $D$——平均炮孔直径（mm）。

（2）若平均泡孔直径小于0.5mm，且试样体积不小于500$cm^3$，切割面泡孔的体积校正较小（小于3.0%）可以被忽略。

方法B（非均匀溶胀）

适用性：当试样有明显的非均匀溶胀时用方法B。

①合并校正溶胀和切割面泡孔的体积：

用一个溢流管圆筒容器，注满蒸馏水直到水从溢流管流出，当水平面稳定后，在溢流管下放一容积不小于600$cm^3$带刻度的容器，此容器能用它测量溢出水体积，准确至0.5$cm^3$（也可用称量法）。从原始容器中取出试样和网笼，淌干表面水分（约2min），小心地将装有试样的网笼浸入盛满水的容器，水平面稳定后测量排出水的体积（$V_2$），准确至0.5$cm^3$。用网笼重复上述过程，并测量其体积（$V_3$），准确至0.5$cm^3$。

溶胀和切割表面体积合并校正系数$S_1$按下式计算：

$$S_1 = \frac{V_2 - V_3 - V_0}{V_0}$$

式中：$V_2$——装有试样的网笼浸在水中排出水的体积（$cm^3$）；

    $V_3$——网笼浸在水中排出水的体积（$cm^3$）；

    $V_0$——初始体积（$cm^3$）。

②结果表示

方法A：吸水率（$WA_v$）的计算

$$WA_v = \frac{m_3 + V_1 + \rho - (m_1 + m_2 + V_c \times \rho)}{V_0\rho} \times 100\%$$

式中：$WA_v$——吸水率（%）；

　　　$m_1$——试样质量（g）；

　　　$m_2$——网笼浸在水中的表观质量（g）；

　　　$m_3$——装有试样的网笼浸在水中的表观质量（g）；

　　　$V_1$——试样浸湿后体积（$cm^3$）；

　　　$V_c$——试样切割表面泡孔体积（$cm^3$）；

　　　$V_0$——初始体积（$cm^3$）；

　　　$\rho$——水的密度（$= 1g/cm^3$）。

　　方法 B：吸水率（$WA_v$）的计算

$$WA_v = \frac{m_3 + (V_2 - V_3)\rho - (m_1 + m_2)}{V_0\rho} \times 100\%$$

式中：$WA_v$——吸水率（%）；

　　　$m_1$——试样质量（g）；

　　　$m_2$——网笼浸在水中的表观质量（g）；

　　　$m_3$——装有试样的网笼浸在水中的表观质量（g）；

　　　$V_2$——试样浸湿后体积（$cm^3$）；

　　　$V_3$——试样切割表面泡孔体积（$cm^3$）；

　　　$V_0$——初始体积（$cm^3$）；

　　　$\rho$——水的密度（$= 1g/cm^3$）。

　　原始记录和检测报告查看附录 2.9、附录 2.10。

### 2.5.3　橡塑塑料真空体积吸水率试验

　　将柔性泡沫橡塑浸泡在水中，由于其具有闭孔结构，水不易充满空隙。而在一定的真空度下，水可迅速进入空隙，从而快速、准确测量制品的吸水性能，并反映闭孔结构是否完整。

#### 2.5.3.1　检测依据、数量及评定标准

　　《柔性泡沫橡塑绝热制品》GB/T 17794—2021

　　在试件上切取 3 块试件。板状试件尺寸为（100±1）mm ×（100±1）mm × 厚度；管状试件尺寸为（100±1）mm × 原内径 × 原壁厚。

#### 2.5.3.2　检测仪器

　　（1）天平：分度值不小于 0.001g

　　（2）真空容器

　　（3）真空泵：真空度不小于（85±3）kPa

　　（4）蒸馏水

　　（5）秒表

（6）钢直尺：分度值为 1mm

（7）精密直径围尺：分度值不小于 0.2mm

（8）卡尺：分度值不小于 0.05mm

（9）试件架

### 2.5.3.3 检测前准备工作

在温度为（23±2）℃，相对湿度为（50±10）%的标准环境下，预制试件 24h。

### 2.5.3.4 检测操作

（1）称量试件，精确到 0.001g，得到初始质量 $m_1$；

（2）板体积与管体积均按《泡沫塑料与橡胶 线性尺寸的测定》GB/T 6342—1996 要求进行测试；

（3）在真空容器中注入适当高度的蒸馏水；

（4）将试件放在试件架上，保持 85kPa 真空度 3min 后关闭真空泵，打开真空容器的进气孔后取出试件，用吸水纸除去试件表面（包括管内壁和两端）上的水。轻轻抹去表面水分，除去管内壁的水时，可将吸水纸卷成棒状探入管内，此项操作应在 1min 内完成；

（5）称量试件，精确到 0.001g，得到最终质量 $m_2$。

### 2.5.3.5 数据处理

真空体积吸水率按下式计算：

$$W = \frac{m_2 - m_1}{V \cdot \rho_水} \times 100\%$$

式中：$W$——真空体积吸水率（%）；

$\qquad m_1$——试件初始质量（kg）；

$\qquad m_2$——试件最终质量（kg）；

$\qquad V$——试件体积（$m^3$）；

$\qquad \rho_水$——水的密度，数值为 1000kg/$m^3$。

试验结果以 3 个试件的算数平均值表示并保留小数点后一位。

原始记录和检测报告查看附录 2.11、附录 2.12。

## 2.6 传热系数

### 2.6.1 概述

在《绝热 稳态传热性质的测定 标定和防护热箱法》GB/T 13475—2008 中规定了两种可供选择的方法分别为：标定热箱法、防护热箱法，这两种方法均适用于垂直试件（如墙体）以及水平试件（如天花板和楼板），两种类型的装置，防护热箱（GHB）和标定热箱（CHB），都意图模仿通常的试件两边为均匀温度的流体（通常是大气）的边界条件。本次阐述的试验选用防护热箱法，将试件放入热室和冷室之间，在稳定状态下测量空气温度和表面温度以及输入热室的功率。根据这些测量数值计算试件的传热性质。

### 2.6.2　外墙内保温复合板热阻试验

#### 2.6.2.1　检测依据、数量及评定标准

《外墙保温复合板通用技术要求》JG/T 480—2015

《绝热 稳态传热性质的测定 标定和防护热箱法》GB/T 13475—2008

试件要求：最大可测试件尺寸为长 1600mm × 宽 1600mm × 厚 450mm

#### 2.6.2.2　检测仪器

建筑墙体稳态热传递性能检测设备为建筑墙体传热系数检测仪，其包括冷箱、防护箱、试件框、温度测量传感器（热电偶）计算机和稳态控制系统、辐射率接近被测试件表面的胶粘剂或胶带、聚氨酯发泡胶均可。

#### 2.6.2.3　检测前准备工作

（1）检查环境温湿度，填写环境温湿度记录表；根据《绝热 稳态传热性质的测定 标定和防护热箱法》GB/T 13475—2008 第 3.4 节试验平均温度和温差都影响测试结果，测试温度应达到平均温度为 10～20℃，最小温差为 20℃；

（2）本次阐述的试验采用的样品为 EPS 复合板，芯材为 EPS 保温板厚 40mm，面板为无机板材，底衬；

（3）在试件框上制作试验用 EPS 复合板试件，若有拼接缝，拼接缝的宽度及处理方式应按照委托方提供的构造方式处理。要注意砂浆找平，始建于热室接触的一侧应与试件框平齐；

（4）将制作好的试件在室温 10～30℃的条件下，进行状态调节。为减少试件中热流受到所含水分的影响，建议试件在测量前调节到气干状态，一般养护 14d；

（5）待试件养护到龄期后，推入试验设备处，在试件的计量区域上，均匀布置 9 个传感器，并且冷侧和热侧互相对应布置，用胶带将传感器与试件热侧、冷侧表面粘贴密实。将计量箱与试件框夹紧，防护箱、冷箱与试件框的夹具链接，试件安装完毕。

#### 2.6.2.4　检测操作

1）温度传感器巡检

接通主电源，打开计算机，运行"建筑墙体保温监控系统"软件，系统将自动检查数字温度传感器数量以及测量情况。若温度巡检模块巡检时出现故障，应立即退出本软件系统，使用温度巡检模块自带的检测软件检查温度巡检系统。

2）选择稳定阶段判断模式

（1）手动模式

人工判断是否稳定，是否可以开始计量。点击"计量"，开始每半个小时自动开始采集计量数据，总共采集 6 次，计算平均值，作为试验结果。点击"结束"，停止数据采集。

（2）延后时间模式

设定延后时间，到达设定的时间后，自动开始每半个小时自动开始采集计量数据，总共采集 6 次，计算平均值，作为试验结果。计量完成，自动停止外部设备运行。

（3）自动判断模式

设定自动判断的时间间隔（默认 30min/次）和功率变化范围（默认 2W），每 0.5h 平均

计算 1 次采集到的加热功率值。如果连续 6 次采集的功率数据都没有超过上述功率变化范围，即可判断为稳定。系统自动记录 6 次数据，计算平均值，作为试验结果。计量完成，自动停止外部设备运行。

3）数据采集与结果计算

选择好其中一种模式后，点击"启动"，系统将开始进行检测。达到稳定条件后，每间隔 0.5h 采集一次数据，共 6 次 3 个小时。系统自动计算墙体传热系数以及热阻的平均值。保存好计算结果文件，取出试件，重复以上步骤，即可做下一个试验。

### 2.6.2.5 数据处理

依据《外墙保温复合板通用技术要求》JG/T 480—2015，建筑墙体传热性能检测项目只给出本次检测墙体传热系数的检测值符合设计要求即可。

原始记录和检测报告查看附录 2.13、附录 2.14。

## 2.7 单位面积质量

### 2.7.1 概述

通过称量试样的质量，保温板的长度和宽度，即可求出单位面积质量；适用于民用建筑保温装饰板的性能检测。

### 2.7.2 保温装饰板质量试验

#### 2.7.2.1 检测依据、数量及评定标准

《保温装饰板外墙外保温系统材料》JG/T 287—2013
《外墙保温复合板通用技术要求》JG/T 480—2015
试件要求：完整的产品 3 件

#### 2.7.2.2 检测仪器

钢卷尺：分度值为 1mm
电子台秤：分度值为 0.05kg，量程 0～100kg

#### 2.7.2.3 检测前准备工作

调节室内环境温度到（23±5）℃，相对湿度（50±10）%，并检查和填写相关记录表。

#### 2.7.2.4 检测操作

（1）用钢卷尺测量保温装饰板的长度 $L$，测量位置分别位于保温装饰板两端距板边 100mm 处即中间处（《外墙保温复合板通用技术要求》JG/T 480—2015 不要求测中间），长度测量共记录 3 个测量值，结果取 3 个值的平均值；

（2）测量保温装饰板的宽度 $B$，同样测量部位也分别位于保温装饰板两端距板边 100mm 处及中间处，宽度测量共记录 3 个测量值，结果取 3 个值的平均值；

（3）分别称量 3 个试样质量并记录。

### 2.7.2.5　数据处理

单位面积质量按下式计算：

$$E = \frac{m}{L \times B} \times 10^6$$

式中：$E$——单位面积质量（kg/m²）；

　　　$m$——试样质量（kg）；

　　　$L$——试样长度（mm）；

　　　$B$——试样宽度（mm）。

试验结果按 3 个检测值的算术平均值表示，精确至 1kg/m²。

根据《保温装饰板外墙外保温系统材料》JG/T 287—2013 作判定（表 2.7-1）。

保温装饰板性能指标　　　　　　　　　　表 2.7-1

| 项目 | 指标 | |
|---|---|---|
| | Ⅰ型 | Ⅱ型 |
| 单位面积质量/（kg/m²） | < 20 | 20～30 |

## 2.8　拉伸粘结强度

拉伸粘结强度是指胶粘剂在拉伸作用下，经过一定时间内产生的最大承载能力。原始记录和检测报告查看附录 2.15、附录 2.16。

### 2.8.1　技术要求

不同种类材料拉伸粘结强度技术要求见表 2.8-1。

不同种类材料拉伸粘结强度技术要求　　　　表 2.8-1

| 材料种类 | | 指标 | |
|---|---|---|---|
| | | Ⅰ型 | Ⅱ型 |
| 《保温装饰板外墙外保温系统材料》JG/T 287—2013 | 原强度/MPa | ≥0.10，破坏发生在保温材料中 | ≥0.15，破坏发生在保温材料中 |
| | 耐水强度/MPa | ≥0.10 | ≥0.15 |
| | 耐冻融强度/MPa | ≥0.10 | ≥0.15 |
| 《外墙保温复合板通用技术要求》JG/T 480—2015 | 外保温复合板　原强度/MPa | ≥0.10，破坏发生在保温材料中 | ≥0.15，破坏发生在保温材料中 |
| | 外保温复合板　耐水强度/MPa | ≥0.10 | ≥0.15 |
| | 外保温复合板　耐冻融强度/MPa | ≥0.10 | ≥0.15 |
| | 内保温复合板　纸面石膏板面板/MPa | ≥0.035，且纸面与保温板界面破坏 | |
| | 内保温复合板　其他不燃材料面板/MPa | ≥0.10，且保温板破坏 | |

续表

| 材料种类 | | | 指标 | |
|---|---|---|---|---|
| | | | Ⅰ型 | Ⅱ型 |
| 《外墙内保温复合板系统》GB/T 30593—2014 | 外墙内保温复合板/MPa | | ≥0.035 | |
| | 复合板 | 纸面石膏板面层/MPa | ≥0.035，且纸面与保温板界面破坏 | |
| | | 无石棉硅酸钙板面层/MPa | ≥0.10，且保温板破坏 | |
| | | 无石棉纤维水泥平板面层/MPa | | |
| | 粘结石膏板 | 与复合板/MPa | 原强度≥0.10 | |
| | | 与水泥砂浆/MPa | 原强度≥0.5 | |
| | 胶粘剂 | 拉伸粘结强度/MPa（与水泥砂浆）原强度 | ≥0.6 | |
| | | 拉伸粘结强度/MPa（与水泥砂浆）耐水 a 浸水2d，干燥2h | ≥0.3 | |
| | | 拉伸粘结强度/MPa（与水泥砂浆）耐水 a 浸水2d，干燥7d | ≥0.6 | |
| | | 拉伸粘结强度/MPa（与复合板）原强度 | ≥0.10，破坏发生在保温板中 | |
| | | 拉伸粘结强度/MPa（与复合板）耐水 a 浸水2d，干燥2h | ≥0.06 | |
| | | 拉伸粘结强度/MPa（与复合板）耐水 a 浸水2d，干燥7d | ≥0.10 | |
| | 可操作时间/h | | 1.5～4.0 | |

a 用于厨房、卫生间等潮湿环境时，要求此指标。

### 2.8.2 试验准备

#### 2.8.2.1 仪器设备

（1）试验机：拉力试验机或万能试验机，相对示值误差应小于1%，试验机应具有显示受拉变形的装置；

（2）游标卡尺：分度值为0.02mm。

#### 2.8.2.2 试验步骤

试样制备与环境条件

不同种类的保温材料的试件尺寸、数量、状态调节及试验环境不同，具体规定详见表2.8-2。

试件尺寸、数量、状态调节及试验环境条件 表2.8-2

| 材料种类 | | 《保温装饰板外墙外保温系统材料》JG/T 287—2013 | 《外墙保温复合板通用技术要求》JG/T 480—2015 | 《外墙内保温复合板系统》GB/T 30593—2014 |
|---|---|---|---|---|
| 试样尺寸/mm | | 50mm×50mm或直径50mm | 100mm×100mm | 50mm×50mm或直径50mm |
| 取样数量/个 | | 6 | 6 | 6 |
| 状态调节 | 温度/℃ | 23±2 | 23±2 | 23±2 |
| | 湿度/% | 50±5 | 50±5 | 50±5 |

续表

| 材料种类 | | 《保温装饰板外墙外保温系统材料》JG/T 287—2013 | 《外墙保温复合板通用技术要求》JG/T 480—2015 | 《外墙内保温复合板系统》GB/T 30593—2014 |
|---|---|---|---|---|
| 试验环境条件 | 温度/℃ | 23 ± 5 | 23 ± 5 | 23 ± 5 |
| | 湿度/% | 50 ± 10 | 50 ± 10 | 50 ± 10 |

#### 2.8.2.3　试验步骤

（1）将相应尺寸的金属块用高强度树脂胶粘剂黏合在试样上；

（2）将试样安装到试验机上，进行拉伸粘结强度测定，拉伸速度为（5±1）mm/min。记录每个试样破坏时的拉力值和破坏状态，精确至 1N。如金属块与试样脱开，测试值无效。

#### 2.8.2.4　试验结果

拉伸粘结强度按以下公式计算，取 4 个中间值计算拉伸粘结强度算术平均值，精确至 0.01MPa。

$$R = \frac{F}{A}$$

式中：$R$——试样拉伸粘结强度（MPa）；

　　　$F$——试样破坏荷载值（N）；

　　　$A$——粘结面积（mm²）。

破坏发生在保温材料中是指破坏断面位于保温材料内部，6 次试验中至少有 4 次破坏发生在保温材料中，则试验结果可判定为破坏发生在保温材料中，否则应判定为破坏未发生在保温材料中。

保温板内部或表层破坏面积在 50% 以上时，破坏状态为保温板破坏，否则破坏状态为界面破坏。

## 2.9　燃烧性能

### 2.9.1　概述

燃烧性能等级是建筑材料选用的重要依据，燃烧性能良好的材料能够有效预防火灾、保障人们的生命财产安全。确保燃烧性能等级符合规范的检测要求，对建筑的防火性能具有重要意义。在本节中，首先介绍了建筑材料燃烧性能分类，其次阐述了燃烧性能相关标准和检测参数以及检测过程的详细步骤和数据计算方法，最后提供了燃烧性能等级 $B_1$（B）级的范例与检测报告模板。

按照是否加工，可将其分为建筑材料和建筑制品材料。建筑材料指工厂生产的原材料，如聚苯乙烯泡沫塑料板、蒸压加气混凝土砌块、保温岩棉；建筑制品指材料经过二次加工使用的产品，如窗帘幕布、家居制品装饰用织物；电线电缆套管、电气设备外壳及附件；电器、家具制品用泡沫塑料；软质家具和硬质家具等。

根据建筑材料的外形特征，可将其分为平板状建筑材料、管状建筑材料、铺地材料。

按照燃烧性能可分为 A、$B_1$、$B_2$、$B_3$ 级，对应的名称见表 2.9-1。

**燃烧等级**　　　　　　　　　　　　　　　　　　　　　表 2.9-1

| 燃烧等级 | 名称 |
|---|---|
| A | 不燃材料（制品） |
| B$_1$ | 难燃材料（制品） |
| B$_2$ | 可燃材料（制品） |
| B$_3$ | 易燃材料（制品） |

### 2.9.2 不燃性试验

本试验是在特定条件下，匀质建筑制品和非匀质建筑制品主要组分不燃性试验方法。

#### 2.9.2.1 检验依据

《建筑材料不燃性试验方法》GB/T 5464—2010

#### 2.9.2.2 检测设备（图 2.9-1）

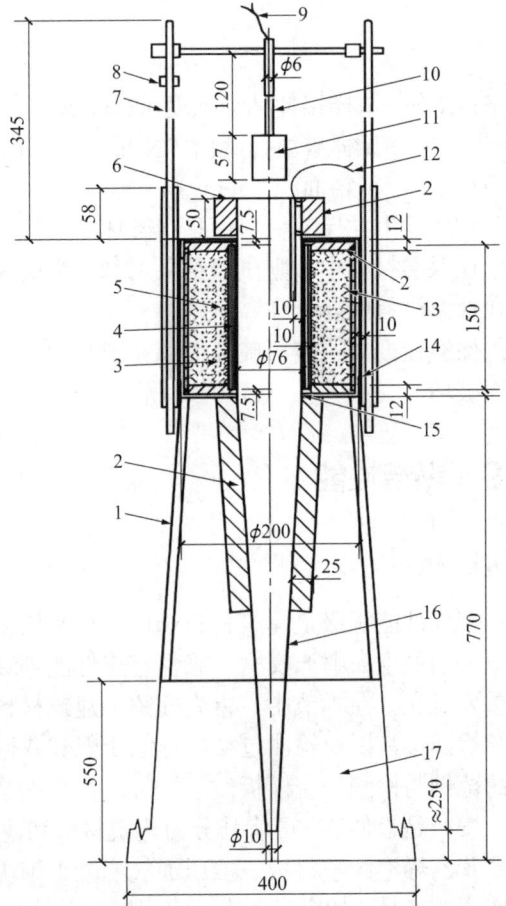

1—支架；2—矿棉隔热层；3—氧化镁粉；4—耐火管；5—加热电阻带；6—气流罩；7—插入装置；8—定位块；
9—试样热电偶；10—支撑件钢管；11—试样架；12—炉内热电偶；13—外部隔声管；14—矿棉；15—密封件；
16—空气稳流器；17—气流屏

图 2.9-1 装置整体示意图

（1）加热炉

加热炉由密度为（2800±300）kg/m³ 铝矾土耐火材料制成，高（150±1）mm，内径（75±1）mm，壁厚（10±1）mm

（2）加热管

（3）气流罩

（4）热电偶

（5）采用丝径 0.3mm，外径 1.5mmK 型热电偶

（6）天平

（7）稳压器

控制最大功率应达到 1.5kW，输出电压能够线性调节。

### 2.9.2.3  试验原理和环境

（1）试验原理

将试样放置在恒定的高温炉内，温度（750±5）℃，测量试样的温升、质量损失率、持续火焰时间。

（2）试验环境

试验装置不应设在风口，也不应受到任何形式强烈日照或人工光照，以利于观察炉内火焰，试验过程中环境温度变化不应超过 5℃。

### 2.9.2.4  抽样原则和养护条件

（1）抽样原则

《建筑材料不燃性试验方法》GB/T 5464—2010 对试样要求：试样应从代表制品足够大样品制取，试样为圆柱形，体积（76±8）cm³，直径（45+2）mm，高度（50±3）mm。若试样厚度不足（50±3）mm，可通过叠加层数或调节试样的厚度来满足要求。选取 5 个试样用于测试。

（2）养护条件

在温度（23±2）℃，相对湿度（50±5）%条件下放置不少于 48h，然后将试样放入（60±5）℃干燥箱干燥（20～24）h。

### 2.9.2.5  校准程序

炉壁温度校准：当炉内稳定在（750±5）℃时，应使用规定的接触式热电偶在炉壁 3 条互相等距垂直轴线上测量炉壁温度，对于每条轴线，记录其加热管中心和其上下 30mm 处 3 点温度，记录见表 2.9-2。

炉壁温度读数     表 2.9-2

| 垂轴线上 | $a$（30mm）处 | $b$（0mm）处 | $c$（-30mm）处 |
|---|---|---|---|
| 1（0°） | $T_{1,a}$ | $T_{1,b}$ | $T_{1,c}$ |
| 2（120°） | $T_{2,a}$ | $T_{2,b}$ | $T_{2,c}$ |
| 3（240°） | $T_{3,a}$ | $T_{3,b}$ | $T_{3,c}$ |

记录并计算 9 个点温度的平均值：

$$T_{avg} = \frac{T_{1,a} + T_{2,a} + T_{3,a} + T_{1,b} + T_{2,b} + T_{3,b} + T_{1,c} + T_{2,c} + T_{3,c}}{9}$$

炉壁上 3 根轴线平均温度：

$$T_{avg,axis1} = \frac{T_{1,a} + T_{1,b} + T_{1,c}}{3}$$

$$T_{avg,axis2} = \frac{T_{2,a} + T_{2,b} + T_{2,c}}{3}$$

$$T_{avg,axis3} = \frac{T_{3,a} + T_{3,b} + T_{3,c}}{3}$$

计算 3 根轴线温度相对平均温度偏差的百分数：

$$T_{dev,axisl} = 100\% \times \frac{T_{avg} - T_{avg,axis1}}{T_{avg}}$$

$$T_{dev,axis2} = 100\% \times \frac{T_{avg} - T_{avg,axis2}}{T_{avg}}$$

$$T_{dev,axis3} = 100\% \times \frac{T_{avg} - T_{avg,axis3}}{T_{avg}}$$

3 根轴线上同一位置温度读数算术平均值：

$$T_{avg.dev,axi} = \frac{T_{dev,axisl} + T_{dev,axis2} + T_{dev,axis3}}{3}$$

3 根垂线上同一水平位置平均炉壁温度平均值：

$$T_{avg,levela} = 100\% \times \frac{T_{1,a} + T_{2,a} + T_{3,a}}{3}$$

$$T_{avg,levelb} = 100\% \times \frac{T_{1,b} + T_{2,b} + T_{3,b}}{3}$$

$$T_{avg,levelc} = 100\% \times \frac{T_{1,c} + T_{2,c} + T_{3,c}}{3}$$

测得 3 根轴线同一水平位置相对炉壁平均炉壁温度偏差的百分数：

$$T_{dev,axisa} = 100\% \times \frac{T_{avg} - T_{avg,axisa}}{T_{avg}}$$

$$T_{dev,axisb} = 100\% \times \frac{T_{avg} - T_{avg,axisb}}{T_{avg}}$$

$$T_{dev,axisc} = 100\% \times \frac{T_{avg} - T_{avg,axisc}}{T_{avg}}$$

同一水平位置炉壁温度偏差值（算术平均值）：

$$T_{avg,level} = \frac{T_{avg,levela} + T_{avg,levelb} + T_{avg,levelc}}{3}$$

3 根垂轴线上温度相对平均炉壁温度偏差量 $T_{avg.dev,axi}$ 不超过 0.5%。

3 根垂轴线上同一水平位置温度相对平均炉壁温度偏差量 $T_{avg,level}$ 不超过 1.5%。

2.9.2.6　试验步骤

接通电源，调节输出电压，使炉内温度升温到（750±5）℃至少 10min，其温度漂移在 10min 内不超过 2℃，并要求相对平均温度的最大偏差在 10min 内不超过 10℃；

将调节好的试样称量质量并放置在试样架中；

将试样架插入炉内规定位置，点击开始试验，炉内温度在 30min 时达到平衡温度，则可停止试验；如果 30min 没到达平衡，则继续试验，一直到炉内温度平衡结束试验；如果试验时间到达 60min 还没平衡，也应结束试验。

收集试验残渣放入干燥皿中，待温度冷却至环境温度，称量残渣质量。

结果计算：

$$质量损失率 = 100\% \times \frac{m - m'}{m}$$

式中：$m$——试验前样品质量；

　　　$m'$——试验后样品残渣质量。

炉内温升 $\Delta T = T_m - T_f$

式中，$T_m$ 为炉内最高温度，$T_f$ 为炉内最终平衡温度。

试验一共进行 5 组试样。

## 2.9.3　建筑材料及制品的燃烧性能燃烧热值的测定

本试验规定了在标准条件下，将特定质量的试样置于一个氧弹量热仪中，测试试样燃烧热值的试验方法，量热仪需采用标准苯甲酸进行校准。

2.9.3.1　检验依据

《建筑材料及制品的燃烧性能燃烧热值的测定》GB/T 14402—2007

2.9.3.2　检测设备

燃烧热值测定仪见图 2.9-2。

图 2.9-2　燃烧热值测定仪

1）量热弹

量热弹应满足以下要求：

容量：（300±50）mL

（1）质量不超过 3.25kg

（2）盖子以内应承受 21MPa 的内压

（3）内壁应承受样品的腐蚀

2）量热仪

量热仪装置见图 2.9-3。

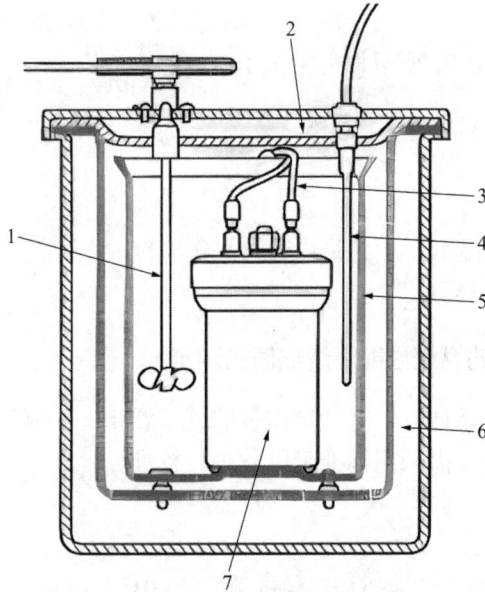

1—搅拌器；2—内筒盖；3—点火丝；4—温度计；5—内筒；6—外筒；7—氧弹

图 2.9-3　量热仪装置

3）温度测量装置

4）坩埚

5）天平

6）试样制备装置

### 2.9.3.3　试验原理和环境

（1）试验原理

通过标准物质苯甲酸测得装置的水当量，再称取一定量的试样，放入设备中让其完全燃烧（如不能完全燃烧可适当添加助燃物质苯甲酸），测得外筒内水的温升，从而计算出样品的燃烧热值 PCS。

（2）试验环境

试验应在标准试验条件下进行，室内温度要保持稳定，房间内的温度与量热内桶温差不超过 ±2K。

### 2.9.3.4 抽样原则和养护条件

1）抽样原则

应对制品的每个组分进行评价，包括次要组分，如果次要组分不能分层，则需单独提供制品各组分；如果能够分层，那么分层时，制品每一个组分与其他组分完全剥离，相互不能有其他组分。

将样品通过研磨得到细粉试样，研磨时不能有热分解发生，如果样品不能研磨则将样品制成小颗粒或者片材。通过研磨得到粉末可以使用坩埚法制备试样，如果试样不能完全燃烧则应该使用香烟法制备试样。

（1）坩埚法制备试样（图 2.9-4）的步骤：

① 将制备好的试样称重放入坩埚中。

② 将称重的点火丝连接到 2 个电极上。

③ 调节点火丝的位置使之与坩埚中试样接触良好，注意不要接触到坩埚。

（2）香烟试验样品制作步骤：

① 将称重的点火丝下垂到心轴中心。

② 将称重的香烟纸将心轴包裹好，两端留出足够的纸，使其和点火丝拧在一起。

③ 将点火丝和包裹好心轴一起放入模具中，点火丝要穿过模具底部。

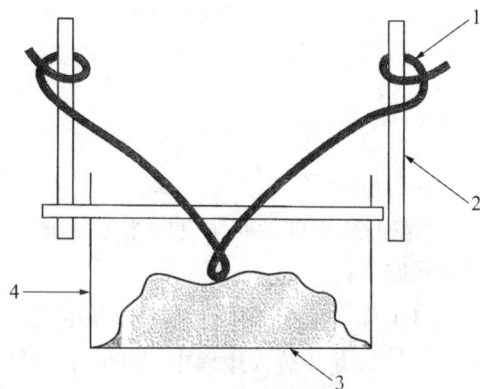

1—点火丝；2—电极；3—苯甲酸和试样混合物；4—坩埚

图 2.9-4 坩埚法制备试样

④ 移出心轴。

⑤ 将已称重的试样和苯甲酸均匀放入香烟纸中。

⑥ 从模具中取出装有试样和苯甲酸的香烟，两端拧在一起。

⑦ 称重香烟质量，确保香烟质量与各组分质量之和不要超过 10mg。

⑧ 将香烟放入坩埚中。

⑨ 见图 2.9-5。

2）养护条件

在温度（23±2）℃，相对湿度（50±5）%条件下放置不少于 48h。

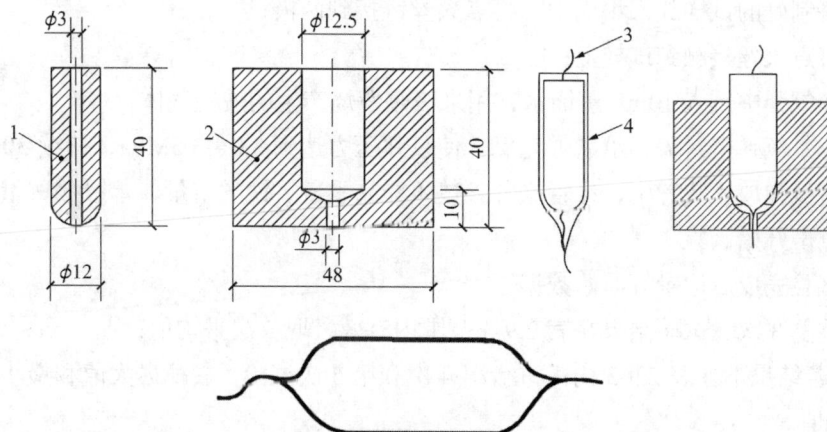

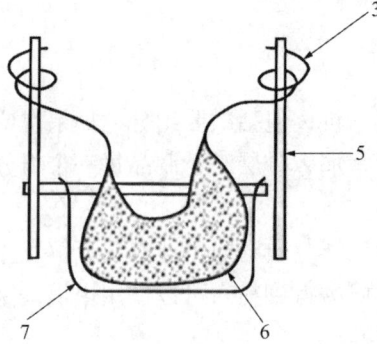

1—心轴；2—模具；3—点火丝；4—香烟纸；5—电极；6—香烟；7—坩埚

图 2.9-5　香烟纸制备试样

### 2.9.3.5　校准程序

水当量测定

量热仪、氧弹及其附件的水当量通过 5 组 0.4～1.0g 的标准苯甲酸进行总热值测定。测定步骤如下：

（1）称量压缩苯甲酸丸片（苯甲酸需带证书），精确至 0.1mg；

（2）将丸片放入坩埚中，将点火丝链接到两极；

（3）将点火丝接触到苯甲酸丸片；

（4）在氧弹中倒入 10mL 蒸馏水，用来吸收燃烧产生的酸性气体；

（5）拧紧氧弹密封盖，给氧弹充氧，使氧弹压力达到 3.0～3.5MPa，持续 30s；

（6）将氧弹放入装置中，设置好各参数（苯甲酸重量、铁丝重量、苯甲酸热值）；

（7）点击开始试验；

（8）重复 5 次上面操作，取 5 个值的平均值作为水当量；

（9）在规定周期内不超过 2 个月，或系统发生显著变化时，应重新测定。

### 2.9.3.6　试验步骤

（1）制备试样，用坩埚法或者香烟纸法制备；

（2）将制好的试样放入坩埚中，将点火丝链接到两极；

（3）将点火丝接触到试样上；

（4）在氧弹中倒入 10mL 蒸馏水，用来吸收燃烧产生的酸性气体；

（5）拧紧氧弹密封盖，给氧弹充氧，使氧弹压力达到 3.0～3.5MPa，持续 30s；

（6）将氧弹放入装置中，设置好各参数（样品重量、铁丝重量、苯甲酸重量）；

（7）点击开始试验；

（8）试验完成后记录好原始数据；

（9）重复 3 次，试验结果在表 2.9-3 范围内有效，取 3 次平均值；

（10）若结果不在表 2.9-3 内需进行第 4 次和第 5 次试验，去掉最大值和最小值，其他 3 次取平均值。

试验结果有效标准　　　　　　　　　　　　　　　　表 2.9-3

| 总热值 | 3 组试验最大值与最小值偏差 | 有效范围 |
|---|---|---|
| PCS<br>PCSa | ≤ 0.2MJ/kg<br>≤ 0.1MJ/m³ | 0～3.2MJ/kg<br>0～4.1MJ/m³ |

注：a 仅适用于非匀制材料。

### 2.9.4　建筑材料或制品的单体燃烧试验

单体燃烧试验是用以确定平板状试样对火的反应性能；包含燃烧增长速率指数（FIGRA0.4MJ）、燃烧增长速率指数（FIGRA0.2MJ）、主燃烧器最初 600s 内总燃烧热释放量（THR600s）、火焰横向蔓延（LFS）、烟气生成速率指数（SMOGRA）、600s 内总产烟量（TSP600s）。

#### 2.9.4.1　检验依据

《建筑材料或制品的单体燃烧试验》GB/T 20284—2006

#### 2.9.4.2　检测设备

SBI 试验装置包括燃烧室、试验设备（小推车、框架、燃烧器、集气罩、收集器和导管）、排烟系统和常规测量装置。注意：从小推车下方进入燃烧室的空气应为新鲜的洁净空气。

（1）燃烧室

燃烧室内高度为（2.4 ± 0.1）m，地板面积（3.0 ± 0.2）m × （3.0 ± 0.2）m。墙体由砖石砌块、石膏板和 A₁ 级、A₂ 级其他类板材组成，燃烧室一面应设开口，以便小推车进入燃烧室，开口宽度至少为 1470mm，高度为 2450mm（框架的尺寸）。

（2）燃料

采用丙烷气体，纯度大于等于 95%。

#### 2.9.4.3　试验设备

1）小推车上安装两个互相垂直的样品试件，在垂直角的底部有一砂盒燃烧器，小推车的放置位置应使小推车背面正好密封燃烧室的开口。为使气流沿燃烧室地板均匀分布，在小推车底板下的空气入口配置多孔板。

2）固定框架，小推车被推入其中进行试验并支撑集气罩；框架上固定有辅燃烧器。

3）集气罩，固定在框架顶部，用于收集燃烧气体。

4）收集器，位于集气罩的顶部，带有集气板和连接烟道管水平出口。

5）J 形排烟管道，内径为（315 ± 5）mm 的隔热圆管，用 50mm 厚耐高温棉。

6）2 个相同砂盒燃烧器，其中一个位于小推车的底板上（主燃烧器）另一个位于固定框架上（辅燃烧器）。

7）矩形屏蔽板，宽度为（370 ± 5）mm，高度为（550 ± 5）mm，由硅酸钙板制成，用以保护试样免受辅燃烧器辐射影响。

8）质量流量控制器量程至少为（0～2.3）g/s，在（0.6～2.3）g/s 内读数精度为 1%。

9）背板，用于支撑小推车中的试样，背板材质为硅酸钙板，其密度为（800±150）kg/m³，厚度为（12±3）mm，尺寸为：长翼背板（1000+空隙宽度±5）mm×（1500±5）mm；短翼背板（570+试样厚度±5）mm×（1500±5）mm。

10）排烟系统

在试验条件下，当标准温度为 298K 时，排烟系统应能以 0.50～0.65m³/s 的速度抽排烟气。

11）综合测量装置

（1）3 支热电偶，直径为 0.5mm 且符合《热电偶　第 1 部分：电动势规范和允差》GB/T 16839.1—2018 要求铠装绝缘 K 型热电偶，其触点位于轴线（87±5）mm 圆弧上，其夹角为 120°。

（2）双向探头，与量程至少为 0～100Pa 且精度为 ±2Pa 的压力传感器相连，压力传感器 90% 输出的响应时间最多 1s。

（3）气体取样探头，与气体调节装置和 $O_2$ 及 $CO_2$ 气体分析仪相连。

（4）氧分析仪，响应时间不超过 12s。30min 分析仪的漂移和噪声均不超过 $100 \times 10^{-6}$。

（5）光衰减系统，为白炽光型，在（2900±100）K 的色温下使用，电源为稳定直流电，电流波动范围在 ±0.5% 以内。

### 2.9.4.4　试验原理和环境

（1）试验原理

由两个成直角的垂直翼组成的试样暴露于直角底部主燃烧器产生的火焰中，火焰由丙烷气体燃烧产生，丙烷通过砂盒燃烧器并产生（30.7±2.0）kW 的热输出。试样的燃烧性能通过 20min 的试验过程进行评估。性能参数包括：热释放、产烟量、火焰横向传播和燃烧滴落物及颗粒物。

在点燃主燃烧器前，应利用离试样较远的辅燃烧器对燃烧器自身的热输出和产烟量进行短时间的测量。

一些参数可自行测量，另一些参数可以通过目测法测出。排烟管道配有用以测量温度、光衰减、$O_2$ 和 $CO_2$ 的摩尔分数以及管道中引起压力差的气流传感器。通过记录这些数据软件直接计算出燃烧增长速率指数、产烟量、600s 的总放热量。对火焰的横向蔓延及燃烧滴落物采用目测法进行测量。

（2）试验环境

温度应在（20±10）℃以内。

### 2.9.4.5　抽样原则和养护条件

1）抽样原则

根据《建筑材料或制品的单体燃烧试验》GB/T 20284—2006 试样要求：

角形试样有两翼，分别为长翼和短翼。试样最大厚度为 200mm。

板式制品样品规格见表 2.9-4。

**板式制品样品规格**　　　　　　　　　　　　　表 2.9-4

| | 试样规格 | 试样数量 |
|---|---|---|
| 长翼 | （1000±5）mm | 3 块一组 |
| 短翼 | （500±5）mm | 3 块一组 |

（1）除非制品有明确规定，否则若试样厚度超过 200mm，则应将试样的非受火面切除掉以使试样厚度为（200±10）mm。

（2）应在长翼的受火面距试样夹角最远端边缘且距试样底部高度（500±3）mm 和（1000±3）mm 处画 2 条水平线，以观察火焰在这 2 个高度边缘的横向传播情况。所画横线宽度≤3mm。

2）养护条件

在温度（23±2）℃，相对湿度（50±5）%条件下养护不少于 48h。

### 2.9.4.6　校准程序

1）氧分析的校准

每个试验日均应对氧分析仪进行调零和跨度调节。

调零时，向分析仪导入无 $O_2$ 的 $N_2$，其流速和压力与样品试验时相同，分析仪稳定后，将输出调至（0.00±0.01）%。

跨度调节时，输入经过干燥处理过的环境空气，分析仪稳定后，将输出调至（20.95±0.01）%。

2）二氧化碳分析仪校准

调零时，向分析仪导入无 $O_2$ 的 $N_2$，其流速和压力与样品试验时相同，分析仪稳定后，将输出调至（0.00±0.01）%。

跨度调节时，使用含 10%$CO_2$、其余为 $N_2$ 的标准混合气，其流速和压力与样品试验时相同，分析仪稳定后，将输出调至（10.0±0.01）%。

3）对滤光器的校准

将遮光片插入滤光片插槽里并进行调零。

将滤光片取出，并将光信号输出调至 100%。

分别将 25%、50%、75%的滤光片插入滤光片插槽里，并将光信号输出分别调至 25%、50%、75%。

4）氧分析仪输出噪声和漂移

氧分析仪或气体分析系统经过安装、维修或更换，应对采集系统的氧分析仪输出噪声和漂移进行校准，且至少 6 个月校准一次。校准步骤如下：

（1）向分析仪导入无 $O_2$ 的 $N_2$，其流速和压力与样品试验时相同，待分析仪达到稳定状态。

（2）在无氧条件下至少 60min 后，将排烟管体积流速调至（0.60±0.5）$m^3/s$，然后向排烟管道输入流速、压力、干燥与样气相同的空气，待分析仪达到稳定状态，调节分析仪输出为（20.95±0.01）%。

（3）1min 内，开始以 3s 的时间间隔记录氧分析仪的输出，记录时间 30min。

（4）采用最小平方拟合成一条通过数据点的直线来确定漂移，该线性趋势线上0min和30min的读数之差的绝对值为漂移。

（5）通过计算线性趋势线的均方根偏差来确定噪声。

### 2.9.4.7 试验步骤

1）试样安装——实际应用安装

对样品进行试验时，若采用制品要求的实际应用的方法进行安装，则试验结果仅对该应用方式有效。

2）试样安装——标准安装方法

采用标准安装方式进行试验时除了对以该方式进行实际应用情况外，对更广范围多种应用有效，采用标准安装方法及其有效性范围应符合以下规定：

在实际应用中直立无需支撑进行试验时，板应距背板80mm处；

对于在实际应用中以机械方式固定在基材上的板，应采用适当紧固件将板固定在相同的基材上。

3）将试样安装在小推车上，在距离长翼试样底部500mm、1000mm画两条平行线并拍照，见图2.9-6。

图2.9-6 试样安装

4）将排烟管道体积流速设为（0.60±0.5）m³/s，整个试验期间体积流速控制在0.5～0.65m³/s之间。

5）对氧分析仪进行调零和跨度调节，对光系统进行校准，连接好燃气管和点火线。

6）仪器校准完成，开始试验：

（1）燃烧器热功率标定。开始试验，注意试验过程中辅燃烧器是否在28.7～32.7W之间；

（2）记录排烟管道中热电偶的温度以及环境温度且记录时间应达300s，管道温度与环境温度不超过4℃；

（3）燃气供应的速度变化不应超过5mg/s；

试验过程持续1560s，试验结束，第一时间关掉气阀，打开排烟机，待火焰完全熄灭后，拍照。

7）目测法和试验记录

①试验前的情况

应记录环境大气压（Pa）、实验室温度（℃）、相对湿度（%）。

②试验后的数据和燃烧情况

目测法：

表面是否有闪燃现象、试验过程中是否有试样生成的烟气没被吸进集气罩而从推车溢出并流进旁边的燃烧室、是否部分试样发生脱落、是否夹角缝隙的扩展、是否试验提前结束（如果有提前结束试验记录结束的原因）、试样是否变形和垮塌、火焰横向蔓延（LFS）是否达到长翼边缘、600s内燃烧滴落物/微粒情况。

结束后应记录下燃烧增长速率指数、600s的总放热量THR600s（MJ）、烟气生成速率指数、600s内总产烟量。

## 2.9.5　建筑材料可燃性试验

在没有外加辐射条件下,用小火焰直接冲击垂直放置的试样,测定建筑制品可燃性的方法。

### 2.9.5.1　检验依据

《建筑材料可燃性试验方法》GB/T 8626—2007

### 2.9.5.2　检测设备

（1）建筑材料可燃性试验仪,其燃烧器安装有微调阀,可以调节火焰高度见图 2.9-7。

（2）燃气,燃气使用的是纯度≥95%的丙烷。

### 2.9.5.3　试验原理和环境

（1）试验原理

在没有外加辐射条件下,用小火焰直接冲击垂直放置的试样以测定建筑材料的可燃性能。

（2）试验环境

环境温度为（23±5）℃,相对湿度为（50±20）%的房间。

### 2.9.5.4　抽样原则和养护条件

（1）抽样原则

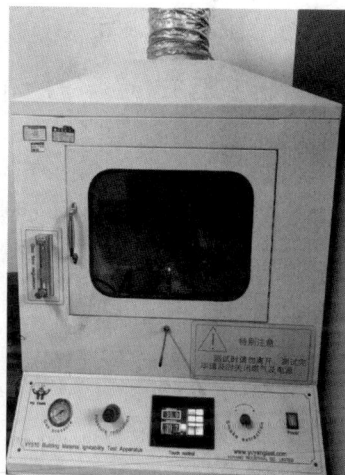

图 2.9-7　建筑材料可燃性试验仪

试样尺寸为：长$250^0_1$mm,宽$90^0_1$mm（0,−1 分别表示上下误差）,试样厚度不超过 60mm,按照试样原厚进行试验,对于超过 60mm 的应从背火面消减至 60mm 进行试验,试样数量纵向横向各取 3 块具有代表性试样,共 6 块。

（2）养护条件

在温度（23±2）℃,相对湿度（50±5）%条件下放置不少于 48h。

### 2.9.5.5　校准程序

火焰的校准

保持喷灯的中心轴垂直,将其放置试样的地方,将喷灯调至产生按《电工电子产品着火危险试验 第 22 部分：试验火焰 50W 火焰装置和确认试验方法》GB/T 5169.22—2015 规定的 50W 标准试验火焰,以下情况应重新确认火焰状：

（1）当燃气供应改变；

（2）任一试验装置/参数改变时；

（3）有争议时；

（4）至少每个月确认一次。

### 2.9.5.6　试验步骤

（1）试验准备

将 6 个试样从调节室取出,画好刻度线；

边缘点火—在距离试样一端 150mm 处画线；

表面点火—在距离试样一端 40mm 处和 190mm 处画两条线；

设置好点火时间 15s 或 30s。

（2）打开燃气，点燃位于垂直方向的燃烧器，核查火焰高度，调整火焰夹角。

（3）点击开始试验，移动推杆使火焰刚好接触试样表面。

（4）到了点火时间，然后平稳地撤回燃烧器。

（5）观察火焰燃烧是否越过刻度线，是否有滴落物，如果有是否有引燃滤纸。

### 2.9.6 氧指数法测定

氧指数是在规定条件下，在氧、氮混合气流中刚好维持试样燃烧所需最低氧浓度的百分比。

#### 2.9.6.1 检验依据

《塑料用氧指数法测定燃烧行为 第 1 部分：导则》GB/T 2406.1—2008

《塑料用氧指数法测定燃烧行为 第 2 部分：室温试验》GB/T 2406.2—2009

#### 2.9.6.2 检测设备

装置整体示意见图 2.9-8。

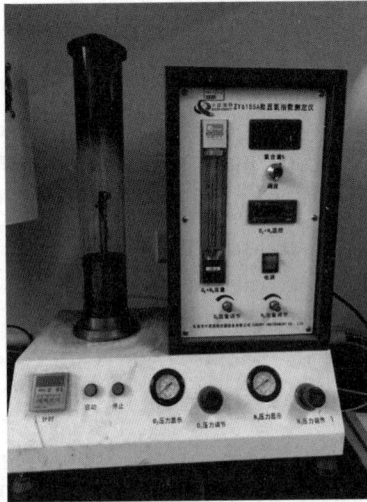

图 2.9-8 装置整体示意图

（1）燃烧桶

燃烧桶有限流空气，排出气体的流速至少 90mm/s。

（2）气源

气源采用纯度（质量分数）不低于 98%氧气和氮气作为气源，气瓶需配有减压阀。

#### 2.9.6.3 试验原理和环境

（1）试验原理

将一个试样垂直固定在流动的氧、氮混合气体的透明燃烧桶内，点燃试样顶端，并观察试样燃烧特性，把试样连续燃烧时间或试样燃烧长度与给定值进行比较，通过在不同氧浓度下的试验，估算氧浓度的最小值。

（2）环境温度（23±2）℃，相对湿度＜85%。

### 2.9.6.4　抽样原则和养护条件

（1）抽检原则

根据《塑料用氧指数法测定燃烧行为　第 2 部分：室温试验》GB/T 2406.2—2009 试样规格和数量要求进行抽检（表 2.9-5）。

试样规格和数量要求　　　　　　　　　　　　　　　　　　表 2.9-5

| 长/mm | 宽/mm | 厚/mm | 用途 | 数量 |
|---|---|---|---|---|
| 80～150 | 10±0.5 | 4±0.25 | 用于模塑材料 | |
| 80～150 | 10±0.5 | 10±0.5 | 用于泡沫材料 | |
| 80～150 | 10±0.5 | ≤10±0.5 | 用于片材 | 20 根 |
| 70～150 | 6.5±0.5 | 3±0.5 | 电器用自撑模塑材料或板材 | |

根据《纺织品　燃烧性能试验　氧指数法》GB/T 5454—1997 试样规格和数量，试样应从距离布边 1/10 幅宽的部位剪取，每个试样尺寸为 150mm×58mm，对一般织物，经（纵）纬（横）向至少 15 块。

（2）养护条件

在温度（23±2）℃，相对湿度（50±5）%条件下，不少于 88h。

### 2.9.6.5　校准程序

（1）满度校准：接通仪器电源，开启已知氧浓度值、氧气钢瓶总阀并调节减压阀，压力 0.25～0.4MPa；顺时针调节仪器右侧"$O_2$"稳压阀，使氧气压力表指示（0.1±0.01）MPa，调节面板上的"氧气（$O_2$）"流量计旋钮，流量计指示值为（10±0.1）L/min，此时仪器数显表显示应该与已知氧浓度值相符，否则调节"氧含量%"旋钮。

（2）调零：关闭氧气，开启氮气钢瓶总阀并调节压力阀，压力 0.25～0.4MPa；顺时针调节仪器右侧"$N_2$"稳压阀，使氮气压力表指示（0.1±0.01）MPa，调节面板上的"氮气（$N_2$）"流量计旋钮，流量计指示值为（10±0.1）L/min，此时仪器数显表显示为 00.0，否则说明氮气纯度不够。

### 2.9.6.6　试验步骤

1）取出标准试样至少 15 根，分别在试样一端 50mm 处画线，并插入燃烧桶内试样夹中。

2）根据经验或试样在空气中点燃的情况，估计开始氧浓度，如在空气中迅速燃烧，则开始试验时起始氧浓度为 18%；缓慢燃烧或时断时续，则为 21%；离开火源即灭，则至少氧浓度 25%。

3）重新打开氧气、氮气稳压阀，压力表示值（0.1±0.01）MPa，并同时调节 $N_2$、$O_2$

混合气体流量计示值（10±0.1）L/min，用混合气体至少冲洗30s此时数显氧浓度值为当前氧浓度值。

4）根据试样形状，可以使用顶面点燃或扩散点燃，任选一种方法点燃试样。

（1）顶面点燃法：将火焰的最底部施加试样顶面，施加火焰30s，每隔5s移开一次，观察到试样顶面燃烧立即移开点火器。

（2）扩散点燃法：下移点火器，把火焰施加顶面并下移6mm处，施加火焰30s，每隔5s移开一次，观察燃烧中断情况。

5）如果试样燃烧时间和长度均未超过表2.9-6计为"O"反应，如果任一指标超过表2.9-6记为"X"反应。

表 2.9-6

氧指数测量的判据

| 点燃方法 | 判据（二选其一） | |
| --- | --- | --- |
| | 燃烧时间/s | 燃烧长度/mm |
| 顶面点燃 | 180 | 试样顶端以下50mm标线 |
| 扩散点燃 | 180 | 上标线以下50mm标线 |

6）试验结果判定

（1）初始氧浓度的确定

采用任一合适的步长，按照重复试验步骤，直到氧浓度之差≤1.0%，且一次是"O"反应，一次是"X"反应为止，将这组氧浓度中"O"反应记为初始氧浓度。

（2）氧浓度的改变

①再次利用初始氧浓度，重复试验步骤，记录所用氧浓度和燃烧反应，作为NL和NT系列第一个值，选择适当的步长（通常选0.2%），如果前一个试验为"X"反应，就降低氧浓度（0.2%）；如果前一个试验为"O"反应，就增加氧浓度，直到获得的反应不同为止。

②保持$d=0.2\%$，按照试验步骤试验4个或4个以上试样，并记录每一个试样的氧浓度和反应类型，最后一个试样的氧浓度记$C_f$。这4个结果和①最后一个结果构成NT系列的其余结果，即NT=NL+5。

7）结果计算与表示

最后6个计算反应氧浓度的标准差为$\delta$。

$2/3<\delta<1.5$按照下式计算氧指数，如果不满足，增大步长或减小步长，直到$2/3<\delta<1.5$为止。

$$氧指数 OI = C_f + kd$$

其中$C_f$为NT系列最后一个值，$k$由表2.9-7所得，$d$为步长。

表 2.9-7

由升-降法测定氧指数 k 值表

| 1 | 2 | 3 | 4 | 5 | 6 |
| --- | --- | --- | --- | --- | --- |
| 最后5次测定反应 | NL前几次测量反应如下时k值 | | | | |
| | （a）O | OO | OOO | OOOO | |
| XOOOO | −0.55 | −0.55 | −0.55 | −0.55 | OXXXX |
| XOOOX | −1.25 | −1.25 | −1.25 | −1.25 | OXXXO |

| 1 | 2 | 3 | 4 | 5 | 6 |
|---|---|---|---|---|---|
| XOOXO | 0.37 | 0.38 | 0.38 | 0.38 | OXXOX |
| XOOXX | −0.17 | −0.14 | −0.14 | −0.14 | OXXOO |
| XOXOO | 0.02 | 0.04 | 0.04 | 0.04 | OXOXX |
| XOXOX | −0.50 | −0.46 | −0.45 | −0.45 | OXOXO |
| XOXXO | 1.17 | 1.24 | 1.25 | 1.25 | OXOOX |
| XOXXX | 0.61 | 0.73 | 0.76 | 0.76 | OXOOO |
| XXOOO | −0.30 | −0.27 | −0.26 | −0.26 | OOXXX |
| XXOOX | −0.83 | −0.76 | −0.75 | −0.75 | OOXXO |
| XXOXX | 0.83 | 0.94 | 0.95 | 0.95 | OOXOX |
| XXXOO | 0.30 | 0.46 | 0.50 | 0.50 | OOXOO |
| XXXOX | 0.50 | 0.65 | 0.68 | 0.68 | OOOXX |
| XXXXO | −0.04 | 0.19 | 0.24 | 0.25 | OOOXO |
| XXXXX | 1.60 | 1.92 | 2.00 | 2.01 | OOOOX |
| | 0.89 | 1.33 | 1.47 | 1.50 | OOOOO |
| NL 前几次测量反应如下时$k$值 | | | | | |
| | （b）X | XX | XXX | XXXX | 最后 5 次测定的反应 |
| | 对应第 6 栏反应上表给出$k$值，但符号相反OI $= C_{\mathrm{f}} - kd$ | | | | |

## 2.9.7　塑料燃烧性能的测定

本试验是处在 50W 火焰条件下，水平或垂直方向燃烧性能的实验室测定方法。

### 2.9.7.1　检验依据

《塑料燃烧性能的测定水平法和垂直法》GB/T 2408—2021

### 2.9.7.2　检测设备

水平垂直燃烧试验箱见图 2.9-9。

图 2.9-9　水平垂直燃烧试验箱

（1）试验箱：能够观察到试验，并提供无通风环境，但燃烧时空气能通过试样进行热循环。

（2）试验喷灯：符合《电工电子产品着火危险试验　第 22 部分：试验火焰 50W 火焰装置和确认试验方法》GB/T 5169.22—2015 的要求。

#### 2.9.7.3 试验原理和环境

（1）试验原理

将长方形试样一端固定在水平或垂直夹具上，另一端暴露在规定的试验火焰中。通过测量线性燃烧速率，评价试样在规定条件下水平燃烧性能，通过测量余焰和余晖时间、燃烧程度和颗粒滴落情况，评价在规定条件下试样的垂直燃烧。

（2）试验条件

所有试样在温度 15～35℃，相对湿度 ≤75% 的试验环境下进行试验。

#### 2.9.7.4 抽样原则和养护条件

（1）抽检原则

根据《塑料燃烧性能的测定水平法和垂直法》GB/T 2408—2021 试样规格和数量进行抽检（表 2.9-8）。

试样规格和数量　　　　　表 2.9-8

| 参数 | 尺寸 | | | 数量 |
|---|---|---|---|---|
| | 长/mm | 宽/mm | 厚/mm | |
| 水平燃烧 | 125.0±5.0 | 13.0±5.0 | 优选厚度值 0.1mm，0.2mm，0.4mm，0.75mm，1.5mm，3.0mm，6.0mm 或 12.0mm | 6 根 |
| 垂直燃烧 | 125.0±5.0 | 13.0±5.0 | | 20 根 |

厚度误差应满足表 2.9-9。

厚度误差　　　　　表 2.9-9

| 厚度/mm | 公差 | 厚度/mm | 公差/mm |
|---|---|---|---|
| < 0.02 | ±10% | 0.3～0.5 | ±0.040 |
| 0.02～0.05 | ±0.005mm | 0.5～0.6 | ±0.050 |
| 0.05～0.1 | ±0.010mm | 0.6～3.0 | ±0.15 |
| 0.1～0.2 | ±0.020mm | 3.0～6.0 | ±0.25 |
| 0.2～0.3 | ±0.030mm | 6.0～13.0 | ±0.40 |

（2）养护条件

在温度（23±2）℃，相对湿度（50±5）% 条件下，不少于 88h。

#### 2.9.7.5 校准程序

火焰的校准：保持喷灯的中心轴垂直，将其放置原理试样的地方，将喷灯调至产生按《电工电子产品着火危险试验 第22部分：试验火焰 50W 火焰装置和确认试验方法》GB/T 5169.22—2015 规定的 50W 标准试验火焰，以下情况应重新确认火焰状态：

（1）当燃气供应改变；

（2）任一试验装置/参数改变时；

（3）有争议时；

（4）至少每个月确认一次。

2.9.7.6　试验步骤

1）水平燃烧

（1）试样标记

测试 3 个试样，每一个试样应在垂直纵轴上标记两条线，距离端点（点燃端）（25±1）mm 和（100±1）mm 的位置。

（2）试样安装

用试样夹具在距离标线 25mm 最远端夹住试样，使其纵轴水平，横轴与水平面成 45°±2°。

（3）打开气阀，调节火焰使其满足规定要求。

（4）设置好火焰燃烧时间 30s。

（5）观察并记录。

如果火焰前端超过 100mm 标线则记录火焰从 25mm 标线燃烧到 100mm 标线时间，单位精确到 1s。

如果火焰前端未超过 100mm 标线记录火焰从 25mm 标线到火焰前端的距离。

（6）计算

$$V = \frac{60L}{t}$$

式中：$V$——线性燃烧速率（mm/min）；

　　　$L$——损毁长度（mm）；

　　　$t$——时间（s）。

2）垂直燃烧

（1）试样调节

标准状态调节：两组 5 个试样应在（23±2）℃、相对湿度（50±10）% 条件下至少调节 48h，调节后应在 30min 内完成试验。

试样烘箱调节：两组试样应在温度（70±2）℃的空气循环箱中调节（168±2）h，并在干燥器中冷却 4h，从干燥器中取出试样，并在 30min 内完成试验。

（2）试样安装

用试样夹具夹住试样一端，使其纵轴垂直水平面，使其下端高出棉花垫（300±10）mm。

（3）打开气阀，调节火焰使其满足规定要求。

（4）施加火焰并记录

调节试样高度，使其与喷灯中心面保持垂直，试样底面中心点距喷嘴（10±1）mm，施焰时间 10s，移除火焰，记录余焰时间和余晖时间，当火焰熄灭，再次施加火焰 10s，再次记录余焰时间和余晖时间，并记录是否有融滴，若有是否引燃棉花垫。

（5）计算

2 种状态调节下每组 5 个试样，叩用公式计算总余焰时间

$$t_f = \sum_{i=1}^{5}(t_{1,i} + t_{2,i})$$

式中：$t_f$——总余焰时间；

　　　$t_{1,i}$——第 $i$ 个试样第一次余焰时间；

　　　$t_{2,i}$——第 $i$ 个试样第二次余焰时间。

### 2.9.8 建筑材料燃烧或热分解的烟密度试验方法

烟密度试验是用来测量和描述在可控制的实验室条件下材料、制品、组件对热和火焰的反应，但不能够用来描述和评价材料、制品、组件在真实火灾条件下的火灾毒性和危险性。烟密度试验目的是确定在燃烧和热分解条件下建筑材料可能释放烟的程度。

#### 2.9.8.1 检验依据

《建筑材料燃烧或分解的烟密度试验方法》GB/T 8627—2007

#### 2.9.8.2 检测设备

装置整体示意见图 2.9-10。

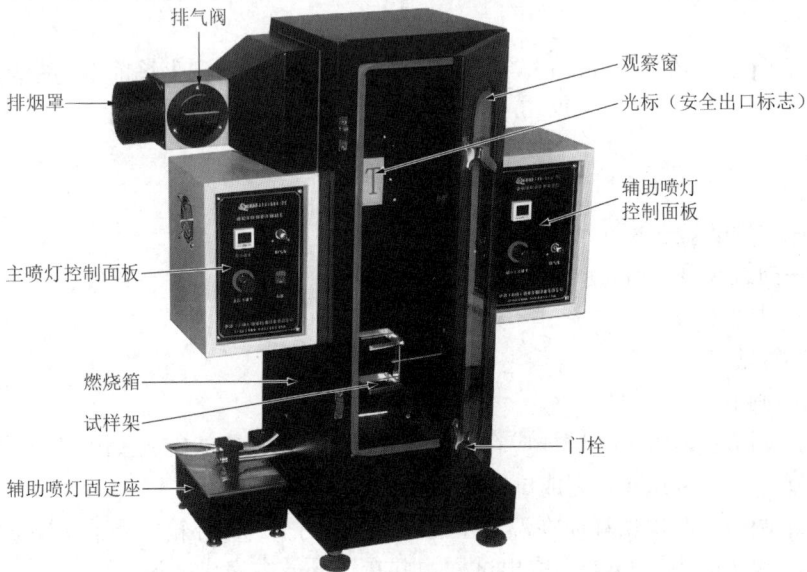

图 2.9-10 装置整体示意图

1）烟箱

（1）烟箱由一个装有耐热玻璃门的 300mm × 300mm × 790mm 防锈蚀的金属板构成，基座上设有控制器，烟箱内有保护金属防腐蚀处理。

（2）烟箱底部四周有 25mm × 230mm 开口外，其余部分密封。

（3）烟箱门两侧距底座 480mm 高的位置处各有一个直径 70mm 不漏烟的玻璃圆窗，在这些位置安装有光学设备和控制装置。

（4）烟箱背部安装了一块可拆卸写有"EXIT"字样的塑料板。

2）样品支架

样品支架是一个 64mm 正方形框槽，正方形是由 6mm × 6mm × 0.9mm 不锈钢网格构成。

3）点火系统

样品由工作压力为 276kPa 点火器产生的丙烷火焰来点燃。

注：工业等级不小于 85%，总热值 2300cal/L 的丙烷气体满足要求。

4）光电系统

灯为白炽光型，在（2900±100）K 的色温下使用，电源为稳定直流电，电流波动范围在±0.5%以内。

#### 2.9.8.3　试验原理和环境

（1）试验原理

通过测量材料燃烧产生的烟气中固体尘埃对光的反射而造成光通量的损失来评价烟密度大小。

（2）试验条件

没有特别指定其他条件时，试验应在（23±2）℃，相对湿度为（50±5）%的环境下进行。

#### 2.9.8.4　试样规格和养护条件

（1）试样规格

试样规格是（25.4±0.3）mm ×（25.4±0.3）mm ×（6±0.3）mm，也可以采用其他厚度，但他们的厚度应该和烟密度值一起在报告中说明。试验可以采用厚度小于 6.2mm 的材料，也可按照通常实际使用的厚度或者叠加到 6.2mm，试样最大厚度 25mm。当材料厚度大于 25mm 时，根据实际使用情况确定受火面，并在切割时保留受火面。

每组试样为 3 块，试样的加工采用机械切割的方式，要求试样表面平整，无毛边、飞刺。

（2）养护条件

在温度（23±2）℃，相对湿度（50±5）%条件下，不少于 88h。

#### 2.9.8.5　校准程序

透光率校准

插入 0%滤光片，等待至少 5s，然后点击"0%"按钮，单击"确定"，实时透光率显示为 0，再依上述步骤分别插入 25%、50%、75%，依次显示相应的滤光片值。

不插入任何滤光片，点击"100%"校准。

#### 2.9.8.6　试验步骤

（1）打开气源阀，通入燃气，将主喷灯、辅喷灯燃气转向开，用点火器依次点燃主喷灯、辅喷灯，将助燃气压力调至 276kPa，辅燃气压力调至 138kPa，并对主燃烧器进行微调，对准试样，以达到要求。

（2）喷灯调节完毕后，使主喷灯旋转至待机位置。

（3）将样品放置在支架上，使主喷灯火焰正好在样品正下方，将盛有少量水的收集皿放在试样支架下方，以便收集残留物。

（4）关闭排气阀门，点击开始测试按钮，主喷灯自动旋转至测试位，仔细观察试验现象，看到样品被引燃，点击"样品出现火焰-F1"或者按 F1 按钮；火焰熄灭点击"火焰熄灭时间-F2"或者按 F2 按钮；当观察到试样燃尽，点击"样品燃尽时间 F3"或者按 F3 按钮；当观察到光标模糊时，点击"安全标志模糊-F4"或者按 F4 按钮。试验全程 240s 采集完光吸收率，完成试验，主喷灯自动旋转至待机位置。

（5）打开烟箱门，用清洁剂和水清除掉光度计、安全出口标志和玻璃上残留物。

### 2.9.9 结果评定

根据《建筑材料及制品燃烧性能分级》GB 8624—2012 建筑材料使用部位不同，检测的参数不尽相同，不同材料形状判定标准也有些差别。

（1）平板状建筑材料及制品的燃烧性能等级和分级判据见表 2.9-10。

平板状建筑材料及制品的燃烧性能等级和分级判据　　　　　表 2.9-10

| 燃烧性能等级 | | 试验方法 | 分级判据 |
|---|---|---|---|
| A | A1 | GB/T 5464[a] 且 | 炉内温升$\Delta T \leqslant 30^{\circ}C$；<br>质量损失率$\Delta m \leqslant 50\%$；<br>持续燃烧时间$t_f = 0s$ |
| | | GB/T 14402 | 总热值 PCS $\leqslant 2.0$MJ/kg[a,b,c,e]；<br>总热值 PCS $\leqslant 1.4$MJ/m² [d] |
| | A2 | GB/T 5464[a] 或<br><br>GB/T 14402 | 且 炉内温升$\Delta T \leqslant 50^{\circ}C$；<br>质量损失率$\Delta m \leqslant 50\%$；<br>持续燃烧时间$t_f \leqslant 20s$ |
| | | | 总热值 PCS $\leqslant 2.0$MJ/kg[a,e]；<br>总热值 PCS $\leqslant 4.0$MJ/m² [b,d] |
| $B_1$ | B | GB/T 20284 | 燃烧增长速率指数$FIGRA_{0.2MJ} \leqslant 120$W/s；<br>火焰横向蔓延未到达试样长翼边缘；<br>600s 的总放热量$THR_{600s} \leqslant 7.5$MJ |
| | | GB/T 20284 且 | 燃烧增长速率指数$FIGRA_{0.2MJ} \leqslant 120$W/s；<br>火焰横向蔓延未到达试样长翼边缘；<br>600s 的总放热量$THR_{600s} \leqslant 7.5$MJ |
| | | GB/T 8626<br>点火时间 30s | 60s 内焰尖高度$F_s \leqslant 150$mm；<br>60s 内无燃烧滴落物引燃滤纸现象 |
| | C | GB/T 20284 且 | 燃烧增长速率指数$FIGRA_{0.4MJ} \leqslant 250$W/s；<br>火焰横向蔓延未到达试样长翼边缘；<br>600s 的总放热量$THR_{600s} \leqslant 15$MJ |
| | | GB/T 8626<br>点火时间 30s | 60s 内焰尖高度$F_s \leqslant 150$mm；<br>60s 内无燃烧滴落物引燃滤纸现象 |
| $B_2$ | D | GB/T 20284 且 | 燃烧增长速率指数$FIGRA_{0.4MJ} \leqslant 750$W/s |
| | | GB/T 8626<br>点火时间 30s | 60s 内焰尖高度$F_s \leqslant 150$mm；<br>60s 内无燃烧滴落物引燃滤纸现象 |
| | E | GB/T 8626<br>点火时间 15s | 20s 内焰尖高度$F_s \leqslant 150$mm；<br>20s 内无燃烧滴落物引燃滤纸现象 |
| $B_3$ | F | | 无性能要求 |

[a] 匀质制品或非匀质制品主要组分。

[b] 非匀质制品外部次要组分。

[c] 当外部次要组分 PCS $\leqslant 2.0$MJ/m² 时，若整体制品的$FIGRA_{0.2MJ} \leqslant 20$W/s、LFS ＜试样边缘、$THR_{600s} \leqslant 4.0$MJ 并达到 s1 和 d0 级，则达到 A1 级。

[d] 非匀质制品的任一内部次要组分。

[e] 整体制品。

对于墙面保温泡沫塑料，除满足表 2.7-1 外，还需要同时满足：$B_1$ 级氧指数 $\geqslant 30\%$，$B_2$ 级氧指数 $\geqslant 26\%$。

（2）铺地材料的燃烧性能等级和分级判据见表 2.9-11。

铺地材料的燃烧性能等级和分级判据　　　　　　　　　　　表 2.9-11

| 燃烧性能等级 | | 试验方法 | | 分级判据 |
|---|---|---|---|---|
| A | A1 | GB/T 5464[a] 且 | | 炉内温升 $\Delta T \leqslant 30℃$；<br>质量损失率 $\Delta m \leqslant 50\%$；<br>持续燃烧时间 $t_f = 0$ |
| | | GB/T 14402 | | 总热值 PCS $\leqslant 2.0$MJ/kg[a,b,d]；<br>总热值 PCS $\leqslant 1.4$MJ/m²[c] |
| | A2 | GB/T 5464[a] 或 | 且 | 炉内温升 $\Delta T \leqslant 50℃$；<br>质量损失率 $\Delta m \leqslant 50\%$；<br>持续燃烧时间 $t_f \leqslant 20$s |
| | | GB/T 14402 | | 总热值 PCS $\leqslant 3.0$MJ/kg[a,d]；<br>总热值 PCS $\leqslant 4.0$MJ/m²[b,c] |
| $B_1$ | B | GB/T 11785[e] | | 临界热辐射通量 CHF $\geqslant 8.0$kW/m² |
| | | GB/T 11785[e] 且 | | 临界热辐射通量 CHF $\geqslant 8.0$kW/m² |
| | | GB/T 8626<br>点火时间 15s | | 20s 内焰尖高度 $F_s \leqslant 150$mm |
| | C | GB/T 11785[e] 且 | | 临界热辐射通量 CHF $\geqslant 4.5$kW/m² |
| | | GB/T 8626<br>点火时间 15s | | 20s 内焰尖高度 $F_s \leqslant 150$mm |
| $B_2$ | D | GB/T 11785[e] 且 | | 临界热辐射通量 CHF $\geqslant 3.0$kW/m² |
| | | GB/T 8626<br>点火时间 15s | | 20s 内焰尖高度 $F_s \leqslant 150$mm |
| | E | GB/T 11785[e] 且 | | 临界热辐射通量 CHF $\geqslant 2.2$kW/m² |
| | | GB/T 8626<br>点火时间 15s | | 20s 内焰尖高度 $F_s \leqslant 150$mm |
| $B_3$ | F | | | 无性能要求 |

[a] 匀质制品或非匀质制品主要组分。

[b] 非匀质制品外部次要组分。

[c] 非匀质制品的任一内部次要组分。

[d] 整体制品。

[e] 试验最长时间 30min。

（3）管状建筑材料及制品当外径大于 300mm 时，其燃烧性能分级按照表 2.9-10 规定，外径小于等于 300mm 时按照表 2.9-12 判定。

管状建筑材料及制品的燃烧性能等级和分级判据　　　　　　表 2.9-12

| 燃烧性能等级 | | 试验方法 | | 分级判据 |
|---|---|---|---|---|
| A | A1 | GB/T 5464[a] 且 | | 炉内温升 $\Delta T \leqslant 30℃$；<br>质量损失率 $\Delta m \leqslant 50\%$；<br>持续燃烧时间 $t_f = 0$ |
| | | GB/T 14402 | | 总热值 PCS $\leqslant 2.0$MJ/kg[a,b,d]；<br>总热值 PCS $\leqslant 1.4$MJ/m²[c]； |
| | A2 | GB/T 5464[a] 或 | 且 | 炉内温升 $\Delta T \leqslant 50℃$；<br>质量损失率 $\Delta m \leqslant 50\%$；<br>持续燃烧时间 $t_f \leqslant 20$s |
| | | GB/T 14402 | | 总热值 PCS $\leqslant 3.0$MJ/kg[a,d]；<br>总热值 PCS $\leqslant 4.0$MJ/m²[b,c] |
| | | GB/T 20284 | | 燃烧增长速率指数 FIGRA$_{0.2MJ}$ $\leqslant 270$W/s；<br>火焰横向蔓延未达试样长翼边缘；<br>600s 的总放热量 THR$_{600s}$ $\leqslant 7.5$MJ |

续表

| 燃烧性能等级 | | 试验方法 | 分级判据 |
|---|---|---|---|
| $B_1$ | B | GB/T 20284 且 | 燃烧增长速率指数$FIGRA_{0.2MJ} \leqslant 270W/s$；<br>火焰横向蔓延未到达试样长翼边缘；<br>600s 的总放热量$THR_{600s} \leqslant 7.5MJ$ |
| | | GB/T 8626<br>点火时间 30s | 60s 内焰尖高度$F_s \leqslant 150mm$；<br>60s 内无燃烧滴落物引燃滤纸现象 |
| | C | GB/T 20284 | 燃烧增长速率指数$FIGRA_{0.4MJ} \leqslant 460W/s$；<br>火焰横向蔓延未到达试样长翼边缘；<br>600s 内总放热量$THR_{600s} \leqslant 15MJ$ |
| | | GB/T 8626 且<br>点火时间 30s | 60s 内焰尖高度$F_s \leqslant 150mm$；<br>60s 内无燃烧滴落物引燃滤纸现象 |
| $B_2$ | D | GB/T 20284 且 | 燃烧增长速率指数$FIGRA_{0.4MJ} \leqslant 2100W/s$；<br>600s 的总放热量$THR_{600s} < 100MJ$ |
| | | GB/T 8626<br>点火时间 30s | 60s 内焰尖高度$F_s \leqslant 150mm$；<br>60s 内无燃烧滴落物引燃滤纸现象 |
| | E | GB/T 8626<br>点火时间 15s | 20s 内焰尖高度$F_s \leqslant 150mm$；<br>20s 内无燃烧滴落物引燃滤纸现象 |
| $B_3$ | F | | 无性能要求 |

a 匀质制品或非匀质制品主要组分。

b 非匀质制品外部次要组分。

c 非匀质制品的任一内部次要组分。

d 整体制品。

（4）电线电缆管套、电气外壳及附件燃烧性能等级和分级判定见表 2.9-13。

燃烧性能等级和分级判定　　　　　　　　表 2.9-13

| 燃烧性能等级 | 制品 | 试验方法 | 分级判据 |
|---|---|---|---|
| $B_1$ | 电线电缆套管 | GB/T 2406.2—2009<br>GB/T 2408—2021<br>GB/T 8627—2007 | 氧指数 OI $\geqslant 32.0\%$<br>垂直燃烧性能 V-0 级<br>烟密度等级 SDR $\leqslant 75$ |
| | 电器设备外壳及附件 | GB/T 5169.16—2017 | 垂直燃烧性能 V-0 级 |
| $B_2$ | 电线电缆套管 | GB/T 2406.2—2009<br>GB/T 2408—2021 | 氧指数 OI $\geqslant 26.0\%$<br>垂直燃烧性能 V-1 级 |
| | 电器设备外壳及附件 | GB/T 5169.16—2017 | 垂直燃烧性能 V-1 级 |
| $B_3$ | | | 无性能要求 |

## 2.9.10　评定燃烧性能级别示例

某项目送检一组阻燃胶合板 1500mm × 1000mm × 12mm 3 块，编号为：样品 1、样品 2、样品 3；规格 1500mm × 480mm × 12mm 3 块，编号为：样品 4、样品 5、样品 6；规格 250mm × 90mm × 12mm 6 块，编号为：样品 7、样品 8、样品 9、样品 10、样品 11、样品 12。样品 1~12 在养护完成后测得结果见表 2.9-14。

**样品燃烧性能等级和分级判据**　　　　　　　　　　表 2.9-14

| 参数 | 样品 1，样品 4 | 样品 2，样品 5 | 样品 3，样品 6 | 平均值 | 样品 7~12 |
|---|---|---|---|---|---|
| 燃烧增长速率指数<br>（$FIGRA_{0.2MJ}$） | 132.718 | 135.764 | 133.426 | 133.969 | — |
| 燃烧增长速率指数<br>（$FIGRA_{0.4MJ}$） | 132.718 | 135.764 | 133.426 | 133.969 | — |
| 600s 的总放热量<br>（$THR_{600s}$） | 11.328 | 11.436 | 11.325 | 11.360 | — |
| 火焰横向蔓延（LFS）<br>未到长翼边缘 | 未到长翼边缘 | 未到长翼边缘 | 未到长翼边缘 | — | — |
| 60s 内焰尖高度<br>$F_s \leqslant 150mm$ | — | — | — | — | < 150mm |
| 60s 内无燃烧滴落物<br>引燃滤纸现象 | — | — | — | — | 60s 内无燃烧滴落物 |

根据表 2.9-14 平板状建筑材料及制品的燃烧性能等级和分级判据可知该组材料燃烧性能等级为 $B_1$（C）级。

# 第3章

# 增强加固材料

## 3.1 概述

增强加固材料品类繁多，本章主要针对镀锌电焊网和耐碱纤维玻璃网布进行讲解。

### 3.1.1 检测项目及检评依据

各检测项目及检评依据见表 3.1-1。

检测项目及检评依据 表 3.1-1

| 序号 | 检测项目 | 评定标准 | 检测参数 | 检测标准 |
|---|---|---|---|---|
| 1 | 镀锌电焊网 | 《镀锌电焊网》 GB/T 33281—2016 | 网孔偏差 | 《镀锌电焊网》 GB/T 33281—2016 |
| 2 | | | 丝径 | |
| 3 | | | 焊点抗拉力 | |
| 4 | | | 抗硫酸铜试验 | 《镀锌钢丝锌层硫酸铜 试验方法》GB/T 2972—2016 |
| 5 | 耐碱纤维玻璃网布 | 《耐碱玻璃纤维网布》 JC/T 841—2007 | 单位面积质量 | 《增强制品试验方法 第3部分： 单位面积质量的测定》 GB/T 9914.3—2013 |
| 6 | | | 拉伸断裂强力 | 《增强材料 机织物试验方法 第5部分：玻璃纤维拉伸断裂强力和 断裂伸长的测定》 GB/T 7689.5—2013 |
| 7 | | | 伸长率 | |
| 8 | | | 耐碱性 | 《玻璃纤维网布耐碱性试验方法 氢氧化钠溶液浸泡法》 GB/T 20102—2006 |

### 3.1.2 各参数技术要求

（1）丝径的技术要求见表 3.1-2。

丝径技术要求 表 3.1-2

| 丝径 | |
|---|---|
| 尺寸/mm | 极限偏差/mm |
| 2.50～4.00 | ±0.08 |
| 1.80～2.50 | ±0.04 |
| 1.00～1.80 | |
| 0.50～0.90 | |

（2）网孔偏差：经向网孔偏差范围不超过 ±5%；纬向网孔偏差范围不超过 ±2%。

（3）焊点抗拉力的技术要求见表 3.1-3。

焊点抗拉力技术要求

表 3.1-3

| 丝径D/mm | 焊点抗拉力/N | 丝径D/mm | 焊点抗拉力/N |
|---|---|---|---|
| 4.00 | > 580 | 1.20 | > 120 |
| 3.40 | > 550 | 1.00 | > 80 |
| 3.00 | > 520 | 0.90 | > 65 |
| 2.50 | > 500 | 0.80 | > 50 |
| 2.00 | > 330 | 0.70 | > 40 |
| 1.80 | > 270 | 0.60 | > 30 |
| 1.60 | > 210 | 0.55 | > 25 |
| 1.40 | > 160 | 0.50 | > 20 |

（4）单位面积质量由供需双方商定，实测值应不超过其标称值 ±8%。

（5）耐碱性：拉伸断裂强力保留率应不小于75%。

（6）拉伸断裂强力应符合表 3.1-4 的规定，断裂伸长率应不大于4.0%。经向或纬向单向加强的网布拉伸断裂强力由供需双方商定。

拉伸断裂强力技术要求

表 3.1-4

| 标称单位面积质量/（g/m²） | 拉伸断裂强力/（N/50mm）≥ | | 标称单位面积质量/（g/m²） | 拉伸断裂强力/（N/50mm）≥ | |
|---|---|---|---|---|---|
| | 经向 | 纬向 | | 经向 | 纬向 |
| ≤ 100 | 700 | 700 | 191～210 | 1500 | 1500 |
| 101～120 | 800 | 800 | 211～230 | 1600 | 1600 |
| 121～130 | 900 | 900 | 231～250 | 1700 | 1700 |
| 131～140 | 1000 | 1000 | 251～270 | 1800 | 1800 |
| 141～150 | 1100 | 1100 | 271～290 | 1900 | 1900 |
| 151～160 | 1200 | 1200 | 291～310 | 2000 | 2000 |
| 161～170 | 1300 | 1300 | 311～330 | 2100 | 2100 |
| 171～190 | 1400 | 1400 | > 331 | 2200 | 2200 |

## 3.1.3　术语及产品分类

### 3.1.3.1　镀锌电焊网标识

产品标记为：DHW $D \times J \times W$

产品中各标记含义如下：

DHW—镀锌电焊网；

$D$—丝径；

$J$—经向网孔长；

$W$—纬向网孔长。

示例：丝径 0.70mm，经向网孔长 12.7mm，纬向网孔长 12.7mm 的镀锌电焊网。标记为：DHW 0.70 × 12.70 × 12.70。

### 3.1.3.2 耐碱网布产品分类代号

耐碱网布代号包括下列要素：

（1）所用玻璃的类型：AR 表示耐碱玻璃。

（2）表示网布类型的字母：NP 表示经涂覆处理的网布。

（3）经纱密度：以根/25mm 为单位表示的数值，后接乘号"×"。

（4）纬纱密度：以根/25mm 为单位表示的数值，后接连接号"—"。

（5）网布的宽度：以 cm 为单位。

（6）网布组织：L 表示纱罗组织，P 表示平纹组织。

（7）单位面积质量：放在括号内，以 g/m² 为单位。

（8）示例：经纬纱密度为 6 根/25mm，幅宽为 100cm，单位面积质量为 180g/m²，纱罗组织的耐碱玻璃纤维网布代号为：ARNP × 6—100L（180）。

### 3.1.4 耐碱网布组批、样本数量及判定规则

同一品种、同一规格、同一生产工艺，稳定连续生产的一定数量的单位产品为一个检查批。

理化性能采取计量检验抽样方案，按表 3.1-5 的规定从检查批中随机抽取检验用样本。

样本数量                                                          表 3.1-5

| 批量大小 | 样本大小 | $k$，AQL = 2.5 | 批量大小 | 样本大小 | $k$，AQL = 2.5 |
|---|---|---|---|---|---|
| 3～25 | 3 | 1.12 | 281～500 | 15 | 1.47 |
| 26～50 | 4 | 1.17 | 501～1200 | 20 | 1.51 |
| 51～90 | 5 | 1.24 | 1201～3200 | 25 | 1.53 |
| 91～150 | 7 | 1.33 | 3201～10000 | 35 | 1.57 |
| 151～280 | 10 | 1.41 | | | |

拉伸断裂强力，单位面积质量以质量统计量 $Q_u$，$Q_L$ 按表 3.1-5 的规定进行判定，其接收质量限 AQL = 2.5；若 $Q_u$，$Q_L \geqslant k$，判该项性能合格；若 $Q_u$，$Q_L < k$，则判该项性能不合格。

### 3.1.5 镀锌电焊网试样规格与数量

试样规格与数量见表 3.1-6。

试样规格与数量                                                      表 3.1-6

| 试验项目 | 试件尺寸 | 数量/个 |
|---|---|---|
| 网孔偏差 | 不小于 305mm × 305mm 的矩形试样 | 1 |
| 丝径 | 经向、纬向各不少于 3 根丝 | 1 |
| 焊点抗拉力 | 每个试样上至少含有一个焊点 | 3 |
| 抗硫酸铜试验 | 经向和纬向长约 250mm | 1 |

## 3.2　试验

### 3.2.1　网孔偏差

#### 3.2.1.1　检测仪器

（1）钢尺（分度值 1mm）
（2）游标卡尺（分度值 0.02mm）：仲裁时用

#### 3.2.1.2　试验步骤

将网展开置于一平面上，按 305mm 内网孔构成数目，用示值为 1mm 的钢尺测量（注：孔数与丝数数量相同）。有争议时，可用示值为 0.02mm 的游标卡尺测量。

#### 3.2.1.3　数据处理

（1）实测网孔尺寸 = 测出来的总长度/孔数；
（2）网孔偏差 = [(实测网孔尺寸 − 基准网孔尺寸)/基准网孔尺寸] × 100%。

### 3.2.2　丝径

#### 3.2.2.1　检测仪器

游标卡尺（分度值 0.01mm）。

#### 3.2.2.2　试验步骤

用分度值为 0.01mm 的千分尺，任取经、纬丝各 3 根测量（锌粒处除外）。

#### 3.2.2.3　数据处理

取经、纬丝各 3 根测量值的平均值。

### 3.2.3　焊点抗拉力

#### 3.2.3.1　检测仪器

（1）微机控制电子万能试验机：1 级精度。
（2）焊点抗拉力专用夹具（图 3.2-1）。

图 3.2-1　焊点抗拉力专用夹具

#### 3.2.3.2 试验准备

试验设备调整：选择合适量程的万能试验机。参考试验标准中的建议和要求，根据焊点抗拉力专用夹具夹持端直径选用尺寸和形状相匹配的夹头，以避免在夹持过程中产生应力集中。查阅万能试验机的操作指南，按照指导顺序打开电源和试验软件，确保夹头在空载情况下力值清零，以验证万能试验机状态是否良好。

#### 3.2.3.3 试验步骤

将准备好的试样置于图 3.2-1 所示焊点抗拉力专用夹具，确保试样放置时为轴向拉伸，设置拉伸试验机拉伸速度为 5mm/min，启动试验机进行试验，曲线平缓上升，待曲线到达最高点开始降落时并听到"砰"的声音时点击试验机停止，停止试验后，观察试样是否拉断，当试样被拉断破坏时，记录该试样的最大荷载，换新试样重复 3 次该试验。

#### 3.2.3.4 数据处理

取 3 次试验的最大荷载的平均值作为结果值。

### 3.2.4 硫酸铜试验（抗腐蚀性）

#### 3.2.4.1 试验原理

在规定时间内，一次或数次连续地将镀锌钢丝试样浸入硫酸铜溶液中进行置换反应，逐渐溶解锌层，并最终在表面暴露出缺陷，判断镀锌层均匀性。

#### 3.2.4.2 试样制备

（1）试样取自待试验的镀锌钢丝，长度约 250mm，适当拉直。

（2）试样表面应保证不受任何损伤，试样调直工作应用手工进行，但钢丝绳拆股试样可保持由于捻绳过程中形成的弯曲，不必完全调直。

（3）试验前试样应先用丙酮或其他合适的脱脂溶剂（乙醇、汽油、乙醚或石油醚）彻底脱脂，然后再用蒸馏水冲洗，并用脱脂棉花或净布擦干。脱脂后的试样，只允许拿不浸渍的那端；如果钢丝被腐蚀或者脱脂后表面仍残留有其他化学物质（如铬酸盐或磷酸盐），应先浸渍在 0.2%的硫酸溶液中 15s，然后冲干净。

#### 3.2.4.3 试剂配制

（1）将 314g 硫酸铜晶体（$CuSO_4 \cdot 5H_2O$）分析纯溶解到 1L 温度为（20±2）℃的蒸馏水中，溶液应避免加热，直到完全溶解；为了防止溶解时间过长，可以采取以下方法：将硫酸铜碾碎分别用水溶解，溶解完毕后将溶液混合、搅拌；若容器底部残留少许未溶解盐表明溶液达到饱和。

（2）为中和溶液中的游离酸，加入过量的碱中和（过量的标志是在容器底部呈现沉淀）：每 10L 溶液加入约 10g 粉状氧化铜（$CuO$）分析纯搅拌，静置 24h 后过滤。

（3）试验时试验溶液盛于玻璃等不与硫酸铜反应的容器中；溶液高度不小于 100mm，容器的内径应不小于 80mm。

#### 3.2.4.4 试验步骤

（1）将清洁的试样垂直浸置在静止的试验溶液中央，不得搅动溶液，试样不得互相接触并且不得与容器壁接触；按钢丝产品标准规定的时间（30s 或 60s）浸置后，平稳地取出试样，立即在水中洗净，用脱脂棉花、净布或刷子将附在锌层表面上的未黏附牢固的铜及其化合物去掉。试验期间温度保持在（20±2）℃，记录实际温度。

（2）按上述步骤反复进行浸置试验，直到试样表面首次出现黏附牢固的金属制品，或者浸渍次数达到钢丝产品标准给定的次数。最后一次浸渍试验后，样品应在流水下冲洗，用脱脂棉花、净软布擦干。

（3）多次试验后，当溶液内溶解的锌浓度超过 5g/L 时应更换溶液；为节约时间，在保证互不接触的前提下，最多可以同时试验 6 根试样。

#### 3.2.4.5 终点判断

1）试样的钢基上析出有光亮的附着牢固的金属铜时，为达到终点。

2）下列情况未达到终点：

（1）析出有光亮的附着牢固的铜，但其单个面积不大于 5mm²。

（2）用钝的器件（如刀背等）能将析出的铜除去且在铜下显现出锌层（为判断铜下面是否有锌层，可在此处滴上数滴含有 0.16%三氯化锑的 5%稀盐酸，有锌层时有活泼的氢气产生）。

（3）在距试样端部 25mm 以内析出铜。

### 3.2.5 试验方法

#### 3.2.5.1 单位面积质量

1）试验设备

（1）天平：测量范围 0～150g，织物单位面积质量 ≥200g/m² 的容许误差限为 10mg，分辨率为 1mg；织物单位面积质量 <200g/m² 的容许误差限为 1mg，分辨率为 0.1mg。

（2）烘箱：空气置换率为每小时 20～50 次，温度能控制在（105±3）℃内。

（3）干燥器：内装合适的干燥剂（如硅胶、氯化钙或五氧化二磷）。

（4）不锈钢钳：用于夹持试样和试样皿。

2）试样制备

（1）切取一条整幅宽度至少 35cm 的毡或织物作为实验室样本。

（2）每 50cm 宽度取 1 个 100cm² 的试样，最少取 2 个试样（应分开取，最好包括不同的纬纱，应离开边/织边至少 5cm）。

（3）如果试样可能有纤维掉落，应采用试样皿，如需要可将试样折叠，以保证试样上原丝或纱线的完整性。

3）试验步骤

（1）除非利益相关方另有要求，当织物含水率超过 0.2%（或含水率未知）时，应将试样置于（105±3）℃的通风烘箱中干燥 1h，然后放入干燥器中冷却至室温。

（2）从干燥器中取出试样后，立即称取每个试样的质量并记录结果。如果使用试样皿，则应扣除其质量（质量的数值应与天平的分辨率一致）。

4）结果处理

按下式计算每个试样的单位面积质量$\rho_A$（$g/m^2$）：

$$\rho_A = \frac{m}{A} \times 10^4$$

式中：$m$——试样质量（g）；

$A$——试样面积（$cm^2$）。

织物整个幅宽上所有试样的测试结果的平均值作为单位面积质量；单位面积质量大于或等于200g/m²的织物，结果精确至1g；对于单位面积质量小于200g/m²的织物，结果精确至0.1g。

### 3.2.5.2 断裂强力和断裂伸长率

1）试验设备

（1）拉伸试验机：测量值在量程的15%～85%之间，示值精度不低于1%。

（2）模板：用于从实验室样本上裁取过渡试样，对于Ⅰ型试样尺寸为350mm×370mm，见图3.2-2；对于Ⅱ型试样尺寸为250mm×270mm，见图3.2-3。模板应有两个槽口用于标记试样中间部分（有效长度）。

（3）合适的裁切工具：如刀、剪刀或切割轮。

2）试样类型

（1）Ⅰ型适用于硬挺织物（例如，线密度大于或等于300tex的粗纱织成的网格布，或经处理剂或硬化剂处理的纱线织成的织物）。

（2）Ⅱ型适用于较柔软的织物，以便于操作，减少试验误差。

3）试样尺寸

（1）Ⅰ型试样：试样长度应为350mm以使试样的有效长度为（200±2）mm。试样宽度，不包括毛边（试样的拆边部分）应为50mm。

（2）Ⅱ型试样：试样长度应为250mm以使试样的有效长度为（100±1）mm。试样宽度，不包括毛边（试样的拆边部分）应为25mm。

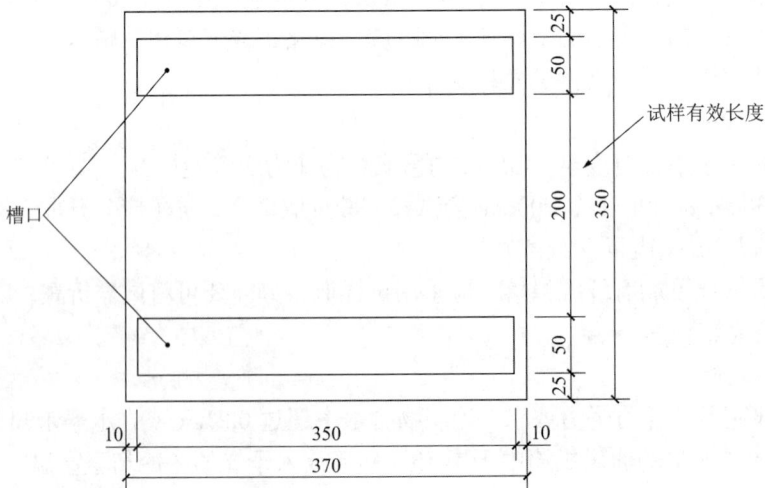

图3.2-2　Ⅰ型试样模板

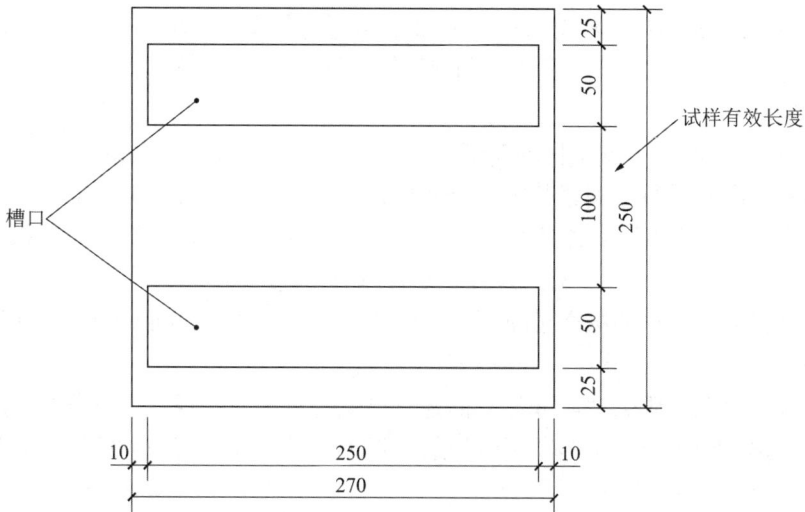

图 3.2-3　Ⅱ型试样模板

（3）当织物的经、纬密度非常小时（如低于 3 根/cm），Ⅰ型的试样宽度可大于 50mm，Ⅱ型的试样宽度可大于 25mm。

4）试样制备

（1）除非产品规范或利益相关方另有规定，去除可能有损伤的布卷最外层（至少去掉 1m），裁取长约 1m 的布段为实验室样本。

（2）裁取一片硬纸或纸板其尺寸应大于或等于模板尺寸；将织物完全平铺在硬纸或纸板上，确保经纱和纬纱笔直无弯曲并相互垂直。

（3）将模板放在织物上，并使整个模板处于硬纸或纸板上，用裁切工具沿着模板的外边缘同时切取一片织物和硬纸或纸板作为过渡试样。对于经向试样，模板上有效长度的边应平行于经纱；对于纬向试样，模板上有效长度的边应平行于纬纱。

（4）用软铅笔沿着模板上两个槽口的内侧边画线，移开模板。画线时注意不要损伤纱线。

（5）在织物两端长度各为 75mm 的端部区域内涂覆合适的胶粘剂，使织物的两端与背衬的硬纸或纸板粘在一起，中间两条铅笔线之间部分不涂覆。

（6）将过渡试样烘干后，沿垂直于两条铅笔线的方向裁切成条状试样。对于Ⅰ型试样宽度为 65mm，制成尺寸为 350mm×65mm 的试样；对于Ⅱ型试样宽度为 40mm，制成尺寸为 250mm×40mm 的试样。每个试样包括了长度为 200mm（Ⅰ型试样）或 100mm（Ⅱ型试样）无涂覆的中间部分，和两端各为 75mm 的涂覆部分。

（7）细心地拆去试样两边的纵向纱线，两边拆去的纱线根数应大致相同，直到试样宽度为 50mm（Ⅰ型试样）或 25mm（Ⅱ型试样），或尽可能接近。

（8）对于纱线线密度大于或等于 300tex 的织物（无捻粗纱布）和稀松组织织物而言，应拆去整数根纱线，并确保试样宽度尽可能接近但不小于 50mm 或 25mm，或符合备选宽度。在这种情形下，同一织物的所有试样的纱线根数应相同，应测量每个试样的实际宽度，计算 5 个试样宽度的算术平均值，精确至 1mm，并列入测试报告中。

5）调湿和试验环境：在《塑料 试样状态调节和试验的标准环境》GB/T 2918—2018

规定的温度为（23±2）℃、相对湿度为（50±10）%的标准环境下进行调湿，调湿时间为16h或由利益相关方商定。试验环境与调湿环境相同。

6）试验步骤

（1）调整夹具间距，Ⅰ型试样的间距为（200±2）mm，Ⅱ型试样的间距为（100±1）mm，确保夹具相互对准并平行。夹紧其中一个夹具，在夹紧另一个夹具前，从试样的中部与试样纵轴相垂直的方向切断备衬纸板，并在整个试样宽度方向上均匀地施加预张力，预张力大小为预期强力的（1±0.25）%，然后夹紧另一个夹具。

（2）启动试验机，拉伸试样至断裂，Ⅰ型试样拉伸速度为100mm/min，Ⅱ型试样拉伸速度为50mm/min。

（3）记录最终断裂强力。除非另有商定，当织物分为两个或以上阶段断裂时，如双层或更复杂的织物，记录第一组纱断裂时的最大强力，并将其作为织物的拉伸断裂强力。记录断裂伸长，精确至1mm。

（4）如果有试样断裂在两个夹具中任一夹具的接触线10mm以内，则在报告中记录实际情况，但计算结果时舍去该断裂强力和断裂伸长，并用新试样重新试验。

7）结果处理

（1）断裂强力：计算每个方向（经向和纬向）断裂强力的算术平均值，分别作为织物经向和纬向的断裂强力测定值，用牛顿表示，保留小数点后两位。如果实际宽度不是50mm或25mm，将记录的断裂强力换算成宽度为50mm或25mm的强力。

（2）断裂伸长：计算织物每个方向（经向和纬向）断裂伸长的算术平均值，以断裂伸长增量与初始有效长度的百分比表示，保留两位有效数字，分别作为织物经向和纬向的断裂伸长。

### 3.2.5.3　耐碱性

1）试验设备及试剂

（1）拉伸试验机：测量值在量程的15%～85%之间，示值精度不低于1%。

（2）带盖容器：应由不与碱溶液发生化学反应的材料制成。尺寸大小应能使玻璃纤维网布试样平直地放置在内，并且保证碱溶液的液面高于试样至少25mm。容器的盖应密封，以防止碱溶液中的水分蒸发浓度增大。

（3）氢氧化钠（化学纯）。

2）试样

（1）实验室样本：从卷装上裁取30个宽度为（50±3）mm，长度为（600±18）mm的试样条。其中15个试样条的长边平行于玻璃纤维网布的经向（称为经向试样），15个试样条的长边平行于玻璃纤维网布的纬向（称为纬向试样）。

（2）每个试样条应包括相等的纱线根数并且宽度不超过允许的偏差范围（±3mm），纱线的根数应在报告中注明。

（3）经向试样应在玻璃纤维网布整个宽度上裁取，确保代表了不同的经纱；纬向试样应在样品卷装上较宽的长度范围内裁取。

3）试样制备

分别在每个试样条的两端编号，然后将试样条沿横向从中间一分为二，一半用于测定未经碱溶液浸泡的拉伸断裂强力，另一半用于测定碱溶液浸泡后的拉伸断裂强力。这样可以保证未经碱溶液浸泡的试样与碱溶液浸泡试样的直接可比性。

4）试验的处理

（1）记录每个试样的编号和位置，确保得到一对未经碱溶液浸泡的试样和经碱溶液浸泡的试样的拉伸断裂强力值是来自同一试样条。

（2）配制浓度为 50g/L（5%）的氢氧化钠溶液置于带盖容器内，确保溶液液面浸没试样至少 25mm，保持溶液的温度在（23±2）℃。

（3）将用于碱溶液浸泡处理的试样放入配制好的氢氧化钠溶液中，试样应平整放置，如果试样有卷曲的倾向，可用陶瓷片等小的重物压在试样两端。在容器内表面对液面位置进行标记，加盖并密封；若取出试样时发现液面高度发生变化，则应重新取样进行试验。

（4）试样在氢氧化钠溶液中浸泡 28d，取出试样后，用蒸馏水将试样上残留的碱溶液冲洗干净，在温度（23±2）℃，相对湿度（50±5）%条件下放置 7d。

（5）未经碱溶液浸泡的试样在温度（23±2）℃，相对湿度（50±5）%的实验室内同时放置。

5）试验步骤

按第 3.2.5.2 节进行拉伸试验，拉伸速度为 100mm/min，记录试样断裂时的力值（N/50mm）。如果试样在夹具内打滑或断裂，或试样沿夹具边缘断裂，应废弃这个结果，重新用另一个试样测试，直至每种试样得到 5 个有效的测试结果。

6）结果处理

分别计算处理前后的拉伸断裂强力平均值。再分别按下式计算经向、纬向拉伸断裂强力的保留率$\rho$。

$$\rho = \frac{\dfrac{C_1}{U_1} + \dfrac{C_2}{U_2} + \dfrac{C_3}{U_3} + \dfrac{C_4}{U_4} + \dfrac{C_5}{U_5}}{5} \times 100\%$$

式中：$C_1 \sim C_5$——5 个碱溶液浸泡处理后的试样拉伸断裂强力（N）；

$U_1 \sim U_5$——5 个未经浸泡处理的试样拉伸断裂强力（N）。

原始记录和检测报告查看附录 3.1。

# 第 4 章

# 保温砂浆

## 4.1 概述

建筑保温砂浆作为建筑保温材料的重要组成部分，其性能直接影响建筑的保温效果。通过严格检测能够保证建筑保温砂浆的品质，从而保证建筑的保温效果及结构安全。建筑保温砂浆的施工过程需要涂抹、浇筑等工艺流程，严格按照施工工艺才能保证施工质量。检测能够监督施工工艺是否符合标准，避免因施工不当导致建筑保温砂浆的性能下降。建筑保温砂浆检测能够及时发现产品品质问题，避免因产品问题导致重建、维修等不必要的成本。检测能够保证建筑保温砂浆的品质，从而提高工程质量。总的来说，建筑保温砂浆检测在保证建筑安全、保温效果、施工质量、成本控制等方面有着重要作用。

## 4.2 抗压强度

1）试验目的：用于评估建筑保温砂浆在受到垂直压力作用时的抵抗能力。

2）适用范围：适用于建筑保温砂浆抗压强度的测试。

3）仪器设备

（1）压力试验机：相对示值误差应小于 1%，试验机应具有显示受压变形的装置。

（2）电热鼓风干燥箱。

（3）干燥器。

（4）天平：量程 2kg，分度值 0.1g。

（5）游标卡尺：分度值为 0.05mm。

4）试验步骤

（1）将检验干密度后的试件置于试验机的承压板上，避免采用试件成形面作为承压面，同时使试验机承压板的中心与试件中心重合。

（2）开动试验机，当上压板与试件接近时，调整球座，使试件受压面与承压板均匀接触。

（3）以（10±1）mm/min 的速度对试件加荷，直至试件破坏，同时记录压缩变形值。当试件在压缩变形 5%没有破坏时，则试件压缩变形 5%时的荷载为破坏荷载。记录破坏荷载 $P_1$，精确至 10N。

5）结果处理

每个试件的抗压强度按下式计算：

$$\sigma = \frac{P_1}{S}$$

式中：$\sigma$——试件的抗压强度（MPa），精确至 0.01MPa；

$P_1$——试件的破坏荷载（N）；

$S$——试件的承压面积（$mm^2$）。

建筑保温砂浆的抗压强度以 6 块试件测试值的算术平均值作为抗压强度值$\sigma$。

## 4.3 拉伸粘结强度

1）试验目的：通过测定拉伸粘结强度，用于评价受检砂浆与基底水泥砂浆板之间的粘结性能。

2）适用范围：适用于建筑保温砂浆拉伸粘结强度的测定。

3）仪器设备

（1）拉力试验机：精度不低于 1 级，最大量程为 5kN。

（2）基底水泥砂浆板：尺寸为 100mm×100mm×20mm，6 块。

（3）夹具：钢制，尺寸为 100mm×100mm，12 块。

4）试验步骤

（1）制备受检砂浆浆料

① 拌合用的材料应至少提前 24h 放入试验环境中。

② 按生产商推荐的水料比，用电子天平进行称量，使用搅拌机制备拌合物，搅拌时间为 2min。

③ 若生产商未提供水料比，应通过试配确定拌合物稠度为（50±5）mm 时的水料比。

（2）制备拉伸粘结强度试件

① 将制备的受检砂浆浆料满涂于水泥砂浆板上，涂抹厚度为 5～8mm，制备 6 个试件。在标准养护条件下养护至 28d±8h（自砂浆加水时算起），或按生产商规定的养护条件及时间养护，生产商规定的养护时间自砂浆加水时算起不应多于 28d。

② 测量试件上表面的长度和宽度，取 2 次测量值的算术平均值，修约至 1mm。

③ 将抗拉夹具用合适的胶粘剂黏合在试件两个表面上，如图 4.3-1 所示。

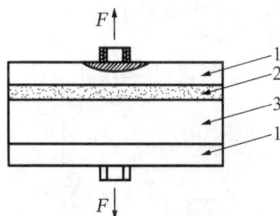

1—夹具；2—保温砂浆；3—水泥砂浆板

图 4.3-1 拉伸粘结强度试样

（3）测定拉伸粘结强度

胶粘剂固化后，将试件安装到拉力试验机上，进行拉伸粘结强度测定，拉伸速率为（5±1）mm/min。记录每个试件破坏时的荷载值，如夹具与胶粘剂脱开，测试值无效。

5）结果处理

建筑保温砂浆的拉伸粘结强度按下式计算：

$$R = \frac{F_1}{L_1 W_1}$$

式中：$R$——拉伸粘结强度（MPa）；

　　　$F_1$——试件破坏时的破坏荷载（N）；

　　　$L_1$——试件长度（mm）；

　　　$W_1$——试件宽度（mm）。

试验结果为 6 个测试值中 4 个中间值的算术平均值。

## 4.4　剪切强度（压剪粘结强度）

1）试验目的：通过测定压剪粘结强度，用于评估建筑保温砂浆在受剪条件下，受检砂浆与基底水泥砂浆板之间的粘结能力。

2）适用范围：适用于建筑保温砂浆压剪粘结强度的测定。试验环境为（23±2）℃，相对湿度（50±10）%。

3）仪器设备

（1）试验机：精度不低于 1 级，最大量程宜为 5kN。

（2）水泥砂浆板：尺寸为 110mm×110mm×10mm，12 块。

（3）压剪试验夹具：应符合《建筑胶粘剂试验方法 第 1 部分：陶瓷砖胶粘剂试验方法》GB/T 12954.1—2008 中第 4.3 节的规定，如图 4.4-1 所示。

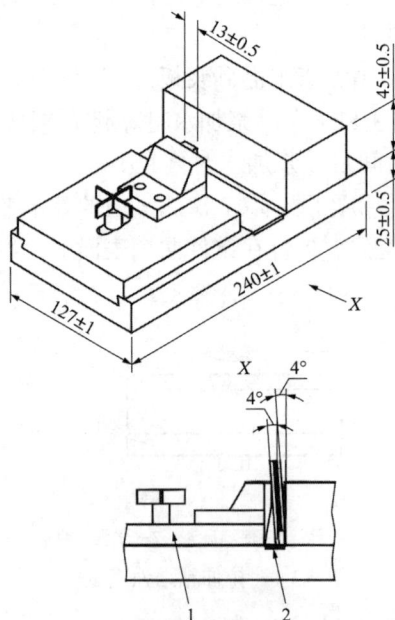

1—从 12～45mm 调节的夹片；2—硬质衬垫

图 4.4-1　适用于压力机的剪切夹具

4）试验步骤

（1）制备受检砂浆浆料

①拌合用的材料应至少提前 24h 放入试验环境中。

②按生产商推荐的水料比，用电子天平进行称量，使用搅拌机制备拌合物，搅拌时间

为 2min。

③若生产商未提供水料比，应通过试配确定拌合物稠度为（50±5）mm 时的水料比。

（2）制备压剪粘结强度试件

将制备的受检砂浆浆料涂抹于两个水泥砂浆板之间，涂抹厚度为（10±2）mm，面积为 100mm×100mm，应错位涂抹，制备 6 个试件。在标准养护条件下养护至 28d±8h（自砂浆加水时算起），或按生产商规定的养护条件及时间养护，生产商规定的养护时间自砂浆加水时算起不应多于 28d。

（3）压剪粘结强度测定

将试件置于试验机的压剪试验夹具中，以（5±1）mm/min 速度施加荷载直至试件破坏，记录试件破坏时的荷载值$F_2$。

5）结果处理

压剪粘结强度按下式计算：

$$R_{\mathrm{n}} = \frac{F_2}{L_2 W_2} \times 10^3$$

式中：$R_{\mathrm{n}}$——压剪粘结强度（kPa）；

$\quad\ F_2$——试件破坏时的破坏荷载（N）；

$\quad\ L_2$——试件长度（mm）；

$\quad\ W_2$——试件宽度（mm）。

试验结果为 6 个测试值中 4 个中间值的算术平均值。

# 第5章

# 抹面材料

## 5.1 概述

抹面材料一般为建筑砂浆。砂浆是由胶凝材料、细骨料、砂浆添加剂和水按一定的比例拌制并经凝结硬化而成的混合物。它与混凝土的主要区别是组成材料中没有粗骨料，因此，砂浆又可称为细骨料混凝土。砂浆按所用胶凝材料的种类分为水泥砂浆、石灰砂浆、石膏砂浆、混合砂浆和聚合物水泥砂浆等。常用的混合砂浆有水泥石灰砂浆、水泥黏土砂浆和石灰黏土砂浆。砂浆按照生产方式分为湿拌砂浆和干混砂浆，其中湿拌砂浆在专业生产厂进行拌制后运送至施工地点进行使用，干混砂浆则由专业生产厂混拌成干态混合物，在使用地点按比例加水拌合使用。按照用途砂浆可划分为普通砂浆和特种砂浆，其中普通砂浆包括普通砌筑砂浆、普通抹灰砂浆等，特种砂浆包括专用砌筑砂浆、粘结砂浆、地面砂浆、防水砂浆、保温砂浆、透水砂浆等。

## 5.2 检测依据与抽样数量

### 5.2.1 检测依据

《建筑砂浆基本性能试验方法标准》JGJ/T 70—2009
《模塑聚苯板薄抹灰外墙外保温系统材料》GB/T 29906—2013
《聚苯模块保温墙体应用技术规程》JGJ/T 420—2017
《水泥胶砂强度检验方法（ISO法）》GB/T 17671—2021

### 5.2.2 抽样数量

同一材料、同一工艺、同一规格每100t为一批，不足100t时也为一批；在检验批中随机抽取，抽样数量应满足检验项目所需样品数量。

### 5.2.3 技术要求

抹面材料性能指标如表5.2-1所示。

抹面材料性能指标 表5.2-1

| 项目 | | | 性能指标 |
|---|---|---|---|
| 拉伸粘结强度（与模塑板）/MPa | 原强度 | | ≥0.10，破坏发生在模塑板中 |
| | 耐水强度 | 浸水48h，干燥2h | ≥0.06 |
| | | 浸水48h，干燥7d | ≥0.10 |
| | 耐冻融强度 | | ≥0.10 |

续表

| 项目 | | 性能指标 |
| --- | --- | --- |
| 柔韧性 | 压折比（水泥基） | ≤3.0 |
| | 开裂应变（非水泥基）/% | ≥1.5 |
| 抗冲击性 | | 3J 级 |
| 吸水量/（g/m²） | | ≤500 |
| 不透水性 | | 试样抹面层内侧无水渗透 |
| 可操作时间（水泥基）/h | | 1.5～4.0 |

### 5.2.4　试验方法

#### 5.2.4.1　拉伸粘结强度

1）试验目的：通过测定抹面材料的拉伸粘结强度，用于评价受检砂浆与硬泡聚氨酯板或模塑聚苯板的粘结性能。

2）适用范围：适用于硬泡聚氨酯板或模塑聚苯板薄抹灰外墙外保温系统用抹面材料拉伸粘结强度的测定，试验标准养护条件为空气温度（23±2）℃，相对湿度（50±5）%；试验环境为（23±5）℃，相对湿度（50±10）%。

3）仪器设备

（1）拉力试验机：精度不低于 1 级，最大量程为 5kN。

（2）硬泡聚氨酯板或模塑聚苯板：尺寸为 50mm×50mm，厚度不宜小于 40mm，6 块。

（3）夹具：钢制，尺寸为 50mm×50mm，12 块。

4）试验步骤

（1）制备拉伸粘结强度试件

① 按生产商使用说明配制抹面材料，将抹面材料涂抹于硬泡聚氨酯板或模塑聚苯板上，涂抹厚度为 3mm，试样养护期间不需覆盖硬泡聚氨酯板或模塑聚苯板，试样在标准养护条件下养护 28d。

② 以合适的胶粘剂将试样粘结在夹具上，固化后将试样按下述条件进行处理：

原强度：无附加条件。

耐水强度：浸水 48h，到期试样从水中取出并擦拭表面水分，在标准养护条件下干燥 2h。

耐水强度：浸水 48h，到期试样从水中取出并擦拭表面水分，在标准养护条件下干燥 7d。

（2）拉伸粘结强度测定

将试样安装到适宜的拉力机上进行拉伸粘结强度测定，拉伸速度为（5±1）mm/min。记录每个试样破坏时的拉力值，基材为模塑板时还应记录破坏状态。破坏面在刚性平板或金属板胶结面时，测试数据无效。

5）结果处理

拉伸粘结强度试验结果为 6 个试验数据中 4 个中间值的算术平均值，精确至 0.01MPa。

#### 5.2.4.2　压折比

1）试验目的：通过测定压折比，用于评定抹面材料在承受外力时的稳定性和抗变形能力。

2）适用范围：适用于硬泡聚氨酯板或模塑聚苯板薄抹灰外墙外保温系统用抹面材料压折比的测定。

3）仪器设备：胶砂抗压抗折一体试验机。

4）试验步骤

（1）制备抹面材料试样

按生产商使用说明配制抹面材料浆体。

依据《水泥胶砂强度检验方法（ISO法）》GB/T 17671—2021制备试样，在标准养护条件下养护28d。

（2）抗折强度、抗压强度测定

按《水泥胶砂强度检验方法（ISO法）》GB/T 17671—2021测定抗压强度、抗折强度。

5）结果处理

压折比按照下式计算：

$$T = \frac{R_c}{R_f}$$

式中：$T$——压折比；

$R_c$——抗压强度（MPa）；

$R_f$——抗折强度（MPa）。

# 第6章

# 隔热型材

## 6.1 概述

隔热型材是一种通过将隔热材料与铝合金型材结合来制造的复合型材料，具备隔热、保温、节能等特性。以下是对隔热型材及其功能的表述。

复合结构设计：隔热型材通过在铝合金型材之间嵌入隔热材料，形成一种具有隔热性能的复合结构。

隔热性能：这种材料能有效阻隔外部热量的传递，减少室内外的热交换，提高建筑物的保温效果。

多功能性：除了隔热，隔热型材还具备防水和隔声的功能，有助于提升建筑物的舒适度和居住环境的质量。

耐用性：隔热型材的耐用性高，能够在各种气候条件下保持性能稳定，延长使用寿命。

分类：隔热型材主要分为浇注式和穿条式两种类型，各有其特点和适用场景。

节能效果：由于隔热型材能显著降低建筑物的能耗，因此在建筑节能领域具有广泛的应用。

环境适应性：隔热型材的设计使其能够适应不同的环境要求，无论是高温还是寒冷地区，都能提供良好的隔热效果。

### 6.1.1 检测项目及标准

本章所述检测项目及对应的检测参数和标准如表 6.1-1 所示。

隔热型材检测项目及标准                                          表 6.1-1

| 检测项目 | 评定依据 | 检测参数 | 检测依据 |
|---|---|---|---|
| 隔热型材 | 《建筑用隔热铝合金型材》JG/T 175—2011<br>《铝合金建筑型材 第 6 部分：隔热型材》GB/T 5237.6—2017 | 横向抗拉特征值、纵向抗剪特征值 | 《建筑用隔热铝合金型材》JG/T 175—2011<br>《铝合金隔热型材复合性能试验方法》GB/T 28289—2012 |

### 6.1.2 术语和定义

（1）隔热材料

用于连接铝合金型材低热导率的非金属材料。

（2）穿条式隔热型材

由铝合金型材和建筑用硬质塑料隔热条（简称隔热条）通过滚齿、穿条、滚压等工序进行结构连接，形成的有隔热功能的复合铝合金型材。

（3）浇注式隔热型材

将双组分的液态胶混合注入铝合金型材预留的隔热槽中，待胶体固化后，除去铝型材隔热槽上的临时铝桥，形成的有隔热功能的复合铝合金型材。

（4）横向抗拉值

在平行于隔热型材横截面方向作用的单位长度的拉力极限值。

（5）纵向抗剪值

在垂直于隔热型材横截面方向作用的单位长度的纵向剪切极限值。

（6）特征值

根据 75%置信度对数正态分布，按 95%的保证概率计算的性能值。

## 6.2　分类和标识

### 6.2.1　分类与代号

#### 6.2.1.1　产品按用途分类

（1）门窗用隔热型材，代号 W。

（2）幕墙用隔热型材，代号 CW。

#### 6.2.1.2　产品按复合形式分类

（1）穿条式隔热型材，代号 CT。

（2）浇注式隔热型材，代号 JZ。

### 6.2.2　标记

由隔热型材用途（门窗、幕墙）、隔热型材复合方式、铝合金型材牌号及供应状态、隔热条（或隔热胶）成分、标准号组成。

## 6.3　抽样与制样

### 6.3.1　建筑用隔热铝合金型材抽样与制样要求

根据《建筑用隔热铝合金型材》JG/T 175—2011 规定，横向抗拉特征值、纵向抗剪特征值取样规定见表 6.3-1。

建筑用隔热铝合金型材抽样与制样数量　　　　　　　　　　　表 6.3-1

| 试验项目 | 取样规定 | 数量/个 |
|---|---|---|
| 横向抗拉强度 | 每项试验应在每批中取隔热型材 2 根，每根取长（100±1）mm 试样 15 个，其中每根中部取 5 个试样，两端各取 5 个试样，共取 30 个试样。将试样均分 3 份（每份至少有 3 个中部试样），做好标识。将试样分别做室温、高温、低温试验。横向抗拉试验的试样长度允许缩短至 50mm | 30 |
| 纵向抗剪强度 | | 30 |

### 6.3.2　铝合金建筑隔热型材抽样与制样要求

根据《铝合金建筑型材 第 6 部分：隔热型材》GB/T 5237.6—2017 规定，横向抗拉强度、纵向抗剪强度取样规定见表 6.3-2。

铝合金建筑型材抽样与制样数量　　　　表 6.3-2

| 试验项目 | | 取样规定 | 数量/个 |
|---|---|---|---|
| 穿条型材 | 纵向抗剪特征值 | 每批抽取 2 根隔热型材，在抽取的每根隔热型材中部和两端各取 5 个试样，并做标识（共 30 个）。将试样均分 3 份（每份至少包括 3 个中部试样），分别用于低温、室温、高温试验（各温度 10 个试样）。试样长（100±2）mm | 30 |
| | 室温横向抗拉特征值 | 每批抽取 2 根隔热型材，在抽取的每根隔热型材中部切取 1 个试样，于两端分别切取 2 个试样。试样长（100±2）mm，试样最短允许缩至 18mm［仲裁时，试样长为（100±2）mm］ | 10 |
| 浇注型材 | 纵向抗剪特征值 | 每批抽取 2 根隔热型材，在抽取的每根隔热型材中部和两端各切取 5 个试样，并做标识（共 30 个）。将试样均分 3 份（每份至少包括 3 个中部试样），分别用于低温、室温、高温试验（各温度 10 个试样）。试样长（100±2）mm | 30 |
| | 横向抗拉特征值 | 每批抽取 2 根隔热型材，在抽取的每根隔热型材中部和两端各切取 5 个试样，并做标识（共 30 个）。将试样均分 3 份（每份至少包括 3 个中部试样），分别用于低温、室温、高温试验（各温度 10 个试样）。试样长（100±2）mm，试样最短允许缩至 18mm［仲裁时，试样长为（100±2）mm］ | 30 |

### 6.3.3　其他要求

试样应从符合相应产品标准规定的型材上切取，应保留其原始表面，清除加工后试样上的毛刺。切取试样时，应预防因加工受热而影响试样的性能测试结果。

# 6.4　技术要求

### 6.4.1　建筑用隔热铝合金型材技术要求

根据《建筑用隔热铝合金型材》JG/T 175—2011 规定，穿条式隔热型材横向抗拉特征值、纵向抗剪特征值技术要求见表 6.4-1，浇注式隔热型材纵向抗剪特征值、横向抗拉特征值技术要求见表 6.4-2。

穿条式隔热型材纵向抗剪特征值、横向抗拉特征值　　　　表 6.4-1

| 测试条件 | 门窗类/（N/mm） | 幕墙类/（N/mm） |
|---|---|---|
| 室温（23±2）℃ | 纵向抗剪特征值≥24 横向抗拉特征值≥24 | 纵向抗剪特征值≥24 横向抗拉特征值≥30 |
| 低温（−30±2）℃ | | |
| 高温（80±2）℃ | | |

浇注式隔热型材纵向抗剪特征值、横向抗拉特征值　　　　表 6.4-2

| 测试条件 | 门窗类/（N/mm） | 幕墙类/（N/mm） |
|---|---|---|
| 室温（23±2）℃ | 纵向抗剪特征值≥30 横向抗拉特征值≥24 | 纵向抗剪特征值≥32 横向抗拉特征值≥30 |
| 低温（−30±2）℃ | | |
| 高温（70±2）℃ | 纵向抗剪特征值≥24 横向抗拉特征值≥12 | 纵向抗剪特征值≥24 横向抗拉特征值≥20 |

### 6.4.2 铝合金建筑型材技术要求

根据《铝合金建筑型材 第 6 部分：隔热型材》GB/T 5237.6—2017 规定，穿条式隔热型材横向抗拉特征值、纵向抗剪特征值技术要求见表 6.4-3，浇注式隔热型材纵向抗剪特征值、横向抗拉特征值技术要求见表 6.4-4。

穿条式隔热型材纵向抗剪特征值、横向抗拉特征值　　　　表 6.4-3

| 性能项目 | 测试条件 | 试验结果/（N/mm） |
|---|---|---|
| 纵向抗剪特征值 | 室温（23±2）℃ | ≥24 |
|  | 低温（−30±2）℃ |  |
|  | 高温（80±2）℃ |  |
| 室温横向拉伸特征值 | 室温（23±2）℃ |  |

浇注式隔热型材纵向抗剪特征值、横向抗拉特征值　　　　表 6.4-4

| 性能项目 | 测试条件 | 试验结果/（N/mm） |
|---|---|---|
| 纵向抗剪特征值 横向拉伸特征值 | 室温（23±2）℃ | ≥24 |
|  | 低温（−30±2）℃ |  |
|  | 高温（70±2）℃ |  |

## 6.5 试验方法

### 6.5.1 试样状态调节

6.5.1.1 根据《建筑用隔热铝合金型材》JG/T 175—2011 规定

（1）穿条式隔热型材试样应在温度（23±2）℃，相对湿度（50±5）%的环境条件下存放 48h。

（2）浇注式隔热型材试样应在温度（23±2）℃，相对湿度（50±5）%的环境条件下存放 168h。

6.5.1.2 根据《铝合金隔热型材复合性能试验方法》GB/T 28289—2012 规定

铝合金隔热型材试样应在温度（23±2）℃，相对湿度（50±10）%的环境条件下放置 48h。

### 6.5.2 纵向抗剪

6.5.2.1 检测仪器

（1）微机控制电子万能试验机（一级精度，且最大荷载不小于 20kN）。

（2）纵向抗剪专用夹具隔热型材一端紧固在固定装置上（图 6.5-1），作用力通过刚性支承件均匀传递给隔热型材另一端,固定装置和刚性支承件均不得直接作用在隔热材料上，加载时隔热型材不应发生扭转或偏移。

（3）高低温环境试验箱（试验机测试空间不小于 500mm×1200mm 为宜）见图 6.5-2 和图 6.5-3。

（4）游标卡尺（分度值不小于 0.02mm）。

图 6.5-1　纵向抗剪专用
夹具及试样装置示意图

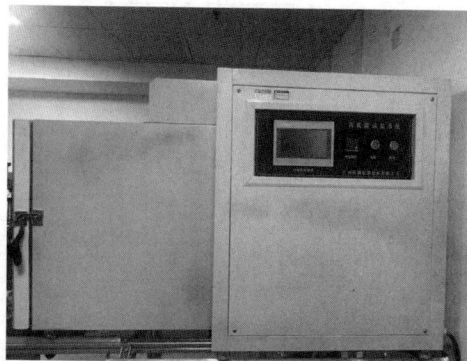

图 6.5-2　高低温环境试验箱外观

图 6.5-3　高低温环境
试验箱内胆

#### 6.5.2.2　测试温度

试样试验温度根据表 6.4-1～表 6.4-4 相应温度进行选用。

#### 6.5.2.3　试验前准备

将纵向剪切夹具安装在试验机上，紧固好连接部位，确保在试验过程中不会出现试样偏转现象。查阅万能试验机的操作指南，按照指导顺序打开电源和试验软件，确保夹头在空载情况下力值清零，以验证万能试验机状态是否良好。

#### 6.5.2.4　检测步骤

（1）测量试样长度。

（2）将试样安装在剪切夹具上，刚性支撑边缘靠近隔热材料与铝合金型材相接位置。距离不大于 0.5mm 为宜。

（3）试样在相应规定的试验温度下保持 10min。

（4）再次点击力值清零，以 5mm/min 的速度，加至 100N 的预荷载（《建筑用隔热铝合金型材》JG/T 175—2011 可减少该步骤）。

（5）以 1～5mm/min 的速度进行纵向剪切试验，并记录所加的荷载和在试样上直接测得的相应剪切位移（荷载-位移曲线），直至出现最大荷载。

（6）停止试验，并记录最大荷载。

#### 6.5.2.5　结果计算

纵向抗剪值按下式计算：

$$T_i = P_{1i}/L_i$$

式中：$T_i$——第 $i$ 个试样的纵向抗剪值（N/mm）；

$P_{1i}$——第$i$个试样的最大抗剪力（N）；

$L_i$——第$i$个试样的试样长度（mm）。

相应样本估算标准差按下式计算：

$$S = \sqrt{\frac{1}{10}\sum_{i=1}^{10}\left(T_{平} - T_i\right)^2}$$

纵向抗剪特征值按下式计算：

$$T_c = T_{平} - 2.02S$$

式中：$T_c$——纵向抗剪特征值（N/mm）；

$T_{平}$——10个试样所能承受纵向抗剪值的算术平均值（N/mm）；

$S$——相应样本估算的标准差（N/mm）。

### 6.5.3　横向抗拉

穿条式隔热型材试样需先进行纵向抗剪试验后再进行该试验；浇注式隔热型材试样直接进行该试验。

#### 6.5.3.1　检测仪器

（1）微机控制电子万能试验机（一级精度，且最大荷载不小于20kN）。

（2）横向抗拉夹具（图6.5-4）。

（3）高低温环境试验箱（试验机测试空间不小于500mm×1200mm为宜）。

（4）游标卡尺（分度值不小于0.02mm）。

图6.5-4　横向拉伸专用夹具及试样装置示意图

#### 6.5.3.2　试验前准备

将横向拉伸试验夹具安装在试验机上，使上、下夹具的中心线与试样受力轴线重合，紧固好连接部位，确保在试验过程中不会出现试样偏转现象。查阅万能试验机的操作指南，按照指导顺序打开电源和试验软件，确保夹头在空载情况下力值清零，以验证万能试验机状态是否良好。

#### 6.5.3.3　检测步骤

根据试样空腔尺寸选择适当的刚性支撑条，并将试样装在夹具上。

试样在相应规定的试验温度下保持 10min。

再次点击力值清零，以 5mm/min 的速度，加至 200N 预荷载（《建筑用隔热铝合金型材》JG/T 175—2011 可减少该步骤）。

以 1～5mm/min 的速度进行拉伸试验，并记录所加的荷载，直至最大荷载出现，或出现铝型材撕裂。

记录最大荷载。

#### 6.5.3.4　结果计算

横向抗拉值按下式计算：

$$Q_l = P_{2i} / L_i$$

式中：$Q_i$——第 $i$ 个试样的横向抗拉值（N/mm）；

$P_{2i}$——第 $i$ 个试样的最大抗拉力（N）；

$L_i$——第 $i$ 个试样的试样长度（mm）。

相应样本估算标准差按下式计算：

$$S = \frac{1}{9} \sqrt{\sum_{i=1}^{10} (Q_{平} - Q_i)^2}$$

纵向抗剪特征值按下式计算：

$$Q_c = Q_{平} - 2.02S$$

式中：$Q_c$——纵向抗剪特征值（N/mm）；

$Q_{平}$——10 个试样所能承受纵向抗剪值的算术平均值（N/mm）；

$S$——相应样本估算的标准差（N/mm）。

## 6.6　试验报告

试验报告见附录 6.1。

# 第 7 章

# 建筑外门窗

## 7.1 概述

### 7.1.1 定义和分类

门窗是建筑物围护结构系统中重要的组成部分，在建筑学上所指的是在墙面或屋顶上人为建造的洞口，能够让屋内外的空气流通，外部的光线得以进入。门窗主要是由玻璃、窗框或者门框，以及配套的五金连接件所组成，主要功能有采光、通风、保温、隔热、隔声、防水等。建筑外窗按开启方式可分为平开旋转类：平开、滑轴平开、上悬、下悬、中悬、滑轴上悬、内平开下悬、立转；推拉平移类：推拉、提升推拉、平开推拉、推拉下悬、提拉；折叠类：折叠推拉。门按开启方式也可分为平开旋转类：平开（合页）、平开（地弹簧）；推拉平移类：推拉、提升推拉、推拉下悬等；折叠类：折叠平开、折叠推拉；按照型材材料则可分为铝合金门窗、木门窗、玻璃门等。如图 7.1-1 和图 7.1-2 所示。其中目前较为常用的是平开窗、推拉窗、上悬窗以及提升推拉门。同时以门、窗框在洞口深度方向的厚度构造尺寸（$C_2$）划分系列，并以数值表示，其中门、窗框厚度构造尺寸以其与洞口墙体连接侧的型材截面外缘尺寸确定，在门、窗四周框架的厚度构造尺寸不同时，以其中厚度构造尺寸最大的数值确定。

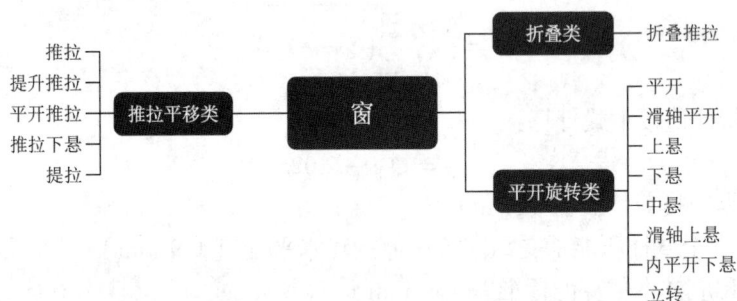

图 7.1-1  建筑窗分类

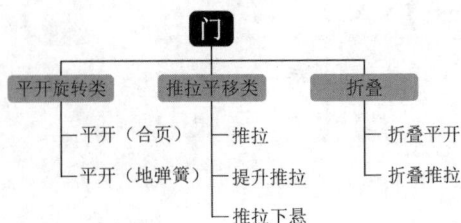

图 7.1-2  建筑门分类

### 7.1.2　检验项目

为了确保建筑外门窗能够满足实际要求，工程中的建筑外门窗需要按照规范要求选取试件，并进行门窗的相关性能检测，来验证其是否满足工程实际的要求，门、窗的主要性能类型及代号详见表 7.1-1。

门、窗的主要性能类型及代号　　　　　表 7.1-1

| 类型 | | 普通型 | | 隔声型 | | 保温型 | | 隔热型 | 保温隔热型 | 耐火型 |
|---|---|---|---|---|---|---|---|---|---|---|
| 代号 | | PT | | GS | | BW | | GR | BWGR | NH |
| 用途 | | 外门窗 | 内门窗 | 外门窗 | 内门窗 | 外门窗 | 内门窗 | 外门窗 | 外门窗 | 外门窗 |
| 主要性能 | 抗风压性能 | ◎ | — | ◎ | — | ◎ | — | ◎ | ◎ | ◎ |
| | 水密性能 | ◎ | — | ◎ | — | ◎ | — | ◎ | ◎ | ◎ |
| | 气密性能 | ◎ | ○ | ◎ | ○ | ◎ | ○ | ◎ | ◎ | ◎ |
| | 空气声隔声性能 | — | — | ◎ | ◎ | ○ | ○ | ◎ | ◎ | ○ |
| | 保温性能 | — | — | ○ | ○ | ◎ | ◎ | — | ◎ | ○ |
| | 隔热性能 | — | — | ○ | ○ | ◎ | ◎ | ◎ | ◎ | ○ |
| | 耐火完整性 | — | — | — | — | — | — | — | — | ◎ |

注："◎"为必选性能；"○"为可选性能；"—"为不要求。

## 7.2　门窗三性之气密性能

### 7.2.1　检测依据

《建筑外门窗气密、水密、抗风压性能检测方法》GB/T 7106—2019
《建筑幕墙、门窗通用技术条件》GB/T 31433—2015
《铝合金门窗》GB/T 8478—2020
《建筑门窗术语》GB/T 5823—2008
《建筑结构荷载规范》GB 50009—2012
《建筑气候区划标准》GB 50178—1993

### 7.2.2　检验批次与取样要求

依据《建筑外门窗气密、水密、抗风压性能检测方法》GB/T 7106—2019 的相关要求，门窗气密性检测试件数量要求为：相同类型、结构及规格尺寸的试件，应至少检测三樘，且以三樘为一组进行级别评定。

### 7.2.3　技术指标要求

根据《建筑幕墙、门窗通用技术条件》GB/T 31433—2015 的相关规定，门窗气密性能以单位开启缝长空气渗透量值 $q_1$ 和单位面积空气渗透量值 $q_2$ 作为分级指标，气密性能级别划分见表 7.2-1。

门窗气密性能分级表　　　　　表 7.2-1

| 分级 | 1 | 2 | 3 | 4 | 5 | 6 | 7 | 8 |
|---|---|---|---|---|---|---|---|---|
| 分级指标值 $q_1$/ $[m^3/(m \cdot h)]$ | $4.0 \geqslant$ $q_1 > 3.5$ | $3.5 \geqslant$ $q_1 > 3.0$ | $3.0 \geqslant$ $q_1 > 2.5$ | $2.5 \geqslant$ $q_1 > 2.0$ | $2.0 \geqslant$ $q_1 > 1.5$ | $1.5 \geqslant$ $q_1 > 1.0$ | $1.0 \geqslant$ $q_1 > 0.5$ | $q_1 \leqslant 0.5$ |

| 分级 | 1 | 2 | 3 | 4 | 5 | 6 | 7 | 8 |
|---|---|---|---|---|---|---|---|---|
| 分级指标值$q_2$/ $[m^3/(m^2 \cdot h)]$ | $12.0 \geqslant$ $q_2 > 10.5$ | $10.5 \geqslant$ $q_2 > 9.0$ | $9.0 \geqslant$ $q_2 > 7.5$ | $7.5 \geqslant$ $q_2 > 6.0$ | $6.0 \geqslant$ $q_2 > 4.5$ | $4.5 \geqslant$ $q_2 > 3.0$ | $3.0 \geqslant$ $q_2 > 1.5$ | $q_2 \leqslant 1.5$ |

注：第 8 级应在分级后同时注明具体分级指标值。

### 7.2.4　检测原理

采用模拟静压箱法，对安装在压力箱上的门窗试件进行气密性能检测，气密性能检测即在稳定压力差状态下通过空气收集箱收集并测量试件的空气渗透量；通过采集三樘试件分别在压力差为 10Pa、30Pa、50Pa、70Pa、100Pa、150Pa 情况下的附加空气渗透量和总空气渗透量的数据，通过以上两个参数相减来求得试件本身在各压力差下的空气渗透量$q_t$，再将空气渗透量$q_t$换算为标准状态下各压力差渗透量$q_{\Delta P}$，再采用最小二乘法进行线性回归计算出 10Pa 压力差下的空气渗透量$q'$，再除以试件的开启缝长和面积求出该试件的单位开启缝长空气渗透量值$q_1$和单位面积空气渗透量值$q_2$，最后再取三樘试件中的 $\pm q_1$ 和 $\pm q_2$ 中的最不利值，依据《建筑幕墙、门窗通用技术条件》GB/T 31433—2015，来确定按照开启缝长和面积各自所属等级，取两者中的不利级别为该组试件所属等级。正、负分别定级。

### 7.2.5　检测设备

气密性能检测装置由压力箱、空气收集箱、试件、安装框架、供压装置（包括供风设备、压力控制装置）、淋水装置及测量装置（包括空气流量测量装置、差压测量装置及位移测量装置）组成，检测设备如图 7.2-1 所示。

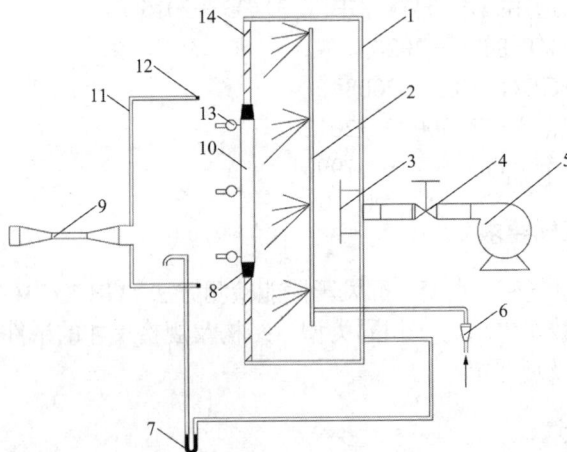

1—压力箱；2—淋水装置；3—进气口挡板；4—压力控制装置；5—供风设备；6—水流量计；7—差压测量装置；8—安装框架；9—空气流量测量装置；10—试件；11—空气收集箱子；12—密封条；13—位移测量装置；14—封板

图 7.2-1　检测设备示意图

同时气密性能由于采集的数据数值小，采集精度要求高，检测设备的尺寸规格以及相关性能都有相关的要求，各检测设备需严格满足试件的检测要求，具体要求如下：

1）各设备压力箱的开口尺寸应能满足试件安装的要求，压力箱开口部位的构件在承受检测过程中可能出现最大压力差时，开口部位构件的最大挠度值不应超过 5mm 或$l/1000$，同时应具有良好的密封性能且以不影响观察试件的水密性为最低要求。

2）空气收集箱与压力箱连接且应有良好的密封性能,在气密性能检测过程中箱体尺寸不应发生变化。空气收集箱深度宜为 500~800mm。

3）试件安装框架应保证试件安装牢固,不应产生倾斜及变形,同时不影响试件可开启部分的正常开启。

4）供压装置应具备施加正负双向压力差的能力,静态压力控制装置应能调节出稳定的气流,动态压力控制装置应能稳定地提供 3~5s 周期的波动风压,波动风压的波峰值、波谷值应满足检测要求。供压和压力控制能力应能满足检测的相关标准。

5）淋水装置应满足在门窗试件的全部面积上形成连续水膜并达到规定淋水量的要求。淋水装置宜采用锥角不小于 60°的实心圆锥形喷雾喷嘴,喷嘴布置应均匀,各喷嘴与试件的距离宜相等且不应小于 500mm;淋水装置的喷水量应能调节,并有保证喷水量的均匀性措施。

6）测量装置应满足下列要求:

（1）空气流量测量装置的测量误差不应大于示值的 5%,因为气密检测采集数据对应差压值为 10Pa、30Pa、50Pa、70Pa、100Pa、150Pa,其中 10Pa、30Pa 采集数据较小需要空气流量设备采集精度高,因此可分为 3 个及以上风管布置不同量程,不同采集精度的设备来采集数据,以保证采集数据的可靠性以及准确性。

（2）差压测量装置的测量误差不应大于示值的 2%,响应速度应满足波动风压测量的要求,其两个探测点应在试件两侧就近布置。

（3）位移测量装置的精度应达到满量程的 0.25%,其安装支架在测试过程中应牢固,并保证位移的测量不受试件及其支承设施的变形、移动所影响。

空气流量测量装置的校验周期不应大于 6 个月。

## 7.2.6　检测步骤

### 7.2.6.1　检测前准备工作

检测前需要准备好相关试件和对应的资料,应根据以下条件逐一检查以核对是否满足进场检测的要求:

（1）试件是否符合图纸的设计,是否存在为了应付检测而采取的特殊加工方式。

（2）试件是否按照规范的要求加装附框,锁点锁座等五金件是否正确安装。

（3）是否有相关的材料见证记录并在监管系统收样确认（如需）。

（4）委托单、测试方案及检测试件的大样图和节点图是否齐全。

（5）相关检测人员是否拥有门窗三性检测上岗证。

（6）检测设备是否在检定有效期内。

（7）在检测监管平台登记检测方案、人员、使用设备（如需）。

（8）检测设备是否正常运行,水量等是否满足检测需要。

（9）检测试件存放条件是否满足要求。

（10）测量试件的相关缝长、面积和跨距。

### 7.2.6.2　试验操作

门窗气密性能检测可以分为两种类型,分别为工程检测以及定级检测。两种检测相应的操作步骤并不相同，下面将分开叙述。

1）工程检测

（1）记录检测当天的气温和大气压情况。

（2）在工程检测过程中，检测压力应该按照工程设计要求的指标进行加压，加压顺序见图 7.2-2，其中工程检测指标小于 50Pa 时，则应该采用图 7.2-3 的加压顺序进行；如果在工程对检测压力没有设计要求的情况下，则可按照图 7.2-3 的加压顺序进行检测。

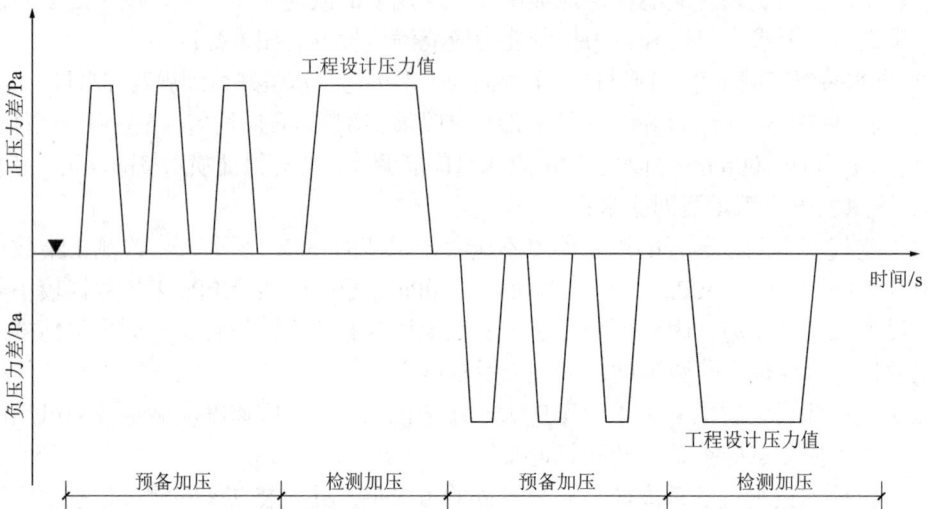

图 7.2-2　加压顺序 1

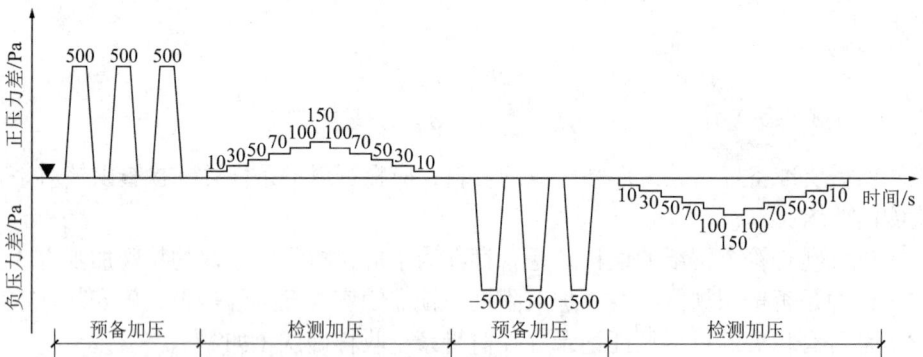

图 7.2-3　加压顺序 2

（3）在预备加压前，首先将检测试件上所有可开启部分启闭 5 次，检查试件各个部分是否存在问题，然后关紧。随后首先施加 3 个压力脉冲进行预备加压，工程检测时压力差绝对值为风荷载标准值的 10%和 500Pa 二者的较大值，加载速度约为 100Pa/s，压力稳定作用时间为 3s，泄压时间不少于 1s。在预备加压前，首先采取密封措施充分密封试件上可开启部分缝隙和镶嵌缝隙，可采取使用性能良好的胶纸封贴住开启部分的缝隙，如图 7.2-4 所示，不宜采取性能较差的胶纸以防封贴效果不佳而导致检测数据失去可靠性，然后将空气收集箱扣好并可靠密封。并按照上文规定的检测加压顺序进行加压，每级压力作用时间约为 10s，逐级记录各级压力下的附加空气渗透量，然后负压进行相同操作，同时附加空气渗透量不宜高于总空气渗透量的 20%；在记录好附加空气渗透量的数据后，去除试件上所进行的密封措施，进行总空气渗透量检测，检测程序同上文附加空气渗透量的采集程序。

2）定级检测

（1）记录检测当天的气温和大气压情况。

（2）在定级检测时检测顺序按照图 7.2-3 的检测顺序进行检测。

（3）具体检测步骤同工程检测（3）步骤，气密性检测如图 7.2-5 所示。

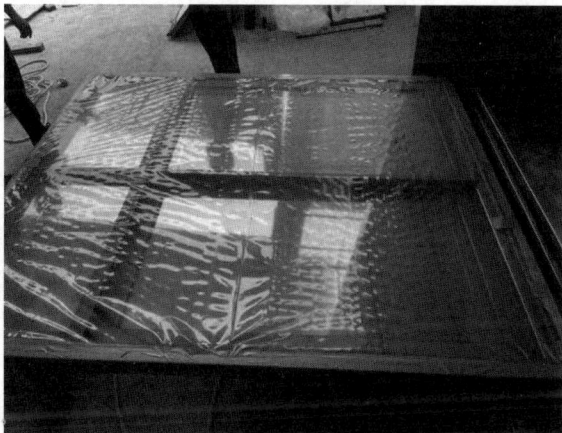

图 7.2-4　检测前密封措施　　　　　图 7.2-5　气密性检测

## 7.2.7　结果处理和评定

当检测顺序按图 7.2-3 进行时，检测数据的处理计算如下：

（1）分别计算出升压和降压过程中各压力差下的两个附加空气渗透量测定值的平均值 $\overline{q_f}$ 和两个总空气渗透量测定值的平均值 $\overline{q_z}$，则试件本身在各压力差作用下的空气渗透量 $q_t$ 可由下式计算：

$$q_t = \overline{q_z} - \overline{q_f}$$

式中：$q_t$——试件空气渗透量（m³/h）；

　　　$\overline{q_z}$——两个总空气渗透量测定值的平均值（m³/h）；

　　　$\overline{q_f}$——两个附加空气渗透量测定值的平均值（m³/h）。

（2）将 $q_t$ 换算成标准状态下的各压力差渗透量 $q_{\Delta P}$ 值。

$$q_{\Delta P} = \frac{293}{101.3} \times \frac{q_t \cdot P}{T}$$

式中：$q_{\Delta P}$——标准状态下的各压力差渗透量（m³/h）；

　　　$P$——实验室气压值（kPa）；

　　　$T$——实验室空气温度值（K）。

（3）按下面的回归方程计算出 $k$、$c$：

$$q_{\Delta P} = k(\Delta P)^c$$

式中：$k$——拟合系数；

　　　$c$　——缝隙渗透系数；

　　　$\Delta P$——压力差（Pa）。

（4）计算出在 10Pa 压力差下的空气渗透量$q'$：

$$q' = k \cdot 10^c$$

式中：$q'$——10Pa 压力差下空气渗透量值［m³/(m·h)］。

（5）分别计算 $\pm q_1$ 和 $\pm q_2$ 的值：

$$\pm q_1 = \frac{\pm q'}{l}$$

$$\pm q_2 = \frac{\pm q'}{A}$$

式中：$q_1$——10Pa 压力差下，单位开启缝长空气渗透量值［m³/(m·h)］；

　　　$q_2$——10Pa 压力差下，单位面积空气渗透量值［m³/(m·h)］；

　　　$l$——开启缝长（m）；

　　　$A$——试件面积（m²）。

（6）取三樘试件中最不利的 $\pm q_1$ 和 $\pm q_2$ 的值，依据表 7.2-1 分别对单位缝长空气渗透量和单位面积空气渗透量进行评级，并取两者中的不利级别为该组试件的等级，正、负压分别进行定级。

当检测顺序按图 7.2-2 进行时，检测数据的处理计算如下：

（1）分别计算出在设计压力差下的附加空气渗透量测定值$q_f$和总空气渗透量测定值$q_z$，则试件在该设计压力差下的空气渗透量$q_t$，按下式计算：

$$q_t = q_z - q_f$$

式中：$q_t$——试件空气渗透量（m³/h）；

　　　$q_z$——总空气渗透量测定值（m³/h）；

　　　$q_f$——附加空气渗透量测定值（m³/h）。

（2）按图 7.2-3 顺序数据处理上述步骤（5）中的公式计算试件在该设计压力差下的单位开启缝长空气渗透量$q_1$和单位面积空气渗透量$q_2$。正压、负压分别进行计算。

（3）三樘试件正、负压按照单位开启缝长和单位面积的空气渗透量均应满足工程设计要求，否则应判定为不满足工程设计要求。

## 7.3  门窗三性之水密性能

### 7.3.1  检测依据

详见第 7.2.1 节检测依据。

### 7.3.2  检验批次与取样要求

详见第 7.2.2 节检验批次与取样要求。

### 7.3.3  技术指标要求

根据《建筑幕墙、门窗通用技术条件》GB/T 31433—2015 的相关规定，门窗水密性能检测要求为：

（1）工程检测：三樘试件在加压至指定的水密性能设计值时均未出现渗漏，判定满足工程设计要求，否则判为不满足工程设计要求。

（2）定级检测：记录每个试件的渗透压力差值，以渗漏压力差值的前一级检测压力差值$\Delta p$作为该试件水密性能检测值。以三樘试件中水密性能检测值的最小值作为水密性能定级检测值，并依据《建筑幕墙、门窗通用技术条件》GB/T 31433—2015 进行定级，详见表 7.3-1。

门窗水密性能分级　　　　　　　　　　　　　　　　　　　表 7.3-1

| 分级 | 1 | 2 | 3 | 4 | 5 | 6 |
|---|---|---|---|---|---|---|
| 分级指标值 $\Delta p$/Pa | $100 \leqslant \Delta p < 150$ | $150 \leqslant \Delta p < 250$ | $250 \leqslant \Delta p < 350$ | $350 \leqslant \Delta p < 500$ | $500 \leqslant \Delta p < 700$ | $\Delta p \geqslant 700$ |

### 7.3.4　检测原理

采用稳定加压法或者波动加压法，对安装在压力箱上的门窗试件进行水密性能检测。通过按照规范所规定的喷淋水量对门窗试件进行喷淋，同时在静压箱施加稳定正压或者波动正压力来模拟门窗在面对可能遇见的风雨环境的情况下阻止雨水渗入试件室内面的能力。

### 7.3.5　检测设备

水密性能检测装置由压力箱、空气收集箱、试件、安装框架、供压装置（包括供风设备、压力控制装置）、淋水装置及测量装置（包括差压测量装置及位移测量装置）组成。

各检测设备需严格满足试件的检测要求，具体如下：

1）各设备压力箱的开口尺寸应能满足试件安装的要求，压力箱开口部位的构件在承受检测过程中可能出现最大压力差时，开口部位构件的最大挠度值不应超过 5mm 或$l$/1000，同时应具有良好的密封性能。

2）试件安装框架应保证试件安装牢固，不应产生倾斜及变形，同时不影响试件可开启部分的正常开启。

3）供压装置应具备施加正负双向压力差的能力，静态压力控制装置应能调节出稳定的气流，动态压力控制装置应能稳定提供 3～5s 周期的波动风压，波动风压的波峰值、波谷值应满足检测要求。供压和压力控制能力应能满足检测的相关标准。

4）淋水装置应满足在门窗试件的全部面积上形成连续水膜并达到规定淋水量要求。淋水装置宜采用锥角不小于 60°的实心圆锥形喷雾喷嘴，喷嘴布置应均匀，各喷嘴与试件的距离宜相等且不应小于 500mm；淋水装置的喷水量应能调节，并有措施保证喷水量的均匀性。

5）测量装置应满足下列要求：

（1）差压测量装置的测量误差不应大于示值的 2%，响应速度应满足波动风压测量的要求，其两个探测点应在试件两侧就近布置。

（2）位移测量装置的精度应达到满量程的 0.25%，其安装支架在测试过程中应牢固，并保证位移的测量不受试件及其支承设施的变形、移动所影响。

（3）淋水装置的校检分为固定淋水装置和非固定淋水装置，固定淋水装置的校验周期不应大于 6 个月，非固定淋水装置应在每次试验前进行校验。

### 7.3.6 检测步骤

#### 7.3.6.1 检测前准备工作

检测前需要准备好相关试件和对应的资料，应根据以下条件逐一检查以核对是否满足进场检测的要求：

（1）试件是否符合图纸的设计，是否存在为了应付检测而采取的特殊加工方式。

（2）试件是否按照规范的要求加装附框，锁点锁座等五金件是否正确安装。

（3）是否有相关的材料见证记录并在监管系统收样确认（如需）。

（4）委托单、测试方案及检测试件的大样图和节点图是否齐全。

（5）相关检测人员是否拥有门窗三性检测上岗证。

（6）检测设备是否在检定有效期内。

（7）在检测监管平台登记检测方案、人员、使用设备（如需）。

（8）检测设备是否正常运行，水量等是否满足检测需要。

（9）检测试件存放条件是否满足要求。

#### 7.3.6.2 试验操作

门窗水密性能检测可以分为两种类型，分别为工程检测以及定级检测。两种检测相应的操作步骤并不相同，下面将分开叙述。

1）工程检测

（1）对试件上所有可开启部分启闭 5 次，最后关紧。

（2）随后施加 3 个压力脉冲进行预备加压，工程检测时压力差绝对值为风荷载标准值的 10%和 500Pa 二者的较大值，加载速度约为 100Pa/s，压力稳定作用时间为 3s，泄压时间不少于 1s。

（3）对整个门窗试件均匀淋水，对于年降水量不大于 400mm 的地区，淋水量为 $1L/(m^3 \cdot min)$；年降水量为 400～1600mm 的地区，淋水量为 $2L/(m^3 \cdot min)$；年降水量大于 1600mm 的地区，淋水量为 $3L/(m^3 \cdot min)$。年降水量地区的划分按照《建筑气候区划标准》GB 50178—1993 的规定执行。在加压之前对试件预喷淋 10min。

（4）在淋水的同时对试件施加压力，如采用稳定加压法，则施加稳定压力，直接加压至水密性能设计值，稳定压力作用时间为 15min 或产生渗漏为止；如采用波动加压法，则施加波动压力，波动压力的大小由平均值表示，波幅为平均值的 0.5 倍，加载速度约为 100Pa/s，波动作用时间为 15min 或产生渗漏为止。

2）定级检测

（1）对试件上所有可开启部分启闭 5 次，最后关紧。

（2）随后施加 3 个压力脉冲进行预备加压，工程检测时压力差绝对值为风荷载标准值的 10%和 500Pa 二者的较大值，加载速度约为 100Pa/s，压力稳定作用时间为 3s，泄压时间不少于 1s。

（3）对整个门窗试件均匀的淋水，淋水量为 $3L/(m^3 \cdot min)$。

（4）在淋水的同时对试件施加压力，如采用稳定加压法，逐级施加稳定压力至出现渗漏为止，如图 7.3-1 所示；如采用波动加压法，逐级施加波动压力至出现渗漏为止，如图 7.3-2 所示。

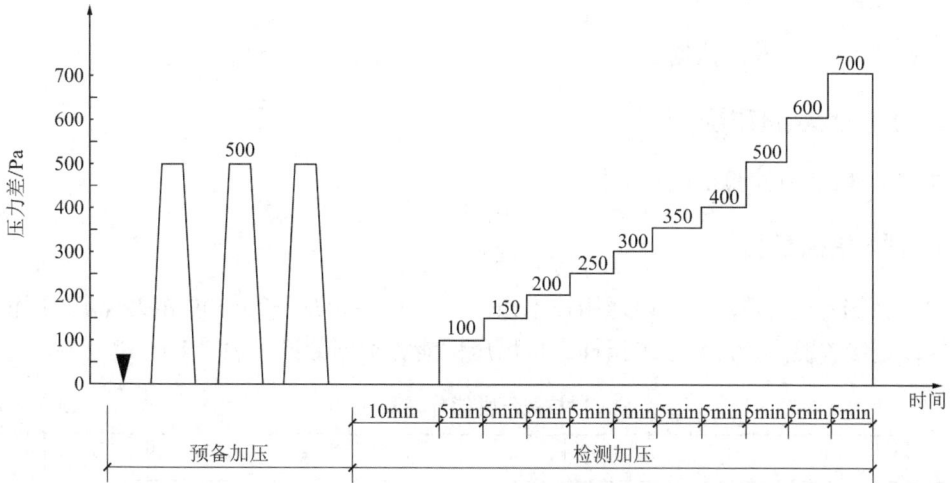

图 7.3-1　稳定加压法

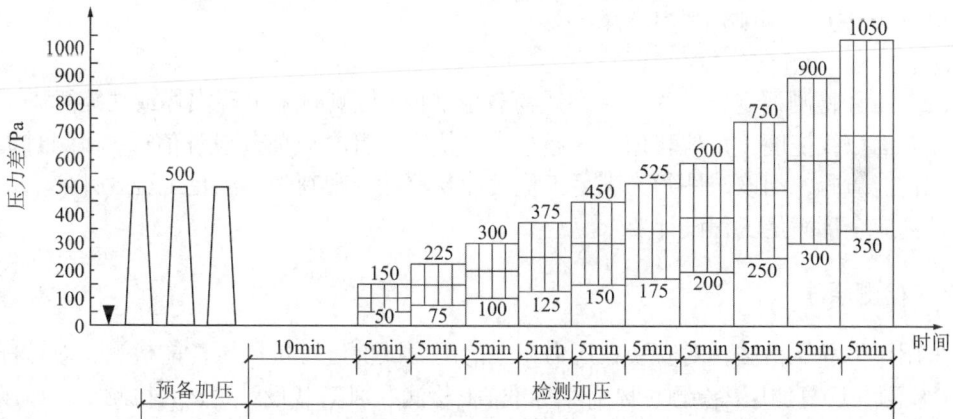

图 7.3-2　波动加压法

## 7.3.7　结果处理与评定

### 7.3.7.1　工程检测

三樘试件在加压至水密性能设计值时均未出现渗漏，判定满足工程设计要求，否则判为不满足工程设计要求。

### 7.3.7.2　定级检测

记录每个试件的渗漏压力差值。以渗漏压力差值的前一级检测压力差值作为该试件水密性能检测值。以三樘试件中水密性能检测值的最小值作为水密性能定级检测值，并依据《建筑幕墙、门窗通用技术条件》GB/T 31433—2015 定级。

## 7.4 门窗三性之抗风压性能

### 7.4.1 检测依据

详见第 7.2.1 节检测依据。

### 7.4.2 检验批次与取样要求

详见第 7.2.2 节检验批次与取样要求。

### 7.4.3 技术指标要求

（1）根据《建筑幕墙、门窗通用技术条件》GB/T 31433—2015 的相关规定，门窗抗风压性能以定级检测压力$P_3'$为分级指标，抗风压性能级别划分详见表 7.4-1。

抗风压性能分级表　　　　　　　　　　　　　　　　表 7.4-1

| 分级 | 1 | 2 | 3 | 4 | 5 | 6 | 7 | 8 | 9 |
|---|---|---|---|---|---|---|---|---|---|
| 分级指标值 $P_3'$/kPa | $1.0 \leqslant P_3' < 1.5$ | $1.5 \leqslant P_3' < 2.0$ | $2.0 \leqslant P_3' < 2.5$ | $2.5 \leqslant P_3' < 3.0$ | $3.0 \leqslant P_3' < 3.5$ | $3.5 \leqslant P_3' < 4.0$ | $4.0 \leqslant P_3' < 4.5$ | $4.5 \leqslant P_3' < 5.0$ | $P_3' \geqslant 5.0$ |

注：第 9 级应在分级后同时注明具体分级指标值。

（2）工程检测评定条件为试件在风荷载标准值$P_3$检测时未出现损坏或功能障碍、主要构件相对面法线挠度（角位移值）未超过允许挠度，且在风荷载设计值$P_{max}$检测时未出现损坏或功能障碍，则该试件判为满足工程设计要求，否则判为不满足工程设计要求，同时三樘试件应全部满足工程设计要求。

### 7.4.4 检测原理

采用模拟静压箱法，对安装在压力箱上的门窗试件进行抗风压性能检测，对试件进行变形$P_1$检测、反复加压$P_2$检测、风荷载标准值$P_3$检测、风荷载设计值$P_{max}$检测，抗风压性能检测即在变形检测和风荷载标准值作用下测定试件不超过允许变形的能力、在抗风压性能检测下试件是否发生损坏和功能障碍。

通过采集三樘试件分别在压力差为$P_1$、$P_3$测点的位移数据，计算试件的相对挠度变形数据，与规范规定的杆件相对挠度限值进行比较，来检查试件的变形是否在允许范围之内，同时在整个抗风压性能检测的过程中观察试件是否出现试件损坏或者试件是否发生功能障碍，从而来判定试件是否满足工程使用条件和试件的抗风压性能等级。

### 7.4.5 检测设备

抗风压性能检测装置由压力箱、空气收集箱、试件、安装框架、供压装置（包括供风设备、压力控制装置）、淋水装置及测量装置（包括空气流量测量装置、差压测量装置及位移测量装置）组成。

各检测设备需严格满足试件的检测要求，具体如下：

1）各设备压力箱的开口尺寸应能满足试件安装的要求，压力箱开口部位的构件在承受检测过程中可能出现最大压力差时，开口部位构件的最大挠度值不应超过 5mm 或 $l$/1000，同时应具有良好的密封性能。

2）试件安装框架应保证试件安装牢固，不应产生倾斜及变形，同时不影响试件可开启部分的正常开启。

3）供压装置应具备施加正负双向压力差的能力，静态压力控制装置应能调节出稳定的气流，动态压力控制装置应能稳定提供 3～5s 周期的波动风压，波动风压的波峰值、波谷值应满足检测要求。供压和压力控制能力应能满足检测的相关标准。

4）测量装置应满足下列要求：

（1）差压测量装置的测量误差不应大于示值的 2%，响应速度应满足波动风压测量的要求，其两个探测点应在试件两侧就近布置。

（2）位移测量装置的精度应达到满量程的 0.25%，其安装支架在测试过程中应牢固，并保证位移的测量不受试件及其支承设施的变形、移动所影响。

## 7.4.6　检测步骤

### 7.4.6.1　检测前准备工作

检测前需要准备好相关试件和对应的资料，应根据以下条件进行逐一检查以核对是否满足进场检测的要求：

（1）试件是否符合图纸的设计，是否存在为了应付检测而采取的特殊加工方式。

（2）试件是否按照规范的要求加装附框，锁点锁座等五金件是否正确安装。

（3）是否有相关的材料见证记录并在监管系统收样确认（如需）。

（4）委托单、测试方案及检测试件的大样图和节点图是否齐全。

（5）相关检测人员是否拥有门窗三性检测上岗证。

（6）检测设备是否在检定有效期内。

（7）在检测监管平台登记检测方案、人员、使用设备（如需）。

（8）检测设备是否正常运行。

（9）检测试件存放条件是否满足要求。

（10）测量试件的相关缝长、面积和跨距。

### 7.4.6.2　试验操作

门窗抗风压性能检测可以分为两种类型，分别为工程检测以及定级检测，检测加压顺序如图 7.4-1 所示。两种检测相应的操作步骤并不相同，下面将分开叙述。

1）工程检测

（1）将位移计安装在规定位置上，详见图 7.4-2。测点位置规定如下：

① 对于测试杆件，测点分布详见图 7.4-3，中间测点在测试杆件中点位置，两端测点在距该杆件端点向中点方向 10mm 处。玻璃面板测点分布见图 7.4-4。当试件最不利的构件难以判定时，应选取多个测试杆件和玻璃面板（图 7.4-5），分别布点测量。

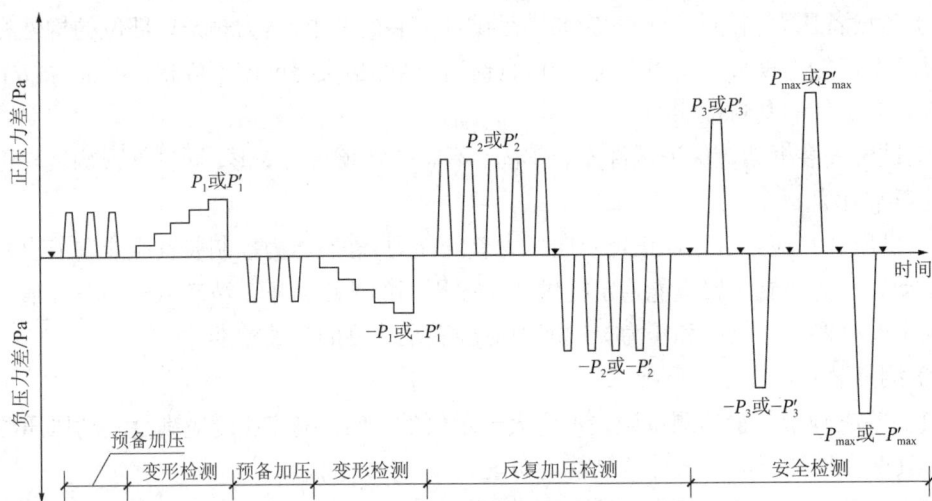

图 7.4-1　检测加压顺序示意图

图 7.4-2　位移计安装

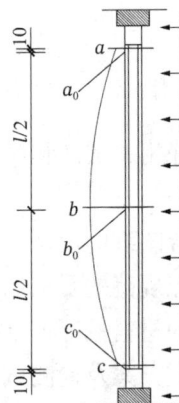

$a_0$、$b_0$、$c_0$—三测点初始读数值（mm）；
$a$、$b$、$c$—三测点在压力差作用过程中的稳定读数值（mm）；
$l$—测试杆件两端测点$a$、$c$之间的长度（mm）

图 7.4-3　测试杆件测点分布图

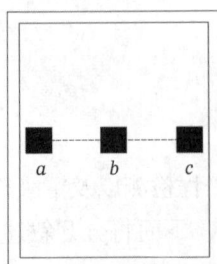

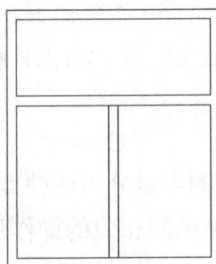

图 7.4-4　玻璃面板测点分布图　图 7.4-5　多测试杆件及玻璃面板分布图

②对于单扇固定扇：测点布置见图 7.4-4。

③对于单扇平开窗（门）：当采用单锁点时，测点布置见图 7.4-6，取距锁点最远的窗（门）扇自由边（非铰链边）端点的角位移值δ为最大挠度值，当窗（门）扇上有受力杆件

时应同时测量该杆件的最大相对挠度，取两者中的不利者作为抗风压性能检测结果；无受力杆件外开单扇平开窗（门）只进行负压检测，无受力杆件内开单扇平开窗（门）只进行正压检测；当采用多点锁时，按照单扇固定扇的方法进行检测。

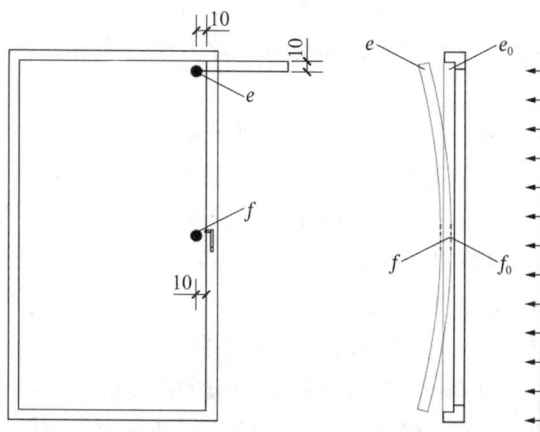

$e_0$、$f_0$—测点初始读数值（mm）；$e$、$f$—测点在压力差作用过程中的稳定读数值（mm）

图 7.4-6　单扇单锁点平开窗（门）测点分布图

（2）在预备加压前将试件上所有可开启部分启闭 5 次，最后关紧。检测加压前施加 3 个压力脉冲，工程检测时压力差绝对值取风荷载标准值的 10% 和 500Pa 二者的较大值，加载速度约为 100Pa/s，压力稳定作用时间为 3s，泄压时间不少于 1s。

（3）工程检测过程中，变形检测应先进行正压检测，后进行负压检测。检测压力逐级升、降。每级升、降压力差不超过风荷载标准值的 10%，每级压力作用时间不少于 10s。压力差的升、降直到任一受力构件的相对面法线挠度值达到变形检测规定的最大面法线挠度（角位移），或压力达到风荷载标准值的 40%［对于单扇单锁点平开窗（门），风荷载标准值的 50%］时为止。

（4）记录每级压力差作用下的面法线挠度值（角位移值），利用压力差和变形之间的相对线性关系，求出变形检测时最大面法线挠度（角位移）对应的压力差值，作为变形检测压力差值，标以 $\pm P_1'$。当 $P_1'$ 小于风荷载标准值的 40%［对于单扇单锁点平开窗（门），风荷载标准值的 50%］时，应判为不满足工程设计要求，检测终止；当 $P_1'$ 大于或等于风荷载标准值的 40%［对于单扇单锁点平开窗（门），风荷载标准值的 50%］时，$P_1'$ 取风荷载标准值的 40%［对于单扇单锁点平开窗（门），风荷载标准值的 50%］。最后，记录检测中试件出现损坏或功能障碍的状况和部位。

（5）检测压力从零升到 $P_2'$ 后降至零，$P_2' = 1.5P_1'$，反复 5 次，再由零降至 $-P_2'$ 后升至零，$-P_2' = -1.5P_1'$，反复 5 次。加载速度为 300～500Pa/s，每次压力差作用时间不应少于 3s，泄压时间不应少于 1s。正压、负压反复加压后，将试件可开启部分启闭 5 次，最后关紧。记录检测中试件出现损坏或功能障碍的压力差值及部位。

（6）检测压力从零升至风荷载标准值 $P_3'$ 后降至零；再降至 $-P_3'$ 值后升至零。加载速度为 300～500Pa/s，压力稳定作用时间均不应少于 3s，泄压时间不应少于 1s。正、负加压后各将试件可开启部分启闭 5 次，最后关紧。记录面法线位移量（角位移值）、发生损坏或功能障碍时的压力差值及部位。如有要求，可记录试件残余变形量，残余变形量记录时间应在风荷载标准值检测结束后 5～60min 内进行。

（7）检测压力从零升至风荷载设计值$P'_{max}$，后降至零；再降至 $-P'_{max}$ 值后升至零，压力稳定作用时间均不应少于 3s，泄压时间不应少于 1s。正、负加压后将各试件可开启部分启闭 5 次，最后关紧。记录发生损坏或功能障碍的压力差值及部位。如有要求，可记录试件残余变形量，残余变形量记录时间应在风荷载设计值检测结束后 5～60min 内进行。

2）定级检测

（1）将位移计安装在规定位置上。测点位置规定如下：

① 对于测试杆件，测点布置见图 7.4-3。中间测点在测试杆件中点位置，两端测点在距该杆件端点向中点方向 10mm 处。对于玻璃面板测点见图 7.4-4。当试件最不利的构件难以判定时，应选取多个测试杆件和玻璃面板（图 7.4-5），分别布点测量。

② 对于单扇固定扇：测点布置见图 7.4-4。

③ 对于单扇平开窗（门）：当采用单锁点时，测点布置见图 7.4-6，取距锁点最远的窗（门）扇自由边（非铰链边）端点的角位移值δ为最大挠度值，当窗（门）扇上有受力杆件时应同时测量该杆件的最大相对挠度，取两者中的不利者作为抗风压性能检测结果；无受力杆件外开单扇平开窗（门）只进行负压检测，无受力杆件内开单扇平开窗（门）只进行正压检测；当采用多点锁时，按照单扇固定扇的方法进行检测。

（2）在预备加压前将试件上所有可开启部分启闭 5 次，最后关紧。检测加压前施加 3 个压力脉冲，工程检测时压力差绝对值取风荷载标准值的 10% 和 500Pa 二者的较大值，加载速度约为 100Pa/s，压力稳定作用时间为 3s，泄压时间不少于 1s。

（3）先进行正压检测，后进行负压检测。检测压力逐级升、降。每级升降压力差值不超过 250Pa，每级检测压力差稳定作用时间约为 10s。检测压力绝对值最大不宜超过 2000Pa。记录每级压力差作用下的面法线挠度值（角位移值），利用压力差和变形之间的相对线性关系求出变形检测时最大面法线挠度（角位移）对应的压力差值，作为变形检测压力差值，标以 $\pm P_1$。不同类型试件变形检测时对应的最大面法线挠度（角位移值）应符合产品标准的要求，如无要求，玻璃面板的允许挠度取短边的$l/60$；面板为中空玻璃时，杆件的允许挠度为$l/150$，面板为单层玻璃或者夹层玻璃时，杆件允许挠度为$l/100$。

（4）检测压力从零升到$P_2$后降至零，$P_2 = 1.5P_1$，反复 5 次，再由零降至 $-P_2$ 后升至零，$P_2 = -1.5P_1$，反复 5 次。加载速度为 300～500Pa/s，每次压力差作用时间不应少于 3s，泄压时间不应少于 1s。定级检测$P_2$值不宜大于 3000Pa。正压、负压反复加压后，将试件可开启部分启闭 5 次，最后关紧。记录检测中试件出现损坏或功能障碍的压力差值及部位。

（5）$P_3$取 $2.5P_1$，对于单扇单锁点平开窗（门），$P_3$取 $2.0P_1$。没有要求的，$P_3$值不宜大于 5000Pa。检测压力从零升至$P_3$后降至零，再降至 $-P_3$ 后升至零。加载速度为 300～500Pa/s，压力稳定作用时间均不应少于 3s，泄压时间不应少于 1s，正、负加压后各将试件可开启部分启闭 5 次，最后关紧。记录面法线位移量（角位移值）、发生损坏或功能障碍时的压力差值及部位。如有要求，可记录试件残余变形量，残余变形量记录时间应在风荷载标准值检测结束后 5～60min 内进行。若试件未出现损坏或功能障碍，但主要构件相对面法线挠度（角位移值）超过允许挠度，则应降低检测压力，直至主要构件相对面法线挠度（角位移值）在允许挠度范围内，以此压力差作为 $\pm P_3$ 值。

（6）检测压力从零升至$P_{max}$后降至零，再降至 $-P_{max}$ 值后升至零。加载速度为 300～

500Pa/s，压力稳定作用时间均不应少于 3s，泄压时间不应少于 1s。正、负加压后将各试件可开启部分启闭 5 次，最后关紧。记录发生损坏或功能障碍的压力差值及部位。如有要求，可记录试件残余变形量，残余变形量记录时间应在$P_{max}$检测结束后 5～60min 内进行。

### 7.4.7　结果处理与评定

（1）求取杆件或面板的面法线挠度按下式计算：

$$B = (b - b_0) - \frac{(a - a_0) + (c - c_0)}{2}$$

式中：$a_0$、$b_0$、$c_0$——各测点在预备加压后的稳定初始读数值（mm）；

$\qquad a$、$b$、$c$——某级检测压力差作用过程中的稳定读数值（mm）；

$\qquad\qquad B$——面法线挠度（mm）。

（2）单扇单锁点平开窗（门）的角位移值为 E 测点和 F 测点位移值之差，按下式计算：

$$\delta = (e - e_0) - (f - f_0)$$

式中：$e_0$、$f_0$——测点 E 和 F 在预备加压后的稳定初始读数值（mm）；

$\qquad e$、$f$——某级检测压力差作用过程中的稳定读数值（mm）。

## 7.5　门窗三性实例

　　鉴于日常检测中，建筑外门窗气密性能检测、水密性能检测以及抗风压性能检测通常是连续进行的，因此在举实例说明中便不拆为三个部分分别赘述，而是通过一个外窗的三性检测案例来为读者说明。

　　1）工程概况：本项目建筑使用了大量相同规格尺寸的铝合金平开窗，因而试件选取相同尺寸和规格三樘铝合金平开窗作为一组试件，试件尺寸为 2000mm×2700mm（宽×高），采用密封胶填缝，面板玻璃采用钢化中空夹胶玻璃，工程检测指标气密性能为 6 级、水密性能指标为 6 级（$\Delta P = 843\text{Pa}$）和抗风压性能为 8 级，其中风荷载标准值$P_3' = \pm4810\text{Pa}$、风荷载设计值$P_{max}' = \pm6734\text{Pa}$，需对其进行工程检测。

　　2）在检测之前应做好相关准备工作：首先检查试件是否按照图纸进行组装，是否存在进行特殊加工的问题，其次检测试件是否按照规范要求加装附框，锁点锁座等五金件是否正确安装，其中附框的安装规范虽无具体要求，但在实际检测中，附框宜需要一定的强度，防止运输安装过程中试件发生形变而影响试验进行、厚度一般宜大于 60mm 以上，避免安装边框顶住开启扇影响启闭同时附框厚度需要略大于试件的构造尺寸且小于 120mm，避免安装过程中试件安装不便。

　　在对试件检查完毕后，则应核对相应的纸质资料，委托单、试件大样图、节点图、见证记录以及报告所需资料文件是否齐全。如内容都齐全则应为其办理相关登记，并进行检测。

　　3）在正式检测开始前，应先测量试件的开启缝长、试件面积和试件主要受力杆件和面板的跨距，同时记录检测当天的温度、大气压条件。

　　4）气密性能检测

　　（1）首先将试件上所有可开启部分启闭 5 次，检查试件各个部分是否存在问题，然后关紧。

（2）进行附加渗透量的测试。进行预备加压，对试件施加 3 个压力脉冲。因本项目的风荷载标准值$P_3' = \pm 4810$Pa，所以 $10\% \pm P_3' = \pm 481$Pa 绝对值小于 500Pa，因此预备加压压力差值为 500Pa，加载速度约为 100Pa/s，压力稳定作用时间为 3s，泄压时间不少于 1s。随后采取密封措施充分密封试件上可开启部分缝隙和镶嵌缝隙，可采取使用性能良好的胶纸封贴住开启部分的缝隙，并按照气密性检测的检测顺序（图 7.2-3）进行检测，分别在升压和降压的过程中采集试件在 $\pm 10$Pa、$\pm 30$Pa、$\pm 50$Pa、$\pm 70$Pa、$\pm 100$Pa 和 $\pm 150$Pa 下的数据，去除试件上所进行的密封措施后再次施加 3 个 500Pa 的压力脉冲随后与上个步骤同样的顺序采集数据。对采集到的数据进行处理，运用$q_t = \overline{q_z} - \overline{q_f}$，$q_{\Delta P} = \frac{293}{101.3} \times \frac{q_t \cdot P}{T}$ 先求出标准状态下各压力差渗透量值，再依据回归方程$q_{\Delta p} = k(\Delta p)^c$ 计算出 $k$、$c$，进而求出 10Pa 压力差下的空气渗透量 $q'$，再依据测量出缝长和面积的数据分别计算出 $\pm q_1$ 和 $\pm q_2$ 的值。本试件最终计算出来的数据为正压单位缝长在标准状态下 10Pa 压力差下空气渗透量为 $0.2\text{m}^3/(\text{m} \cdot \text{h})$，单位面积在标准状态下 10Pa 压力差下空气渗透量为 $0.1\text{m}^3/(\text{m}^2 \cdot \text{h})$；负压为单位缝长在标准状态下 10Pa 压力差下空气渗透量为 $0.3\text{m}^3/(\text{m} \cdot \text{h})$；单位面积在标准状态下 10Pa 压力差下空气渗透量为 $0.1\text{m}^2/(\text{m}^2 \cdot \text{h})$。

5）水密性能检测

依据本项目提供的设计指标水密性能为 843Pa，且工程项目所在地点年降雨量大于 1600mm，处于ⅣA 气候区，降雨充沛，多热带风暴和台风袭击，易有大风暴雨天气，因此采用工程检测中的波动加压法对试件的水密性能进行检测，水压波动平均值为 843Pa，波幅为 50%，因此波谷值为 422Pa，波峰值为 1686Pa，持续 15min，在水密性检测过程中持续对试件表面进行观测，并未发现有水渗透进试件室内面，因此该试件水密性能符合工程使用要求。

6）抗风压性能检测

（1）由于试件受力形式较为复杂，在试件的立杆和最大玻璃面板布置测点。

（2）变形检测：依据项目的设计指标要求$P_3' = 4810$Pa，算得$P_1' = 1924$Pa，规范规定检测压力逐级升、降，每级升、降压力差不超过风荷载标准值的 10%，每级压力作用时间不少于 10s。因此变形检测时分别在 $\pm 481$Pa、$\pm 962$Pa、$\pm 1443$Pa、$\pm 1924$Pa 时读取测点挠度值，读取的数据经计算小于限值，因此试件的变形检测合格。

（3）反复加压检测：检测压力从零升到$P_2'$后降至零，$P_2' = 1.5P_1' = 2886$Pa，反复 5 次，再由零降至 $-P_2'$ 后升至零，$-P_2' = -1.5P_1'$，反复 5 次。加载速度为 300～500Pa/s，每次压力差作用时间不应少于 3s，泄压时间不应少于 1s。正压、负压反复加压后，将试件可开启部分启闭 5 次，最后关紧。检测完成试件未出现损坏或功能障碍的压力差值及部位，因此该试件反复加压检测满足要求。

（4）安全检测：检测压力从零升至风荷载标准值$P_3' = 4810$Pa、后降至零；再降至 $-P_3' = -4810$Pa 值后升至零。加载速度为 300～500Pa/s，压力稳定作用时间均不应少于 3s，泄压时间不应少于 1s。正、负加压后各将试件可开启部分启闭 5 次，最后关紧。记录面法线位移量（角位移值），因为本项目并未要求残余变形量记录，因此不记录。将读取的数据进行计算再与限值进行比对，未超过规定限值；随后将检测压力从零升至风荷载设计值

$P'_{max} = 6734Pa$，后降至零；再降至 $-P'_{max} = -6734Pa$ 后升至零，压力稳定作用时间均不应少于 3s，泄压时间不应少于 1s。正、负加压后将各试件可开启部分启闭 5 次，最后关紧。加压结束后，试件启闭正常，各部件未见损坏或功能障碍，所以判定安全检测满足要求。

7）经三性检测全部完成之后，各项性能均符合工程设计要求，因此判定该试件在此次检测中符合要求，并为委托方出具相关报告。

## 7.6　玻璃光学性能检测

### 7.6.1　检验依据与样品数量

#### 7.6.1.1　检验依据

《建筑玻璃　可见光透射比、太阳光直接透射比、太阳能总透射比、紫外线透射比及有关窗玻璃参数的测定》GB/T 2680—2021

《建筑门窗玻璃幕墙热工计算规程》JGJ/T 151—2008

#### 7.6.1.2　抽样数量

单片玻璃试样尺寸为 100mm × 100mm，样品数量为 1 块；

中空玻璃试样尺寸为 100mm × 100mm，样品数量为 1 块。

#### 7.6.1.3　技术要求

根据相应的标准，太阳光谱辐射的参数应满足下列规定的标准要求。

（1）可见光透射比符合表 7.6-1 标准相对光谱的规定。

$D_\lambda V(\lambda)\Delta\lambda$ 的值　　　　表 7.6-1

| $\lambda$/nm | $D_\lambda V(\lambda)\Delta\lambda \times 102$ | $\lambda$/nm | $D_\lambda V(\lambda)\Delta\lambda \times 102$ |
|---|---|---|---|
| 380 | 0.0000 | 510 | 5.1393 |
| 390 | 0.0005 | 520 | 7.0523 |
| 400 | 0.0030 | 530 | 8.7990 |
| 410 | 0.0103 | 540 | 9.4427 |
| 420 | 0.0352 | 550 | 9.8077 |
| 430 | 0.0948 | 560 | 9.4306 |
| 440 | 0.2274 | 570 | 8.6891 |
| 450 | 0.4192 | 580 | 7.8994 |
| 460 | 0.6663 | 590 | 6.3306 |
| 470 | 0.9850 | 600 | 5.3542 |
| 480 | 1.1589 | 610 | 4.2491 |
| 490 | 2.1336 | 620 | 3.1502 |
| 500 | 3.3491 | 630 | 2.0812 |

| $\lambda/nm$ | $D_\lambda V(\lambda)\Delta\lambda \times 102$ | $\lambda/nm$ | $D_\lambda V(\lambda)\Delta\lambda \times 102$ |
|---|---|---|---|
| 640 | 1.3810 | 720 | 0.0057 |
| 650 | 0.8070 | 730 | 0.0035 |
| 660 | 0.4612 | 740 | 0.0021 |
| 670 | 0.2485 | 750 | 0.0008 |
| 680 | 0.1255 | 760 | 0.0001 |
| 690 | 0.0536 | 770 | 0.0000 |
| 700 | 0.0276 | 780 | 0.0000 |
| 710 | 0.0146 | — | — |

（2）太阳得热系数应符合表 7.6-2 标准相对光谱的规定。

太阳辐射的标准相对光谱分布

表 7.6-2

| $\lambda/nm$ | $S_\lambda\Delta\lambda$ | $\lambda/nm$ | $S_\lambda\Delta\lambda$ | $\lambda/nm$ | $S_\lambda\Delta\lambda$ |
|---|---|---|---|---|---|
| 300 | 0.000 000 | 410 | 0.011 638 | 620 | 0.014 859 |
| 305 | 0.000 057 | 420 | 0.011 877 | 630 | 0.014 622 |
| 310 | 0.000 236 | 430 | 0.011 347 | 640 | 0.014 526 |
| 315 | 0.000 554 | 440 | 0.013 246 | 650 | 0.014 445 |
| 320 | 0.000 916 | 450 | 0.015 343 | 660 | 0.014 313 |
| 325 | 0.001 309 | 460 | 0.016 166 | 670 | 0.014 023 |
| 330 | 0.001 914 | 470 | 0.016 178 | 680 | 0.012 838 |
| 335 | 0.002 018 | 480 | 0.016 402 | 690 | 0.011 788 |
| 340 | 0.002 189 | 490 | 0.015 794 | 700 | 0.012 453 |
| 345 | 0.002 260 | 500 | 0.015 801 | 710 | 0.012 798 |
| 350 | 0.002 445 | 510 | 0.015 973 | 720 | 0.010 589 |
| 355 | 0.002 555 | 520 | 0.015 357 | 730 | 0.011 233 |
| 360 | 0.002 683 | 530 | 0.015 867 | 740 | 0.012 175 |
| 365 | 0.003 020 | 540 | 0.015 827 | 750 | 0.012 181 |
| 370 | 0.003 359 | 550 | 0.015 844 | 760 | 0.009 515 |
| 375 | 0.003 509 | 560 | 0.015 590 | 770 | 0.010 479 |
| 380 | 0.003 600 | 570 | 0.015 256 | 780 | 0.011 381 |
| 385 | 0.003 529 | 580 | 0.014 745 | 790 | 0.011 262 |
| 390 | 0.003 551 | 590 | 0.014 330 | 800 | 0.028 718 |
| 390 | 0.004 294 | 600 | 0.014 663 | 850 | 0.048 240 |
| 400 | 0.007 812 | 610 | 0.015 030 | 900 | 0.040 297 |

| $\lambda/nm$ | $S_\lambda\Delta\lambda$ | $\lambda/nm$ | $S_\lambda\Delta\lambda$ | $\lambda/nm$ | $S_\lambda\Delta\lambda$ |
|---|---|---|---|---|---|
| 950 | 0.021 384 | 1500 | 0.009 693 | 2050 | 0.003 988 |
| 1000 | 0.036 097 | 1550 | 0.013 693 | 2100 | 0.004 229 |
| 1050 | 0.034 110 | 1600 | 0.012 203 | 2150 | 0.004 142 |
| 1100 | 0.018 861 | 1650 | 0.010 615 | 2200 | 0.003 690 |
| 1150 | 0.013 228 | 1700 | 0.007 256 | 2250 | 0.003 592 |
| 1200 | 0.022 551 | 1750 | 0.007 183 | 2300 | 0.003 436 |
| 1250 | 0.023 376 | 1800 | 0.002 157 | 2350 | 0.003 163 |
| 1300 | 0.017 756 | 1850 | 0.000 398 | 2400 | 0.002 233 |
| 1350 | 0.003 743 | 1900 | 0.000 082 | 2450 | 0.001 202 |
| 1400 | 0.000 741 | 1950 | 0.001 087 | 2500 | 0.000 475 |
| 1450 | 0.003 792 | 2000 | 0.003 024 | | |

#### 7.6.1.4　检验参数

（1）可见光透射比

可见光透射比是指透过透明材料的可见光光通量与投射在其表面可见光光通量之比。

（2）太阳得热系数

太阳得热系数也称太阳能总透射比，是指通过透光围护结构（门窗或透光幕墙）的太阳辐射室内得热量与投射到透光围护结构（门窗或透光幕墙）外表面上的太阳辐射量的比值。

（3）传热系数

传热系数表示玻璃组件单位面积上允许热量通过的能力，单位为 $W/m^2 \cdot K$。

#### 7.6.1.5　试验准备

紫外/可见光/红外分光光度计如图 7.6-1 所示。

标准白板如图 7.6-2 所示。

图 7.6-1　紫外/可见光/红外分光光度计

图 7.6-2　标准白板

傅里叶变换红外光谱仪如图 7.6-3 所示。

镀铝镜如图 7.6-4 所示。

图 7.6-3 傅里叶变换红外光谱仪

图 7.6-4 镀铝镜

（1）测试波长范围

紫外区（280~380nm）

可见光区（380~780nm）

太阳光区（250~2500nm）

远红外区（2500~25000nm）

（2）波长准确度

紫外-可见光区 ±1nm 以内

近红外区 ±5nm 以内

远红外区 ±21μm 以内

（3）波长间隔

紫外区 5nm

可见光区 10nm

近红外区 50nm 或 40nm

远红外区 0.5μm

（4）测定所有使用的仪器在测试过程中，照明光束的光轴与试样表面法线的夹角不超过 10°，照明光束中任一光线与光轴的夹角不超过 5°。

（5）所用仪器设备均经有计量检测资质单位校准合格，且在有效期之内。

### 7.6.1.6 试验环境条件与设备标准记录

（1）试验环境条件

工作线电压漂移必须在 10% 正常电压范围内。

环境温度（15~35）℃，环境相对湿度 ≤75%（无冷凝）。

（2）试验设备校准与记录

相关检测设备应符合以下要求：

紫外可见光红外分光光度计、傅里叶变换红外光谱仪根据《紫外、可见、近红外分光光度计》JJG 178—2007 校准。

### 7.6.1.7 检测步骤

可见光透射比、太阳得热系数检测步骤

（1）将玻璃表面清理干净，对玻璃室内室外侧进行标记。

（2）打开仪器电源，预热 30min 以上。

（3）打开电脑，运行软件，查看软件与仪器是否连接。

（4）在光谱测定中，采用仪器配置的参比白板作参比标准，如图 7.6-5 所示。

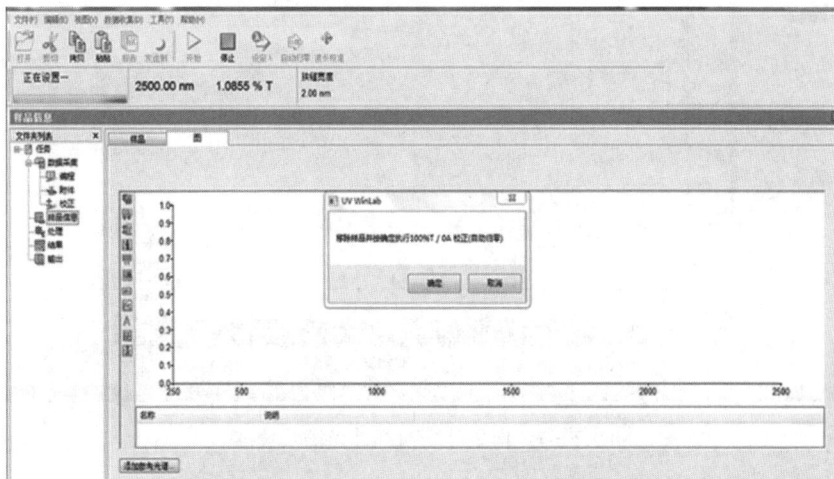

图 7.6-5　紫外、可见光、红外分光光度计校准

（5）用紫外、可见、近红外分光光度计测量 250～2500nm 波长范围内的可见光透射比、太阳得热系数的光谱，如图 7.6-6 所示。

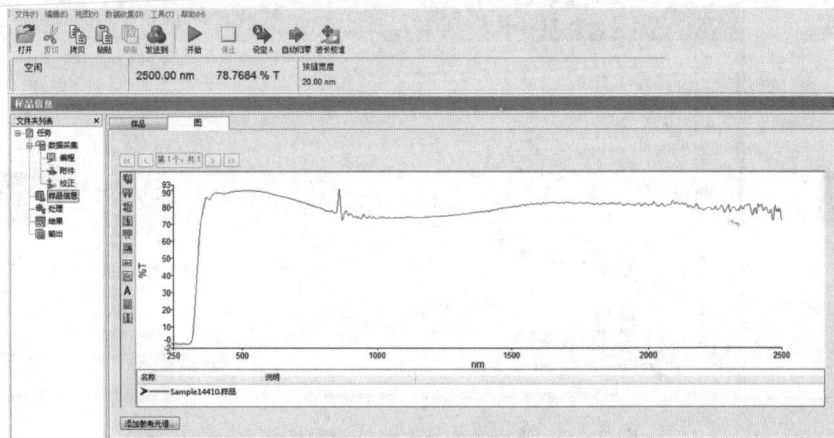

图 7.6-6　紫外、可见光、红外分光光度计测量光谱

（6）光谱曲线完成后，选择存储路径，新建一个文档名称，再按"保存"按钮保存数据，导出数据。

### 7.6.1.8　传热系数检测步骤

（1）将玻璃表面清理干净，对玻璃室内室外侧进行标记。

（2）打开仪器电源，预热 30min 以上。

（3）打井电脑，运行软件，查看软件与仪器是否连接。

（4）在光谱测定中，采用标准镜面反射体作为工作标准，例如以镀铝镜作为工作标准，如图 7.6-7 所示。

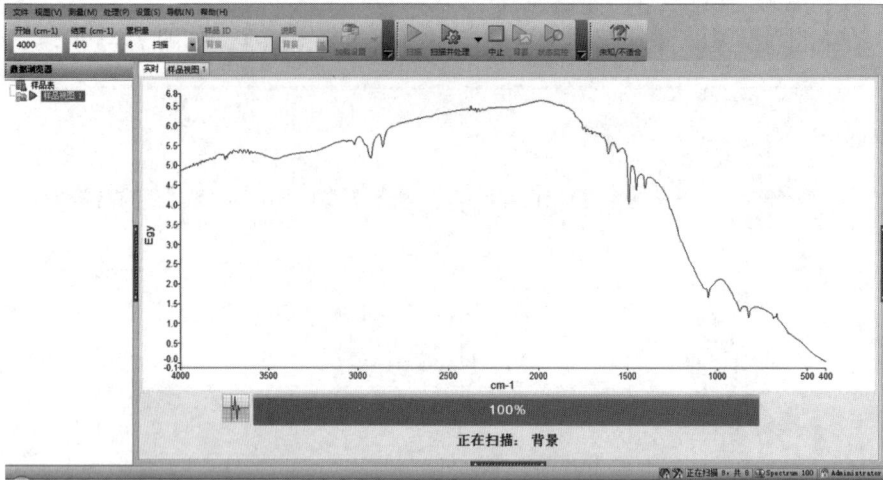

图 7.6-7　傅里叶变换红外光谱仪校准

（5）傅里叶变换红外光谱仪测量 250～2500nm 波长范围内的反射比光谱，如图 7.6-8 所示。

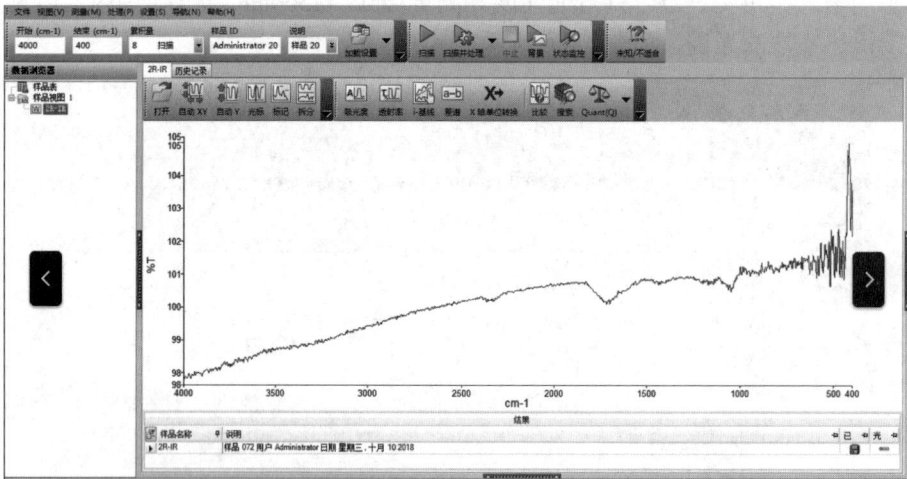

图 7.6-8　傅里叶变换红外光谱仪测量光谱

（6）光谱曲线完成后，选择存储路径，新建一个文档名称，再按"保存"按钮保存数据，导出数据。

### 7.6.1.9　计　算

太阳光透射比应按下式计算：

$$\tau_{\mathrm{V}} = \frac{\sum\limits_{\lambda=380\mathrm{nm}}^{780\mathrm{nm}} \tau(\lambda) D_\lambda V(\lambda) \Delta\lambda}{\sum\limits_{\lambda=380\mathrm{nm}}^{780\mathrm{nm}} D_\lambda V(\lambda) \Delta\lambda}$$

式中：　$\tau_v$——试样的可见光透射比；

　　　　$\lambda$——波长；

　　　$\tau(\lambda)$——试样的光谱透射比；

　　　$D_\lambda$——标准照明体 D65 的相对光谱功率分布；

　　$V(\lambda)$——CIE 标准视见函数；

　　　$\Delta\lambda$——波长间隔；

$D_\lambda V(\lambda)\Delta\lambda$——准照明体 D65 的相对光谱功率分布$D_\lambda$与 CIE 标准视见函数$V(\lambda)$和波长间隔$\Delta\lambda$的乘积，$D_\lambda V(\lambda)\Delta\lambda$的值见表 7.6-1。

太阳得热系数按下式计算：

$$g = \tau_e + q_i$$

式中：$g$——试样的太阳得热系数；

　　　$\tau_e$——试样的太阳光直接透射比；

　　　$q_i$——试样向室内侧的二次热传递系数。

太阳辐射的标准相对光谱分布见表 7.6-2。

### 7.6.1.10　导入光谱并计算

将用紫外/可见光/红外分光光度计和傅里叶变换红外光谱仪测出的光谱数据按照格式要求转换后，利用文本文档将测出的光谱数据文件导入计算。

### 7.6.1.11　报告结果评定

测出试验结果，如果委托要求指标须按委托要求进行评定。

### 7.6.1.12　检测报告

检测报告内容包括以下各项全部或部分：

（1）样品名称、委托单位、生产单位、工程名称、检测编号、检测项目。

（2）单项评价、检测结果、检测人员、检测日期、审核批准签名。

（3）检测依据的标准及代号、使用的仪器设备名称、型号、唯一性编号。

可见光透射比、太阳得热系数、传热系数检测报告参考模板见附录 7.2。

## 7.7　中空玻璃密封性能检测

### 7.7.1　检验依据与抽样数量

#### 7.7.1.1　试验方法依据

《建筑节能工程施工质量验收标准》GB 50411—2019

#### 7.7.1.2　抽样数量

检验样品应从工程使用的玻璃中随机抽取，每组应抽取检验产品规格中的 10 个样品。

### 7.7.2 技术要求

根据相应标准，样品与露点仪表面接触，停留时间应符合表 7.7-1 的规定。

测试时间                表 7.7-1

| 原片玻璃厚度/mm | 接触时间/min |
| --- | --- |
| ≤ 4 | 3 |
| 5 | 4 |
| 6 | 5 |
| 7 | 6 |
| ≥ 10 | 8 |

### 7.7.3 检验参数

中空玻璃密封性能：中空玻璃是由两片玻璃间隔一定距离形成的，中间空隙通常被称为中空层。中空玻璃通常由两层玻璃外表面和中空层构成，中空层内充填有干燥气体或真空。

### 7.7.4 试验设备为中空玻璃露点仪

所用仪器设备（图 7.7-1）应由有计量检测资质的单位校准合格，且在有效期之内。

图 7.7-1 中空玻璃露点仪

### 7.7.5 试验环境条件与设备标准记录

#### 7.7.5.1 试验环境条件

试验在温度（25±3）℃，相对湿度 30%～75% 的条件下进行。试验前将全部试样在该环境条件下放置至少 24h。

#### 7.7.5.2　试验设备校准与记录

相关检测设备应符合以下要求：

（1）温湿度试验设备自动检定系统示值校准，所校项目符合技术要求。

（2）仪器使用的时候进行检查和记录。

### 7.7.6　检测步骤

（1）向露点仪的容器中注入深约 25mm 的乙醇或丙酮，再加入干冰，使其温度冷却到（−40±3）℃并在试验中保持该温度不变。

（2）将试样水平放置，在上表面涂一层乙醇或丙酮，使露点仪与该表面紧密接触，停留时间按表 7.7-1 的规定。

（3）移开露点仪，立刻观察玻璃试样的内表面有无结露或结霜。

### 7.7.7　报告结果评定

应以中空玻璃内部是否出现结霜或结露现象为判定合格的依据，中空玻璃内部不出现结霜和结露为合格。所有中空玻璃抽取的 10 个样品均不出现结霜，结露即应判定为合格。

### 7.7.8　检测报告

检测报告内容包括以下各项全部或部分：

（1）样品名称、委托单位、生产单位、工程名称、检测编号、检测项目。

（2）单项评价、检测结果、检测人员、检测日期、审核批准签名。

（3）检测依据的标准及代号、使用的仪器设备名称、型号、唯一性编号。

中空玻璃密封性能检测报告参见附录 7.3。

## 7.8　建筑外门窗保温性能检测

### 7.8.1　检验依据与抽样数量

#### 7.8.1.1　检验依据

《建筑外门窗保温性能检测方法》GB/T 8484—2020

#### 7.8.1.2　样品规格与数量

被检试件为一件，面积不应小于 $0.8m^2$，构造应符合产品设计和组装要求，不应附加任何多余配件或采取特殊组装工艺。

### 7.8.2　技术要求

试件与填充板边缘传热系数 $\Psi_{edge}$ 见表 7.8-1，其中 $\omega$ 为试件厚度，$d$ 为试件与填充板冷侧表面的距离，$\lambda$ 为填充板的导热系数。

### 试件与填充板边缘传热系数　　　　　　　　　　表 7.8-1

| $\omega$/mm | $d$/mm | $\Psi_{edge}$/[W/(m·K)] $\lambda=0.030$/[W/(m·K)] | $\lambda=0.035$/[W/(m·K)] | $\lambda=0.040$/[W/(m·K)] | $\omega$/mm | $d$/mm | $\Psi_{edge}$/[W/(m·K)] $\lambda=0.030$/[W/(m·K)] | $\lambda=0.035$/[W/(m·K)] | $\lambda=0.040$/[W/(m·K)] |
|---|---|---|---|---|---|---|---|---|---|
| 40 | 60 | 0.0112 | 0.0126 | 0.0139 | 90 | 10 | 0.0008 | 0.0009 | 0.0009 |
| | 80 | 0.0142 | 0.0160 | 0.0177 | | 30 | 0.0024 | 0.0027 | 0.0029 |
| | 120 | 0.0189 | 0.0214 | 0.0238 | | 60 | 0.0052 | 0.0059 | 0.0065 |
| | 160 | 0.0230 | 0.0262 | 0.0292 | | 120 | 0.0102 | 0.0116 | 0.0130 |
| | 200 | 0.0263 | 0.0299 | 0.0335 | | 200 | 0.0157 | 0.0180 | 0.0202 |
| 50 | 50 | 0.0079 | 0.0088 | 0.0097 | 100 | 40 | 0.0029 | 0.0036 | |
| | 80 | 0.0119 | 0.0135 | 0.0150 | | 80 | 0.0063 | 0.0079 | |
| | 120 | 0.0163 | 0.0185 | 0.0206 | | 120 | 0.0093 | 0.0118 | |
| | 160 | 0.0201 | 0.0229 | 0.0256 | | 160 | 0.0120 | 0.0155 | |
| | 200 | 0.0232 | 0.0265 | 0.0297 | | 200 | 0.0144 | 0.0186 | |
| 55 | 45 | 0.0066 | 0.0074 | 0.0081 | 110 | 40 | 0.0026 | 0.0029 | 0.0032 |
| | 75 | 0.011 | 0.0126 | 0.0140 | | 80 | 0.0057 | 0.0064 | 0.0072 |
| | 115 | 0.0154 | 0.0175 | 0.0195 | | 120 | 0.0085 | 0.0097 | 0.0109 |
| | 155 | 0.0190 | 0.0217 | 0.0242 | | 160 | 0.0111 | 0.0127 | 0.0143 |
| | 195 | 0.0220 | 0.0252 | 0.0282 | | 200 | 0.0134 | 0.0153 | 0.0173 |
| 60 | 40 | 0.0053 | 0.0059 | 0.0065 | 120 | 40 | 0.0023 | 0.0026 | 0.0028 |
| | 80 | 0.0103 | 0.0116 | 0.0129 | | 80 | 0.0051 | 0.0058 | 0.0065 |
| | 120 | 0.0144 | 0.0164 | 0.0183 | | 120 | 0.0078 | 0.0089 | 0.0100 |
| | 160 | 0.0178 | 0.0204 | 0.0228 | | 160 | 0.0102 | 0.0117 | 0.0132 |
| | 200 | 0.0208 | 0.0238 | 0.0267 | | 200 | 0.0124 | 0.0143 | 0.0161 |
| 65 | 35 | 0.0043 | 0.0048 | 0.0052 | 130 | 40 | 0.0021 | 0.0023 | 0.0026 |
| | 70 | 0.0086 | 0.0096 | 0.0107 | | 80 | 0.0047 | 0.0053 | 0.0060 |
| | 120 | 0.0135 | 0.0154 | 0.0172 | | 120 | 0.0072 | 0.0082 | 0.0092 |
| | 160 | 0.0169 | 0.0194 | 0.0217 | | 160 | 0.0095 | 0.0109 | 0.0123 |
| | 200 | 0.0198 | 0.0227 | 0.0254 | | 200 | 0.0116 | 0.0133 | 0.0150 |
| 70 | 30 | 0.0033 | 0.0036 | 0.0039 | 140 | 40 | 0.0019 | 0.0021 | 0.0023 |
| | 60 | 0.0068 | 0.0076 | 0.0084 | | 80 | 0.0043 | 0.0049 | 0.0055 |
| | 120 | 0.0126 | 0.0144 | 0.0161 | | 120 | 0.0067 | 0.0076 | 0.0086 |
| | 160 | 0.0160 | 0.0183 | 0.0205 | | 160 | 0.0089 | 0.0102 | 0.114 |
| | 200 | 0.0188 | 0.0215 | 0.0241 | | 200 | 0.0108 | 0.0125 | 0.0140 |
| 75 | 25 | 0.0026 | 0.0028 | 0.0030 | 150 | 40 | 0.0017 | 0.0019 | 0.0021 |
| | 50 | 0.0053 | 0.0060 | 0.0066 | | 80 | 0.0040 | 0.0045 | 0.0050 |
| | 100 | 0.0103 | 0.0117 | 0.0130 | | 120 | 0.0062 | 0.0071 | 0.0079 |
| | 160 | 0.0137 | 0.0156 | 0.0195 | | 160 | 0.0083 | 0.0095 | 0.0107 |
| | 200 | 0.0180 | 0.0206 | 0.0231 | | 200 | 0.0102 | 0.0117 | 0.0132 |
| 80 | 20 | 0.0018 | 0.0020 | 0.0021 | | | | | |
| | 40 | 0.0038 | 000043 | 0.0047 | | | | | |
| | 80 | 0.0079 | 0.0089 | 0.0099 | | | | | |
| | 160 | 0.0113 | 0.0129 | 0.0185 | | | | | |
| | 200 | 0.0171 | 0.0196 | 0.0220 | | | | | |

注：其他 $\Psi_{edge}$ 值可通过线性插值法得出，$\omega>150\text{mm}$ 时 $\Psi_{edge}$ 值忽略不计。

### 7.8.3 检验参数

传热系数：基于稳态传热原理，采用标定热箱法检测建筑外门窗传热系数。试件一侧为热箱，模拟供暖建筑冬季室内气温条件；另一侧为冷箱，模拟冬季室外气温和气流速度。在对试件缝隙进行密封处理时，试件两侧各自保持稳定的空气温度、气流速度和热辐射条件下，测量热箱中加热装置单位时间内的发热量，减去通过热箱壁、试件框、填充板、试件和填充板边缘的热损失，除以试件面积与两侧空气温差的乘积，即可得到试件的传热系数$K$值。

### 7.8.4 检测装置组成

检测装置主要由热箱，冷箱、试件框、充板和环境空间等组成见图 7.8-1。

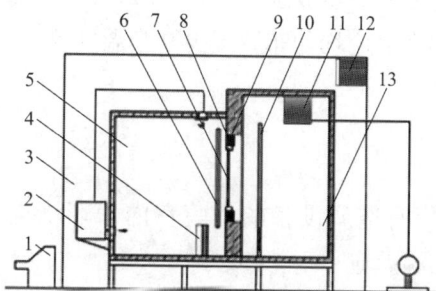

1—控制系统；2—控湿系统；3—环境空间；4—加热装置；5—热箱；6—热箱导流板；7—试件；
8—填充板；9—试件框；10—冷箱导流板；11—制冷装置；12—空调装置；13—冷箱

图 7.8-1　检测装置

#### 7.8.4.1 热箱

（1）热箱内净尺寸不宜小于 2200mm × 2500mm（宽×高），进深不宜小于 2000mm。

（2）热箱壁应为匀质材料，热阻值不应小于 $3.5m^2 \cdot K/W$。

（3）热箱内导流板面向试件表面的半球发射率应大于 0.85，导流板应位于距试件框热侧表面 150～300mm 的平面内，应大于所测试件尺寸。

（4）热箱导流板与试件间应均匀布置至少 9 个空气温度测点，且应进行热辐射屏蔽。热箱每个壁的内外表面应各均匀布置至少 9 个温度测点，温度传感器粘贴材料的半球辐射率应与被测表面相近。温度传感器测量不确定度不应大于 0.25K。

（5）热箱应采用稳压电源加热装置加热，计量用功率表的准确度等级不应低于 0.5 级。

#### 7.8.4.2 冷箱

（1）冷箱内净尺寸应与试件框外边缘尺寸相同，进深应能容纳制冷装置和导流板。

（2）冷箱内表面应采用不吸湿、耐腐蚀材料，冷箱壁热阻值不应小于 $3.5m^2 \cdot K/W$。

（3）冷箱内导流板面向试件表面的半球发射率应大于 0.85，导流板应位于距试件框冷侧表面 150～300mm 的平面内，应大于所测试件尺寸。

（4）冷箱内导流板与试件间应均匀布置至少 9 个空气温度测点，且应进行热辐射屏蔽。

（5）冷箱内应利用导流板和风机进行强迫对流，形成沿试件表面自上而下的均匀稳定气流；与试件冷侧表面距离符合《绝热 稳态传热性质的测定标定和防护热箱法》GB/T 13475—2008 规定，平面内的平均风速应为（3.0±0.2）m/s。

### 7.8.4.3　试件框

（1）试件框外缘尺寸不应小于热箱开口部位的内缘尺寸。

（2）试件框热阻值不应小于 7.0m² · K/W，表面应采用不吸湿、耐腐蚀材料。

（3）试件框热侧、冷侧各表面应均匀布置至少 6 个温度测点。

### 7.8.4.4　填充板

（1）填充板应采用导热系数小于 0.040W/(m · K)的均质材料，导热系数应按《绝热材料稳态热阻及有关特性的测定防护热板法》GB/T 10294—2008 的规定测定。

（2）填充板热侧、冷侧表面应均匀布置至少 9 个温度测点，温度传感器粘贴材料的半球辐射率应与被测表面相近。

### 7.8.4.5　环境空间

（1）检测装置应放在装有空调设备的实验室内，环境空间空气温度波动不应大于 0.5K，热箱壁内外表面平均温差应小于 1.0K。

（2）实验室围护结构应有良好的保温性能和热稳定性，墙体及顶棚内表面应进行绝热处理，且太阳光不应直接透过窗户进入室内。

（3）热箱壁外表面与周边壁面之间距离不应小于 500mm。

## 7.8.5　试验环境条件与设备标准记录

### 7.8.5.1　试验环境条件

热箱空气平均温度设定范围为 19～21℃，温度波动幅度不应大于 0.2K，热箱内空气为自然对流；冷箱空气平均温度设定范围为 –21～–19℃，温度波动幅度不应大于 0.3K；与试件冷侧表面距离符合《绝热 稳态传热性质的测定标定和防护热箱法》GB/T 13475—2008 规定，平面内的平均风速为（3.0±0.2）m/s。

### 7.8.5.2　试验设备校准与记录

相关检测设备应符合以下要求：

（1）数字温度计校准方法，校准结果符合要求。

（2）仪器使用的时候对仪器的状态进行检查和记录。

## 7.8.6　检测步骤

（1）安装要求试件热侧表面应与填充板热侧表面齐平。试件与试件框之间的填充板宽度不应小于 200mm，厚度不应小于 100mm 且不应小于试件边框厚度，见图 7.8-2。试件开启缝应双面密封。

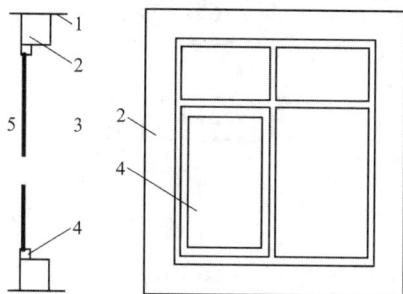

1—试件框；2—填充板；3—冷侧；4—试件；5—热侧

图 7.8-2　试件安装示意图

（2）启动检测装置，设定冷、热箱和环境空间空气温度。

（3）当冷、热箱和环境空间空气温度达到设定值，且测得的热箱和冷箱的空气平均温度每小时变化的绝对值分别不大于 0.1K 和 0.3K，热箱内外表面面积加权平均温度差值和试件框冷热侧表面面积加权平均温度差值每小时变化的绝对值分别不大于 0.1K 和 0.3K，且不是单向变化时，传热过程已达到稳定状态；热箱内外表面、试件框冷热侧表面面积加权平均温度计算应符合《建筑外门窗保温性能检测方法》GB/T 8484—2020 的规定。

（4）传热过程达到稳定状态后，每隔 30min 测量一次参数，共测 6 次。

（5）测量结束后记录试件热侧表面结露或结霜状况。

## 7.8.7　报告结果评定

试验各参数取 6 次测量的平均值作为最终结果。

## 7.8.8　检测报告

检测报告内容包括以下各项全部或部分：

（1）样品名称、委托单位、生产单位、工程名称、检测编号、检测项目。

（2）单项评价、检测结果、检测人员、检测日期、审核批准签名。

（3）检测依据的标准及代号、使用的仪器设备名称、型号、唯一性编号。

传热系数检测报告参考模板见附录 7.4。

# 第 8 章

# 节能工程

## 8.1 概述

建筑竣工后，需要对建筑物整体系统的性能等进行检测，确保其指标符合国家和本地建筑行业标准及设计要求。节能工程检测主要是对已经施工的工程现场实体进行质量监督检测，这是监督和检验工程施工质量最直接也是最有效的方法。

节能工程现场实体检测，包括围护结构现场实体检测和系统节能性能检测两大部分。一是对围护结构的外墙节能构造和严寒、寒冷、夏热冬冷地区的外窗气密性进行现场实体检测，例如，外墙保温系统的节能钻芯检测、外墙传热系数或热阻检测、实体拉拔试验、拉伸粘结强度、门窗的气密性检测等；二是对系统节能性能进行检测，系统节能性能检测是建筑节能的重点，相关检测内容的种类也比较多，从系统类别可分为供暖系统、制冷系统、照明系统、通风系统、给排水系统、可再生能源系统等。

## 8.2 外墙节能构造及保温层厚度

建筑围护结构施工完成后，当外墙采用外保温或内保温构造时，应对外墙节能构造进行现场检验，确认保温层厚度及保温层构造做法是否符合设计要求，此项是节能验收的一项重要内容。

### 8.2.1 检测依据

《建筑节能工程施工质量验收标准》GB 50411—2019

### 8.2.2 检测设备

（1）电动钻孔取芯机，空心钻头内径为 70mm；

（2）钢直尺，分度值 1mm。

### 8.2.3 检测条件及环境

外墙节能构造钻芯检验应在外墙施工完后、节能分部工程验收前进行。

### 8.2.4 抽样原则

（1）取样部位应由监理（建设）与施工双方共同确定。结合现场实际，对被检测的对象进行标号，应有监理（建设）人员见证。

（2）每个单位工程外墙至少抽取 3 处，每处 1 个检查点。

（3）当一个单位工程外墙有 2 种以上节能保温做法时，每种节能做法的外墙应抽查不少于 3 处。

（4）取样部位宜均匀分布，不宜在同一个房间外墙上取 2 个或 2 个以上的芯样。

### 8.2.5 试验步骤

（1）使用电动钻孔取芯机于受检墙体取样时，钻头始终保持垂直于墙面钻入直达到基层表面。

（2）从空心钻头中取出芯样时应谨慎操作，以保持芯样完整，当芯样严重破损难以准确判断节能构造或保温层厚度时，应重新取样。

（3）成功取样后，对芯样进行编号，同时对照施工图纸记录其对应的楼层及轴线等相关信息。

### 8.2.6 结果判定

（1）观察或剖开检查构造做法，对照设计图纸，判断是否符合设计要求。

（2）用分度值为 1mm 的钢尺垂直于芯样表面（外墙面）的方向上量取保温层厚度，结果精确到 1mm。

（3）分别计算 3 个芯样保温层厚度的平均值，是否达到设计厚度的 95%以上，大于或等于 95%判定为合格，否则判定为不合格。

### 8.2.7 注意事项

（1）现场检测中钻机出现异常声音时，应立即停机检查。

（2）钻取芯样时应尽量避免冷却水流入墙体内污染墙面。

（3）当外墙的表层坚硬不易钻透时，也可局部剔除坚硬的面层后钻取芯样。但钻取芯样后应恢复原有外墙的表面装饰层。

检测报告参见附录 8.1。

## 8.3 保温板与基层的拉伸粘结强度

### 8.3.1 保温板简介

保温板是以聚苯乙烯树脂为原料加上其他的原辅料与聚合物，通过加热混合同时注入催化剂，然后挤塑压出成型而制造的硬质泡沫塑料板，具有保温、防潮、防水性能，可减少建筑物外围护结构厚度，从而增加室内使用面积。常见保温板种类有 XPS 保温板、聚氨酯保温板等。

饰面板与保温板的异同见图 8.3-1。

| 硅酸钙板 | 岩棉 |
| 金属面板 | 聚氨酯板（PU） |

(a) 饰面板          (b) 保温板

图 8.3-1 饰面板与保温板的异同

### 8.3.2 适用范围

本方法适用于建筑外墙粘贴保温板材与基层之间的拉伸粘结强度现场拉拔试验。

### 8.3.3 检测及验收依据

《建筑工程饰面砖粘结强度检验标准》JGJ/T 110—2017;

《建筑节能工程施工质量验收标准》GB 50411—2019。

### 8.3.4 仪器设备

（1）粘结强度检测仪（多功能拉拔仪）

（2）钢直尺（分度值为 1mm）

（3）钢标准块［95mm×45mm×(6～8)mm］

（4）辅助工具及材料［胶粘剂（不与保温板发生化学反应）、胶带、切割锯、U 形卡、钢制垫板（与拉拔仪相适应的环形钢垫板，垫板受力后不应发生变形）］

### 8.3.5 抽样规则

（1）采用相同材料、工艺和施工做法的墙体，按扣除窗洞后每 1000m² 的保温墙面面积划分为一个检验批，不足 1000m² 也为一个检验批。

（2）检验批的划分也可根据与施工流程相一致且方便施工与验收的原则，由施工单位与监理单位双方协商确定。

检测应在检测机构、监理（建设）、施工方三方人员的见证下实施。检测点由检测机构随机抽取，宜兼顾不同朝向和楼层并在工程中均匀分布，不得在外墙施工前预先确定或选用样板件进行检测。取样部件应确保检测时操作安全、方便。

① 粘贴保温板做法：每个检验批选 3 个检测点（选取有粘贴砂浆位置）进行检测，每处检验 1 点。

② 无网现浇保温系统：每个检验批应在现场实体墙上选取 1m² 的墙面布置 9 个点进行检测。

### 8.3.6 检测时间

检验应在保温层粘贴后，养护时间达到粘结材料要求的龄期后进行。

### 8.3.7 检测步骤

#### 8.3.7.1 粘贴标准块

（1）在现场施工人员的配合下，确定保温板材的粘结方法和粘结点位的分布，选择满粘处作为检测部位，清理粘结部位表面，使其清洁、平整。尽量使标准块贴于粘结砂浆处，可采用探针探测等方式确定粘结砂浆位置，必要时可对局部破损保温板进行验证。

（2）将标准块粘贴范围内的保温板材外表面污渍清除并保持干燥，当保温层有抹面层时应清除。

（3）胶粘剂按使用说明书规定进行配比，搅拌均匀。拌好的胶粘剂均匀涂布于保温板材表面和标准块粘贴面上并将标准块贴于保温板材表面，使用 U 形卡、胶带等将其固定。

（4）在胶粘剂固化过程中，不得受到任何扰动，待其固化后再进行试验。

#### 8.3.7.2　切割试样

（1）使用切割锯沿标准块边缘切割保温板材试样，断缝应从试样表面垂直切割至粘结砂浆或基体表面，且试件四周不得与原保温板有连接。在此过程中应注意尽量不扰动钢标准块。

（2）对于使用复合酚醛保温板、泡沫混凝土保温板、喷涂聚氨酯保温材料等拉伸粘结强度较低的保温材料，可先使用切割锯或锯齿刀按照标准块尺寸进行切割，然后在切割后的保温板上粘贴钢标准块。粘贴时，可使用黏度较低的胶粘剂。

#### 8.3.7.3　粘结强度检测仪的安装

检测前在标准块上应安装带有万向接头的拉力杆。将拉力杆与标准块垂直连接固定，安装多功能拉拔仪，在拉拔仪支腿下放置垫板，调整仪器使拉力方向与标准块垂直。调整仪器活塞升出 2mm 左右，将数字显示器调零，再拧紧拉力杆螺母（图 8.3-2）。

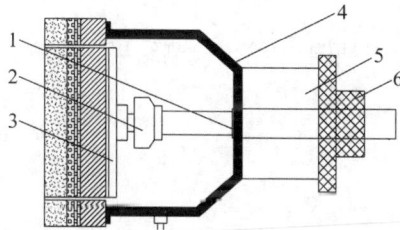

1—拉力杆；2—万向接头；3—标准块；4—支架；5—多功能拉拔仪（穿心式千斤顶）；6—拉力杆螺母

图 8.3-2　粘结强度检测仪器安装示意图

#### 8.3.7.4　测试保温板粘结力

（1）检测保温板粘结力时，匀速摇转手柄升压进行加载（以 5mm/min 的速度），直至试样破坏，记录数字显示器的峰值和破坏状态，峰值即为该试样的粘结力值，精确为 0.01kN。记录破坏形式，且不得为界面破坏。检测后降压至千斤顶复位，取下拉力杆螺母及拉杆。

（2）在每个完成拉拔试验的试样上标记试样序号，使钢直尺测量试样断开面每切割边的中部长度（精确到 1mm）作为试样断面边长，用于计算该试样的断面面积。

（3）测量试样粘结面积，当粘结面积比小于 90%且检验结果不符合要求时，应重新取样。

#### 8.3.7.5　计算粘结强度和每组试样平均粘结强度

保温板粘结力检测完毕后，应按受力断开的性质确定断开状态，测量试样断开面每切割边的中部长度（精确到 1mm）作为试样断面边长。

计算粘结强度和每组试样平均粘结强度，精确到 0.01MPa。

（1）单个试样粘结强度应按下式计算：

$$R = \frac{F}{A}$$

式中：$R$——拉伸粘结强度（MPa），精确到 0.01MPa；

$\quad\quad$ $F$——破坏荷载值（N）；

$\quad\quad$ $A$——粘结面积（mm²），精确到 1mm²。

（2）每组试样平均粘结强度应按下式计算：

$$R_{\mathrm{m}} = \frac{1}{3}\sum_{i=1}^{3}R_i$$

式中：$R_{\mathrm{m}}$——每组试样平均粘结强度（MPa），精确到 0.01MPa。

#### 8.3.7.6 结果评定

当委托方提供设计值时，拉伸粘结强度平均值不应小于设计值的要求；当委托方未提供设计值时，分别按以下要求进行评定：

（1）依据《薄抹灰外墙外保温工程技术规程》DB11/T 584—2022 评定，模塑聚苯板与基材的拉伸粘结强度平均值不应小于 0.1MPa，挤塑聚苯板与基材的拉伸粘结强度平均值不应小于 0.2MPa。

（2）对于其他保温材料，在报告中给出检测结果，检测报告参见附录 8.2。

## 8.4 锚固件的锚固力

### 8.4.1 概述

锚固件锚固力俗称锚固件抗拔承载力，是指锚固件在混凝土或砌体中的抗拉强度。在建筑结构中，通过在混凝土中预埋钢筋、螺栓、槽道，或使用锚固件技术，将锚栓、钢筋或钢板等材料通过特殊的工艺方法植入混凝土中，以满足后续使用要求。锚固件一般用于安装吊挂幕墙、支架、设备，或加固混凝土构件、拉结填充墙等，锚固件锚固（力）的大小（质量）直接影响构件的安全可靠性。同时锚固件锚固（力）是一种高效、经济、可靠的加固方式，被广泛应用于建筑、桥梁、隧道、水利工程等领域，深入研究锚固件锚固力的影响因素和提高方法对于工程建设具有重要意义。

锚固件锚固力检测是检测人员依据国家和地方有关规范、标准、规定，结合有关技术文件，借助专业知识和仪器设备，按照检测方案，对建筑工程所用锚固件进行锚固力检测，并出具检测报告。其检测结果的准确性体现检测技术水平的高低。

### 8.4.2 检测依据

《混凝土结构后锚固技术规程》JGJ 145—2013

《建筑结构加固工程施工质量验收规范》GB 50550—2010

《砌体结构工程施工质量验收规范》GB 50203—2011

《混凝土后锚固件抗拔和抗剪性能检测技术标准》DBJ/T 15-35—2023

《高速铁路扣件系统试验方法 第 7 部分：预埋件抗拔力试验》TB/T 3396.7—2015

《建筑用槽式预埋组件》JG/T 560—2019

《混凝土结构加固设计规范》GB 50367—2013

## 8.4.3　锚固件锚固力检测的工作程序

锚固件锚固力检测程序为：接受委托→现场调查→制定方案→现场检测→数据处理→编写检测报告→签发报告。接到锚固件检测的委托之后，对于重点工程应成立专门的检测组，首先开展对重点项目的调查，包括对该工程锚固件所用资料的调查、收集，以及现场实地调查，然后制定检测方案，根据检测方案对锚固件锚固力进行检测，并出具检测报告。

锚固件锚固力检测应按图 8.4-1 的步骤进行。

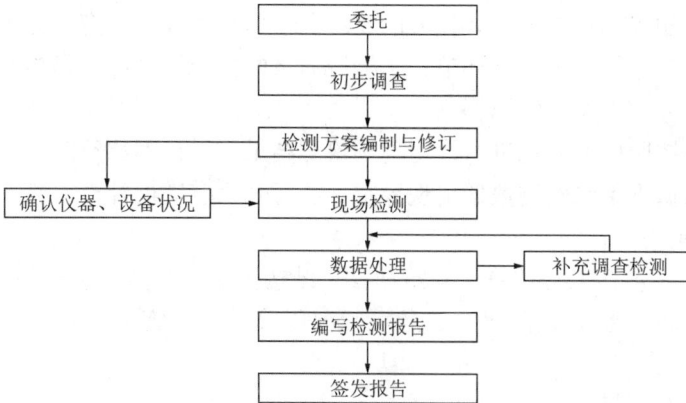

```
委托
  ↓
初步调查
  ↓
检测方案编制与修订 ←──────┐
  ↓                         │
确认仪器、设备状况 → 现场检测 ┘
  ↓
数据处理 → 补充调查检测
  ↓
编写检测报告
  ↓
签发报告
```

图 8.4-1　检测程序图

## 8.4.4　检测工作内容

### 8.4.4.1　核定锚固件的类型

承接锚固件检测工作时，首先要核定锚固件的类型，分清楚是预埋件还是后锚固件，以参照相应的检测标准。

### 8.4.4.2　检测工作初步调查

1）收集资料

委托方应委托具有锚固件锚固力检测资质的单位进行检测，其检测人员应有相应的上岗证，其仪器设备应经计量机构的有效校准。对重点项目的检测，检测人员须要求委托方提供必要、详细的资料。具体包括以下内容：

（1）检测项目的基本资料。包括：项目的位置、用途、锚固件锚固时间、结构类型等；设计、施工、监理单位。

（2）主要的设计资料和施工资料。包括：设计计算书、设计说明、施工图（建筑图、结构图）、设计变更、施工记录等。

（3）检测项目的使用情况及维修、加固改造情况。包括：施工、加固、夹层、扩建、用途变更等。

2）现场初步调查

初步调查分为：资料调查、现场调查及补充调查。

（1）资料调查

仔细查阅委托方所提供的资料，并做好记录。

（2）现场调查应实地观察，听取现场有关人员的意见，并做好现场调查记录。

（3）补充调查

对现场调查的未尽事宜、遗漏部分或需要增加数据的情况可进行补充调查。补充调查主要涉及个别项目或个别部位，应在现场调查后尽快进行。

### 8.4.4.3 检测方案编制与修订

检测方案是整个检测计划的总体安排，包括人员、设备及工作的统一调度，检测方案应根据项目特点、初步调查结果和委托方的要求，依据相关标准制定，力求详尽。检测方案是指导工程检测工作的一个关键环节，是检测质量的指导性文件，是检测质量保证体系的一个重要组成部分，起主导作用。

现场检测必须按照检测方案进行，当现场检测结果与设计不相符时，应以实际检测结果为准。当检测数据不足或检测数据出现异常等情况时，应进行补充检测。

1）检测方案主要内容

（1）工程概况：包括工程位置、建筑面积、结构类型、层数、装修情况、竣工日期、房屋用途、使用状况、地震设防等级、环境状况以及设计、施工、监理、建设、委托单位等。

（2）检测目的和项目。

（3）检测依据：包括检测方法、质量标准、检测规程和有关技术资料。

（4）选定的检测方法及数量：包括各种构件的统计数量，确定批量，确定抽样方式及数量。

（5）检测人员构成和仪器设备。

（6）检测工作流程和时间、进度安排。

（7）所需要配合的工作，特别是需要委托方配合的工作。

（8）检测中的安全及环保措施。

2）检测方案编制要求

（1）检测方案应根据委托要求、房屋现状和现场条件及相关标准进行编制。检测方案应征求委托方的意见，并应经过审核、批准后才能实施。

（2）编制检测方案一定要符合实际情况，根据具体工程安排人力、设备和工作进程，防止闭门造车。

（3）编写前要充分查看已有的资料，掌握结构体系、结构类型、施工情况及已发现的问题，做到心中有数。

（4）现场调查结果要有清晰的概念，结合资料所提供的信息，对检测的主要目的进行分析，并体现在方案中。

（5）对检测数量和方法，应按照随机检测与重点检测相结合的原则，做到由点及面、点面结合。

（6）进度技术要留余地，实事求是。

（7）标明检测项目的抽样位置。

（8）重大大型工程和新型结构体系的项目，应根据结构的受力特点制定检测方案并对其进行论证。

3）检测方案编制依据

检测标准是编制检测方案，开展检测工作的重要依据。

我国标准分为国家标准、行业标准、地方标准和企业标准，并将标准分为强制性标准和推荐性标准两类。在标准选用时应注意标准的有效性，并时刻关注标准的更新，避免使用过期作废的标准。

地方标准是根据当地特殊条件而制订的，在本地区更具有可靠性，行业标准与国家标准相比更专业，但任何标准不应违背国家标准。在现行有效期内，在不考虑其他因素时，正常选用顺序是：地方标准、行业标准、国家标准。当地方标准不能全面覆盖时，应将地方标准与行业标准配套使用。

4）抽检样品方案的确定

检测抽检方案应根据选用的检测标准要求和规定进行抽样确定。

（1）后锚固件应进行抗拔承载力现场非破损检验，满足下列条件之一时，还应进行破坏性检验：安全等级为一级的后锚固构件；悬挑结构和构件；对后锚固设计参数有疑问；对该工程锚固质量有疑问。

（2）锚固件质量现场检验抽样时，应以同品种、同规格、同强度等级的锚固件安装于锚固件部位基本相同的同类构件为一检验批，并应从每一检验批所含的锚固件中进行抽样。

（3）现场破坏性检验宜选择锚固区以外的同条件位置，应取每一个检验批锚固件总数的 0.1%且不少于 5 件进行检验。锚固件为植筋且数量不超过 100 件时，可取 3 件进行检验。

（4）现场非破坏性检验抽检数量，应符合下列规定。

① 锚栓锚固质量的非破损检验

a. 对重要结构构件及生命线工程的非结构构件，应按下表规定的抽样数量对该检验批的锚栓进行检验。

| 检验批的锚栓总数 | ≤100 | 500 | 1000 | 2500 | ≥5000 |
|---|---|---|---|---|---|
| 按检验批锚栓总数计算的最小抽样量 | 20%且不少于5件 | 10% | 7% | 4% | 3% |

b. 对一般结构构件，应取重要结构构件抽样量的 50%且不少于 5 件进行检验。

c. 对非生命线工程的非结构构件，应取每一检验批锚固件总数的 0.1%且不少于 5 件进行检验。

② 植筋锚固质量的非破损检验

a. 对重要结构构件及生命线工程的非结构构件，应取每一检验批植筋总数的 3%且不少于 5 件进行检验。

b. 对一般结构构件，应取每一检验批植筋总数的 1%且不少于 3 件进行检验。

c. 对非生命线工程的非结构构件，应取每一检验批植筋总数的 0.1%且不少于 3 件进行检验。

## 8.4.5　现场检测

现场检测是检测程序中重要的一环，现场检测要求准确、可靠，并具有一定代表性，因此，现场检测需要有较好的组织，以保证圆满完成检测任务。

1）准备工作

检测前应做好充分准备，具体包括：人员方面需指定项目负责人并进行技术及安全交底，核查相关人员上岗证件；设备方面须查验仪器机具出库完好状态，检查计量检验合格情况；资料方面应规范记录表格等文档材料。

2）安全要求

检测人员应服从负责人或安全人员的指挥，不得随便离开检测场地或擅自到其他与检测无关的场地，也不得乱动与检测无关的设备；检测人员应穿戴相关安全衣帽，高空作业前需要检查梯子等登高机具；检测人员在整个工作期间严禁饮酒；对于没有任何保护措施的架空部位，必须由相关技术工种搭好脚手架，并检查合格，不得在无任何保护措施的情况下进行操作。

3）检测注意事项

进场检测后，应按检测方案合理安排工作，使整个检测过程有序进行。

检测过程中至少有2人参加，做好检测记录，记录应使用专用的记录纸，要求记录数据准确、字迹清晰、信息完整，不得追记、涂改，如有笔误，应采用杠改法进行修改。

4）检测仪器

目前检测锚固件锚固力的仪器多为穿心式千斤顶（图8.4-2）。

（1）HC-V3拉拔仪。

（2）HC-V10锚杆拉拔仪。

图8.4-2　穿心式千斤顶

5）加载方式

目前多用的加载方式均为连续加载。

现场对锚固件的抗拔承载力进行非破损检验时，施加荷载的方式为连续加载。连续加载方式，是以均匀速率在2～3min时间内加载至设定检验荷载，并持荷2min。

对预埋件进行抗拔承载力检验时，也采用持续加载法。持续加载时，按40～60kN/min的加载速率直至设定的检验荷载，并持荷3min，然后缓慢卸载。

### 8.4.6　数据处理

现场检测后的数据整理、数据处理、数据分析过程需保证真实性。所以为确保工作质量、检测数据处理应按如下程序进行：

现场检测结果与设计图纸不符时，应按检测结果为准。

现场数据整理时，现场记录文件应与原始记录保持一致，并留存原始记录，严防缺失或丢失状况的发生。

在将整理后的数据输入计算表格、计算程序或电子文档时，应确保其准确无误。

### 8.4.7　合格性判断

对于后锚固件非破损检验的评定，应按下列规定进行：

（1）试件在持荷期间，锚固件无滑移、基材混凝土无裂纹或其他局部损坏迹象出现，且加载装置的荷载示值在 2min 内无下降或下降幅度不超过 5%的检验荷载时，应评定为合格。

（2）一个检验批所抽取的试件全部合格时，该检验批应评定为合格检验批。

（3）一个检验批中不合格的试样不超过 5%时，应另抽 3 根试样进行破坏性检验，若检验结果全部合格，该检验批仍可评定为合格检验批。

（4）一个检验批中不合格的试样超过 5%时，该检验批应评定为不合格，且不应重做检验。

对于预埋件非破损检验的评定，应按下列规定进行：

（1）试样在持荷期间，锚固件无滑移、基材混凝土无裂纹或其他局部损坏迹象出现，且加载装置的荷载示值在 2min 内尤下降或下降幅度不超过 5%的检验荷载时，应评定为合格。

（2）一个检验批所抽取的试样全部合格时，该检验批应评定为合格批。

（3）一个检验批中不合格的试样不超过 5%时，应另抽 3 根试样进行破坏性试验，若检验结果全部合格，该检验批仍可评定为合格批。

（4）一个检验批中不合格的试样超过 5%时，该检验批应评定为不合格，且不应重做检验。

### 8.4.8　检测报告的编写

检测报告主要内容：

（1）委托单位名称。

（2）设计单位、施工单位及监理单位名称。

（3）工程概况：包括工程名称、结构类型、施工及竣工日期和施工现状等。

（4）检测原因、检测目的，以往检测情况概述。

（5）检测方法、检测仪器设备及依据的标准。

（6）检测项目的抽样方案及数据、检测数据和汇总。

（7）检测结果、检测结论。

（8）检测日期、报告完成日期。

（9）检测人员、报告编写、校核人员、审核人员和批准人员的签名，检测单位盖章。

检测报告应采用文字、图表等方法，检测报告应做到结论正确、用词规范、文字简练。检测报告应对所检项目做出是否符合设计要求或相应验收规范的评定，为后续使用或验收提供可靠的依据。

### 8.4.9 锚固件拉拔锚固力详例

检测报告参见附录 8.3。

## 8.5 外窗气密性能检测

### 8.5.1 检测原理

现场利用密封板、围护结构和外窗形成静压箱，通过供风系统从静压箱抽风或向静压箱风吹风在检测对象两侧形成正压差或负压差。在静压箱引出测量孔测量压差，在管路上安装流量测量装置测量空气渗透量。

### 8.5.2 检测依据、检测装置要求、试件数量及评定标准

（1）检测依据

《建筑外窗气密、水密、抗风压性能现场检测方法》JG/T 211—2007

（2）检测装置要求

外窗气密性能现场检测装置由围护结构、静压箱密封板（透明膜）、差压传感器、供风系统、流量传感器、检查门组成。示意图见图 8.5-1。

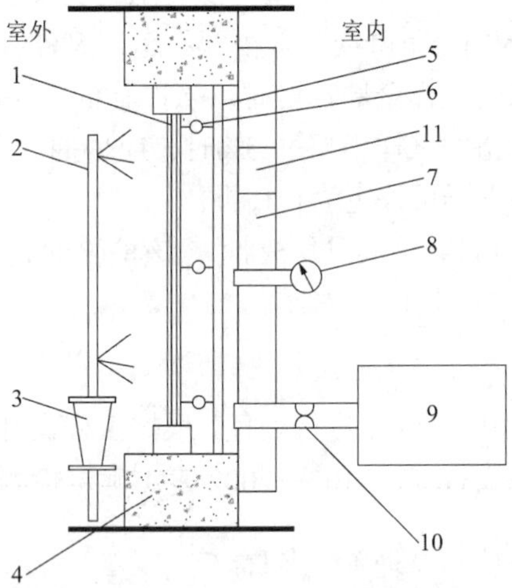

1—外窗；2—淋水装置；3—水流量计；4—围护结构；5—位移传感器安装杆；6—位移传感器；
7—静压箱密封板（透明膜）；8—差压传感器；9—供风系统；10—流量传感器；11—检查门

图 8.5-1 检测装置示意图

（3）试件数量及评定标准

依据《建筑外窗气密、水密、抗风压性能现场检测方法》JG/T 211—2007 的相关要求，门窗气密性检测试件数量要求为：试件选取同窗型、同规格、同型号三樘为一组。

### 8.5.3 检测前准备工作

检测前需要准备好相关试件和对应资料，应根据以下条件逐一检查以核对是否满足进场检测的要求：

（1）试件是否符合图纸的设计，是否存在为了应付检测而采取的特殊加工方式。

（2）外窗及连接部位是否安装完毕达到正常使用状态。

（3）是否有相关的材料见证记录（如需）。

（4）委托单、测试方案及检测试件的大样图和节点图是否齐全。

（5）相关检测人员是否拥有门窗三性检测上岗证。

（6）检测设备是否在检定有效期内。

（7）在检测监管平台登记检测方案、人员、使用设备（如需）。

（8）检测设备是否正常运行。

（9）测量试件的相关缝长、面积和跨距。

### 8.5.4　试验操作

（1）气密性能检测前，应测量外窗面积；弧形窗、折线窗应按展开面积计算。从室内侧用厚度不小于 0.2mm 的透明塑料膜覆盖整个窗范围并沿窗边框处密封，密封膜不应重复使用，在室内侧的窗洞口处安装密封板，确认密封良好。

（2）气密性能检测压差检测按以下步骤进行：

① 预备加压：正负压检测前，分别施加 3 个压差脉冲，压差绝对值为 150Pa，加压速度约为 50Pa/s。压差稳定作用时间不少于 3s，泄压时间不少于 1s，检查密封板及透明膜的密封状态。

② 附加渗透量的测定：逐级加压，每级压力作用时间约为 10s，先逐级正压，后逐级负压。记录各级测量值。附加空气渗透量系指除通过试件本身的空气渗透量以外通过设备和密封板，以及各部分之间连接缝等部位的空气渗透量。

③ 总空气渗透量测量：打开密封板检查门，去除试件上所加密封措施薄膜后关闭检查门并密封后进行检测。

### 8.5.5　检测结果评定

检测结果按照 GB/T 7107—2002 进行处理，根据工程设计值进行判定或按照《建筑外窗气密性能分级及检测方法》GB/T 7107—2002 表 1 确定检测分级指标值。

## 8.6　室内平均温度

### 8.6.1　检测依据

《建筑节能工程施工质量验收标准》GB 50411—2019

《居住建筑节能检测标准》JGJ/T 132—2009

《公共建筑节能检测标准》JGJ/T 177—2009

《采暖通风与空气调节工程检测技术规程》JGJ/T 260—2011

### 8.6.2　检测设备

主要检测仪器及要求精度见表 8.6-1。

**室内平均温度主要检测仪器及要求精度**　　　　表 8.6-1

| 序号 | 测量参数 | 单位 | 检测仪器 | 仪表准确度 |
|---|---|---|---|---|
| 1 | 温度 | ℃ | 温度计（仪） | 0.5℃热响应时间不应大于 90s |

### 8.6.3　检测条件

室内平均温度的检测应在环境风速不超过 4m/s 时进行。

### 8.6.4　抽样原则

根据《建筑节能工程施工质量验收标准》GB 50411—2019，室内平均温度的抽检应以房间数量为受检样本基数，最小抽样数量按表 8.6-2 规定执行，且均匀分布，并具有代表性；对面积大于 100m² 的房间或空间，可按每 100m² 划分为多个受检样本。

公共建筑的不同典型功能区域检测部位不应少于 2 处。

**检验批最小抽样数量**　　　　表 8.6-2

| 检验批的容量 | 最小抽样数量 |
|---|---|
| 2～15 | 2 |
| 16～25 | 3 |
| 26～90 | 5 |
| 91～150 | 8 |
| 151～280 | 13 |
| 281～500 | 20 |
| 501～1200 | 32 |
| 1201～3200 | 50 |

### 8.6.5　检测步骤

（1）空调房间室内环境温度的测点布置，应符合下列规定：

测点个数应符合表 8.6-3 的规定。

**空调房间温度测点数量布置原则**　　　　表 8.6-3

| 室内面积$A$ | 测点数量 | 测点布置原则 |
|---|---|---|
| $A < 16m^2$ | 1 点 | 室内中央 |
| $16m^2 \leqslant A < 30m^2$ | 2 点 | 室内对角线三等分，其两个等分点作为测点 |
| $30m^2 \leqslant A < 60m^2$ | 3 点 | 室内对角线四等分，其两个等分点作为测点 |
| $60m^2 \leqslant A < 100m^2$ | 5 点 | 室内两对角线上梅花设测点 |
| $A \geqslant 100m^2$ | >5 点 | 每增加 20～50m² 增加 1～2 个测点均匀布置 |

测点应离开外墙表面和热源不小于 0.5m，离地高度 0.8～1.6m。

测点也可根据工作区的使用要求，分别布置在离地不同高度的数个平面上。

在恒温工作区，测点应布置在具有代表性的地点。

（2）将温度传感器布置在选取的测点处并做好标记。

（3）将温度传感器、数据采集仪和电脑连接起来，实现数据的自动采集功能。

（4）每个采集通道采集时间间隔可设置为 10s，累计采集时间可根据现场实际情况来决定。

（5）空调房间室内温度按照下式计算平均温度：

$$t_n = \frac{1}{n}\sum_{i=1}^{n}t_i$$

式中：$t_n$——平均温度（℃）；

　　　$t_i$——第 $i$ 个测试点温度（℃）；

　　　$n$——测点个数。

### 8.6.6　结果判定

室内平均温度的检测结果应符合《建筑节能工程施工质量验收标准》GB 50411—2019 的规定：冬季不得低于设计计算温度 2℃，且不应高于 1℃；夏季不得高于设计计算温度 2℃，且不应低于 1℃。

## 8.7　通风与空调系统总风量与风口风量

### 8.7.1　检测依据

《建筑节能工程施工质量验收标准》GB 50411—2019

《通风与空调工程施工质量验收规范》GB 50243—2016

《公共建筑节能检测标准》JGJ/T 177—2009

《采暖通风与空气调节工程检测技术规程》JGJ/T 260—2011

### 8.7.2　检测设备

主要检测仪器及要求精度见表 8.7-1。

系统总风量主要检测仪器及要求精度　　　　　　　　　　表 8.7-1

| 序号 | 测量参数 | 单位 | 检测仪器 | 仪表准确度 |
|---|---|---|---|---|
| 1 | 风量 | m³/h | 毕托管和微压计、风速仪 | 0.5%（测量值） |
| 2 | 风速 | m/s | 风速仪 | 0.5m/s |
| 3 | 压力 | Pa | 毕托管和微压计 | 1.0Pa |

### 8.7.3　检测条件

通风与空调系统总风量的检测在被检系统运行稳定时进行。

### 8.7.4　抽样原则

根据《建筑节能工程施工质量验收标准》GB 50411—2019，通风与空调系统总风量的抽检应以系统数量为受检样本基数，抽样数量按表 8.6-2 检验批最小抽样数量规定执行，且不同功能的系统不应少于 1 个。

### 8.7.5　检测步骤

1）测定断面的选取

选取原则：测定断面原则上应选择在气流均匀而稳定的直管段上，即尽可能选在远离产生涡流的局部构件（如三通、风门、弯头、风口等）的地方，距上游局部阻力构件不应小于 5 倍管径（或矩形风管长边尺寸），距下游局部阻力构件不应小于 2 倍管径（或矩形风管长边尺寸）的管段位置（图 8.7-1）。

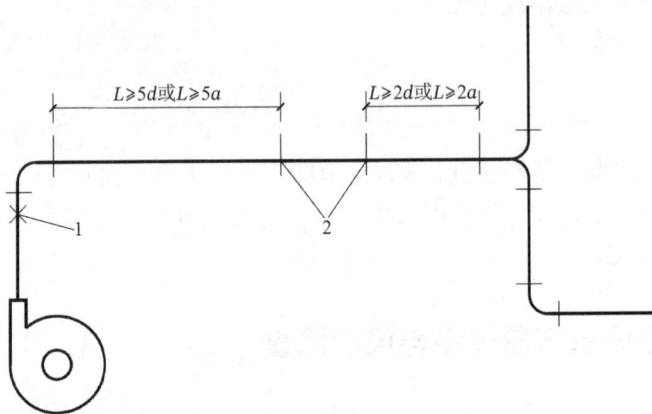

图 8.7-1　风量测定断面位置选择示意图

当现场条件受限，上述条件不能满足时，上述距离可适当缩小，但也应使测定断面到前局部构件的距离大于测定断面到后局部构件的距离，同时应适当增加测定断面上测定点的数目。

2）测定点的确定

测点位置和测点数量应符合以下规定：

（1）对于矩形风管，可以将管道截面划分成若干个面积相等的小矩形，每个小矩形的边长不大于 220mm、面积不大于 $0.05m^2$，测试点布置在小矩形的中心，见图 8.7-2（a）；对于短边在 250mm 及以下的矩形风管，中间增加布置两个测试点。

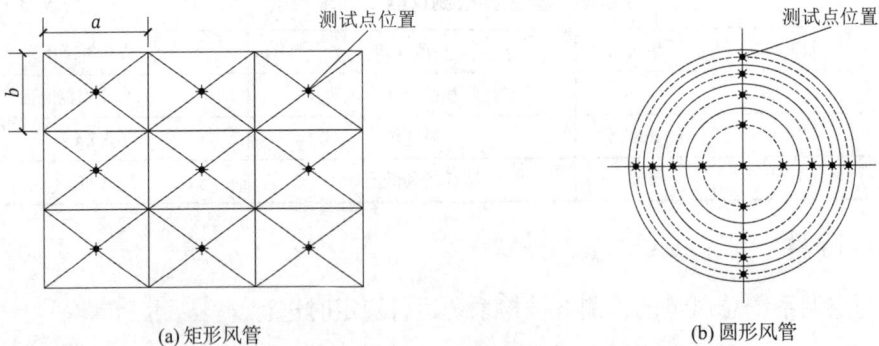

(a) 矩形风管　　　　(b) 圆形风管

图 8.7-2　中间矩形法的测点布置示意图

（2）对于圆形风管，将其分成若干个等面积的同心圆环，直径每 200～300mm 增加一圆环，在各圆环中求得一圆，又将圆环分成两个面积相等的圆环，在此圆上十字布置测试点（中心点重复）。对于直径在 200mm 及以下的圆形风管，至少分两环，纵横各 3 点布置，中心点重复共计 5 点，见图 8.7-2（b）。

3）将皮托管安装在选定的位置，感测头应正对气流方向且与风管轴线平行，安装完成后，将各相关仪器设备连接。

4）当采用皮托管采集数据时，根据皮托管测得同一截面上的各点动压值，按照下式计算平均动压：

$$P_{\mathrm{d}} = \left\{ \frac{\sqrt{P_{\mathrm{d1}}} + \sqrt{P_{\mathrm{d2}}} + \cdots\cdots + \sqrt{P_{\mathrm{d}n}}}{n} \right\}^2$$

式中：　　　　$P_{\mathrm{d}}$——平均动压（Pa）；

$P_{\mathrm{d1}}$，$P_{\mathrm{d2}}$，$\cdots$，$P_{\mathrm{d}n}$——$n$ 个测试点动压（Pa）；

　　　　　　　　$n$——测点个数。

风管内的平均风速计算公式为：

$$V = \sqrt{\frac{2\xi P_{\mathrm{d}}}{\rho}}(\mathrm{m/s})$$

式中：$\rho = \dfrac{P_{\mathrm{t}}+B}{287T}$

　　　$P_{\mathrm{t}}$——测试断面处空气全压（Pa）；

　　　$P_{\mathrm{d}}$——风管内的平均动压（Pa）；

　　　$\xi$——测定用皮托静压管的仪器系数；

　　　$B$——大气压力（Pa）；

　　　$T$——测试断面处空气热力学温度（K）；

　　　$\rho$——测试断面处空气的密度（kg/m³）。

5）当采用风速计采集数据时，断面平均风速为各点风速测量值的平均值。

6）风量应按照下列公式计算：

$$G_{\mathrm{A}} = 3600 \times V \times A$$

式中：$G_{\mathrm{A}}$——风管风量（m³/h）；

　　　$V$——断面平均风速（m/s）；

　　　$A$——风管断面面积（m²）。

### 8.7.6　结果判定

通风与空调系统总风量检测结果应符合《通风与空调工程施工质量验收规范》GB 50243—2016 的规定：系统总风量检测结果与设计风量的允许偏差应为 −5%～+10%。

## 8.8　风道系统单位风量耗功率

### 8.8.1　检测依据

《建筑节能工程施工质量验收标准》GB 50411—2019

《公共建筑节能检测标准》JGJ/T 177—2009

《采暖通风与空气调节工程检测技术规程》JGJ/T 260—2011

《公共建筑节能设计标准》GB 50189—2015

### 8.8.2　检测设备

主要检测仪器及要求精度见表 8.8-1。

风道系统单位风量耗功率主要检测仪器及要求精度　　　　表 8.8-1

| 序号 | 测量参数 | 单位 | 检测仪器 | 仪表准确度 |
|---|---|---|---|---|
| 1 | 风量 | m³/h | 风量罩、皮托管和微压计、风速仪 | 0.5%（测量值） |
| 2 | 风速 | m/s | 风速仪 | 0.5m/s |
| 3 | 压力 | Pa | 皮托管和微压计 | 1.0Pa |
| 4 | 功率 | kW | 电力质量分析仪或功率表 | 1.5 级 |

### 8.8.3　检测条件

风道系统单位风量耗功率的检测应在空调通风系统正常运行工况下进行。

### 8.8.4　抽样原则

根据《建筑节能工程施工质量验收标准》GB 50411—2019，风道系统单位风量耗功率的抽检以风机数量为受检样本基数，抽样数量按表 8.6-2 检验批最小抽样数量规定执行，且均不应少于 1 台。

### 8.8.5　检测步骤

（1）风机的风量应为吸入端风量和压出端风量的平均值，且风机前后的风量之差不应大于 5%。

（2）输入功率应在电动机输入线端同时测量，可以用电力质量分析仪（或钳式功率表）直接测得。

（3）风道系统单位风量耗功率应按照下式进行计算：

$$W_s = N/L$$

式中：$W_s$——风道系统单位风量耗功率［W/(m³/h)］；

$N$——风机的输入功率（W）；

$L$——风机的实际风量（m³/h）。

### 8.8.6　结果判定

风道系统单位风量耗功率的检测结果应符合《公共建筑节能设计标准》GB 50189—2015 规定的限值（表 8.8-2）

风道系统单位风量耗功率限值　　　　表 8.8-2

| 系统型式 | $W_s$限值/［W/(m³/h)］ |
|---|---|
| 机械通风系统 | 0.27 |

| 系统型式 | $W_s$限值/[W/(m³/h)] |
|---|---|
| 新风系统 | 0.24 |
| 办公建筑定风量系统 | 0.27 |
| 办公建筑变风量系统 | 0.29 |
| 商业、酒店建筑全空气系统 | 0.30 |

## 8.9　空调机组水流量

### 8.9.1　检测依据

《建筑节能工程施工质量验收标准》GB 50411—2019

《建筑工程施工质量验收统一标准》GB 50300—2013

《公共建筑节能设计标准》GB 50189—2015

《给排水用超声流量计（传播速度差法）》CJ/T 3063—1997

### 8.9.2　检测设备

超声波流量计（图 8.9-1）。

```
┌──────────┐          ┌──────────┐
│ 超声波流量量 │ ───────→ │ PC电脑   │
└──────────┘          └──────────┘
```

图 8.9-1　检测装置示意图

### 8.9.3　检测条件及环境

室内温度：5~35℃；环境湿度：45%~85%；大气压力：86~106kPa；被测管道无强烈振动。

### 8.9.4　抽样原则

按水管系统数量抽查 20%，且不得少于 1 个系统。

### 8.9.5　检测方法

#### 8.9.5.1　检测前准备

根据委托方提供的设计图纸，确定具体检测对象。结合现场实际，对被检测的空调机组进行标号。

#### 8.9.5.2　检测方法的选取

通过超声波流量计直接测得空调机组水流量。

#### 8.9.5.3　检测步骤

1）测定点的确定

（1）选择充满液体的管段，如管段的垂直段或充满液体的水平管段。在安装过程中不得出现非满流情况。

（2）测量点位置应选择在测点上游的直管段长度为（4~10）$D$（$D$为管径），测点下游直管段长度为（1.5～5）$D$。

（3）测量点选择应尽可能远离泵、阀门、三通、法兰、变径管等设备和管件，以避免其对液体的扰动。

（4）充分考虑管内结垢状况，尽量选择无结垢的管段进行测量。结垢情况不严重时，把结垢考虑为衬里，以求较好的测量精度；结垢情况严重时，应选插入式探头，以穿过结垢层。

（5）选择管路管材应均匀密实，易于超声波传递。

2）超声波流量计的安装

（1）根据管道尺寸选择适当的传感器（A 或 B）（图 8.9-2）。

（2）选择正确的测试模式［Reflex（反射模式）（图 8.9-3）或 Diagonal（对角模式）］。

（3）从仪器箱中取出所需要的传感器和导轨，顺时针拧导轨上的螺母，让传感器缩回导轨内，如果需使用 C 组传感器，将 B 组传感器从导轨上取下，用此导轨装 C 传感器。

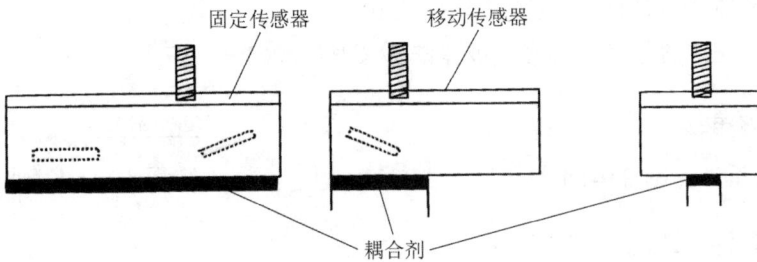

图 8.9-2　传感器示意图

（4）将传感器都抹上耦合剂，然后装在管道外侧。

（5）在多数情况下，仪器选择的导轨会适合测量。但操作者可选择其他的导轨或传感器来增加灵敏度，信号强度或改变所测试的流量范围。

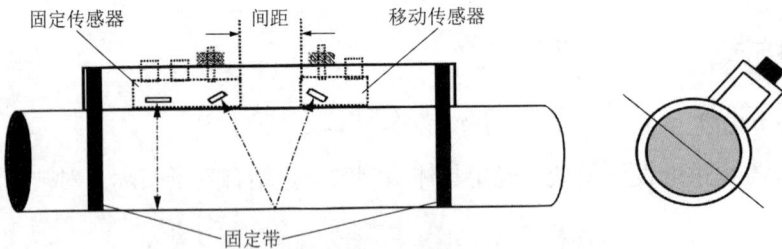

图 8.9-3　反射操作模式示意图

注：如果仪器选择工作在 DIAGONAL MODE（对角模式），活动传感器需取下并安装在管道的对立两侧，使用对角导轨和正确的安装方法。

用红/蓝和黑色的连接线连接仪器和传感器，从红到蓝是正向。

将导轨绑在管道上，旋转导轨上的螺母，使固定传感器与管壁紧密接触。

将传感器分开正确的距离，逆时针旋转导轨上的螺母，使活动传感器与管壁紧密接触。

（6）超声波流量计测管道水流量连接示意见图 8.9-4。

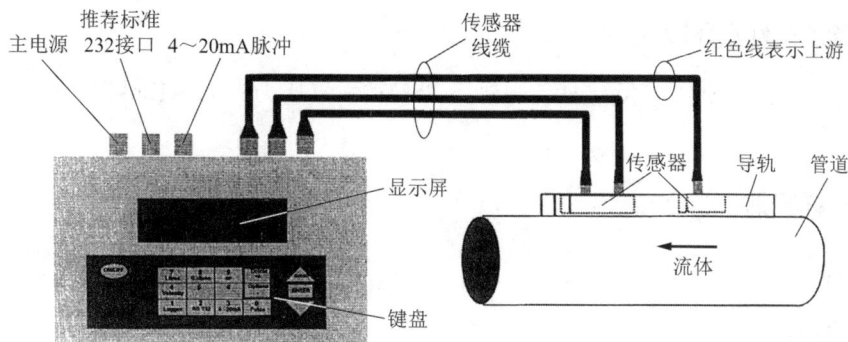

图 8.9-4　超声波流量计测管道水流量连接示意图

3）必要时将电脑与超声波流量计连接起来，使采集数据自动保存到电脑指定位置，也可直接读取超声波流量计上的稳定值。

**8.9.5.4　记录观测或分析结果的方法**

（1）每个采集通道采集时间间隔可设置为 10s，累计采集时间可根据现场实际情况来决定。

（2）水流量按照下式计算平均流量：

$$Q_n = \frac{1}{n}\sum_{i=1}^{n}Q_i$$

式中：$Q_n$——平均流量（m³/h）；
　　　$Q_i$——第 $i$ 次读数（m³/h）；
　　　$n$——读数次数。

**8.9.5.5　记录的数据处理方法**

对多次测得的流量值进行平均，取平均值。

**8.9.6　结果判定**

（1）定流量系统允许偏差为 15%，变流量系统允许偏差为 10%。

（2）当检测结果满足 1 时判为合格，否则判定不合格。

# 8.10　空调系统冷热水、冷却水循环流量

## 8.10.1　检测依据

《建筑节能工程施工质量验收标准》GB 50411—2019
《通风与空调工程施工质量验收规范》GB 50243—2016
《公共建筑节能设计标准》GB 50189—2015
《给排水用超声流量计（传播速度差法）》CJ/T 3063—1997

## 8.10.2　检测设备

超声波流量计

### 8.10.3　检测条件及环境

室内温度：5～35℃；环境湿度：45%～85%；大气压力：86～106kPa；被测管道无强烈振动。

### 8.10.4　抽样原则

全数检测。

### 8.10.5　检测方法

#### 8.10.5.1　检测前准备

根据委托方提供的设计图纸选取被测空调系统，确定具体检测对象；结合现场实际，对被检测的管路进行标号。

#### 8.10.5.2　检测方法的选取

通过超声波流量计直接测得空调冷（热）水、冷却水主管上的总流量，若条件不允许时，可分别测得各空调冷（热）水、冷却水管的流量后进行累加得出总流量。

#### 8.10.5.3　检测步骤

1）测定点的确定

（1）选择充满液体的管段，如管段的垂直段或充满液体的水平管段。在安装过程中不得出现非满流情况。

（2）测量点位置应选择在测点上游的直管段长度为（4～10）$D$（$D$为管径），测点下游直管段长度为（1.5～5）$D$。

（3）测量点选择应尽可能远离泵、阀门、三通、法兰、变径管等设备和管件，以避免其对液体的扰动。

（4）充分考虑管内结垢状况，尽量选择无结垢的管段进行测量。结垢情况不严重时，把结垢考虑为衬里，以求较好的测量精度；结垢情况严重时，应选插入式探头，以穿过结垢层。

（5）选择管路管材应均匀密实，易于超声波传递。

2）测定点选择好后，打开该处的保温层，用砂纸将管道打磨光滑平整。

3）超声波流量计的安装和操作参照空调机组检测中空调机组水流量检测及超声波流量计操作说明书执行。

4）流量检测完毕后，恢复该处保温层，尽可能不破坏保温层。

#### 8.10.5.4　记录观测或分析结果的方法

每个采集通道采集时间间隔可设置为10s，累计采集时间可根据现场实际情况来决定，也可直接读取超声波流量计稳定时的流量数值。

水流量按照下式计算平均流量：

$$Q_n = \frac{1}{n}\sum_{i=1}^{n} Q_i$$

式中：$Q_n$——平均流量（m³/h）；

$\quad\quad Q_i$——第 $i$ 次读数（m³/h）；

$\quad\quad n$——读数次数。

#### 8.10.5.5 记录的数据处理方法

对多次测得的流量值进行平均，取平均值。

### 8.10.6 结果判定

（1）空调冷（热）水总流量与设计循环流量的允许偏差不大于 10%。

（2）当检测结果满足 1 时判为合格，否则判定为不合格。

## 8.11 照度与照明功率密度

### 8.11.1 检测依据

《照明测量方法》GB/T 5700—2023

《建筑照明设计标准》GB/T 50034—2024

《建筑节能与可再生能源利用通用规范》GB 55015—2021

### 8.11.2 检测设备

照明的照度测量，应采用不低于一级的光照度计。测量用光照度计（图 8.11-1）的计量性能应满足以下条件：

相对示值误差绝对值：≤4%。

$V(\lambda)$ 匹配误差绝对值：≤6%。

余弦特性（方向性响应）误差绝对值：≤4%。

换挡误差绝对值：≤±1%。

非线性误差绝对值：≤±1%。

### 8.11.3 检测条件及环境

图 8.11-1 光照度计

在现场进行照明测量时，现场的照明光源宜满足下列要求：

（1）白炽灯和卤钨灯累计燃点时间在 50h 以上。

（2）气体放电灯类光源累计燃点时间在 100h 以上。

在现场进行照明测量时，应在下列时间后进行：

（1）白炽灯和卤钨灯应燃点 15min。

（2）气体放电灯类光源应燃点 40min。

宜在额定电压下进行照明测量。在测量时，应监测电源电压：若实测电压偏差超过相关标准规定的范围，应对测量结果做相应的修正。

室内照明测量应在没有天然光和其他非被测光源影响下进行。室外照明测量应在清洁和干燥的路面或场地上进行，不宜在明月和测量场地有积水或积雪时进行。

应排除杂散光射入光接受器，并应防止各类人员和物体对光接受器造成遮挡。

### 8.11.4  抽样原则

检查数量：各类典型功能区域，每类检查不少于 2 处。

### 8.11.5  技术要求

照明系统安装完成后应通电试运行，其测试参数和计算值应符合下列规定：

（1）照度值允许偏差为设计值的 ±10%。

（2）功率密度值不应大于设计值，当典型功能区域照度值高于或低于其设计值时，功率密度值可按比例同时提高或降低。

检验方法：检测被检区域内平均照度和功率密度。

检查数量：各类典型功能区域，每类检查不少于 2 处。

### 8.11.6  检测方法

中心布点法。

在照度测量的区域一般将测量区域划分成矩形网格，网格宜为正方形，应在矩形网格中心点测量照度，如图 8.11-2 所示。该布点方法适用于水平照度、垂直照度或摄像机方向的垂直照度测量，垂直照度应标明照度的测量面的法线方向。

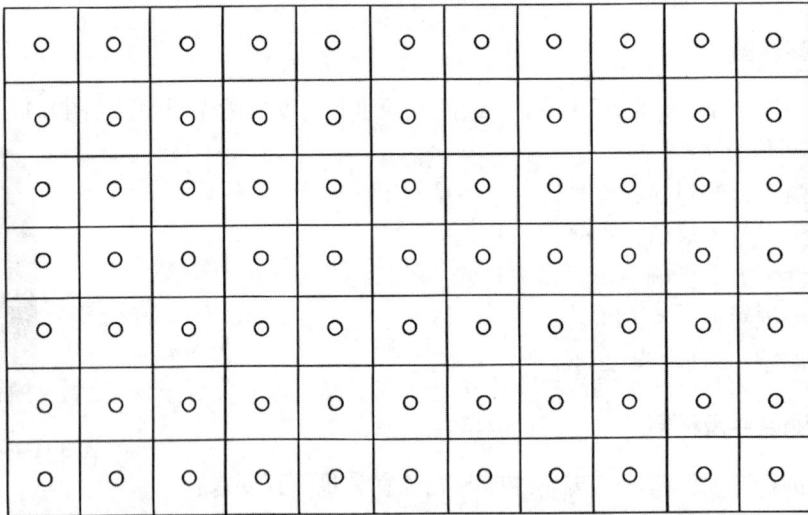

o—测点

图 8.11-2  中心布点示意图

中心布点法的平均照度按下式计算：

$$E_{\text{av}} = \frac{1}{M \cdot N} \sum E_i$$

式中：$E_{\text{av}}$——平均照度（lx）；

$E_i$——在第 $i$ 个测点上的照度（lx）；

$M$——纵向测点数；

$N$——横向测点数。

照明功率密度按下式计算：

$$LPD = \frac{\sum P_i}{S}$$

式中：LPD——照明功率密度（W/m²）；

$P_i$——被测量照明场所中的第 $i$ 单个照明灯具的输入功率（W）；

$S$——被测量照明场所的面积（m²）。

原始记录、检测报告参见附录 8.4、附录 8.5。

## 8.12 外墙传热系数或热阻

建筑外墙传热系数检测是指工程现场已建成的外墙主体部位的传热系数检测。

### 8.12.1 检测依据

《居住建筑节能检测标准》JGJ/T 132—2009

《公共建筑节能检测标准》JGJ/T 177—2009

### 8.12.2 检测设备

外墙传热系数主要应用的检测仪器设备为建筑围护结构热工性能测试仪。

检测仪器设备的性能要求：

（1）期间核查（方式、频次、结果的确认）。仪器每年应送往计量检定部门检定，检测合格后出具仪器检测合格报告。

（2）维护保养（方法）。严禁磕碰。存放于干燥通风处，流量计如长时间不使用应定期完成充电、放电；传感器应擦拭干净，探头应妥善保管避免划伤，不要放置在高温、高湿、多尘和阳光直射的地方。

### 8.12.3 检测条件及环境

围护结构主体部位传热系数检测宜在受检围护结构施工完成至少 12 个月后进行，并应避开寒潮期以及避免在雨、雪天气下进行。

对设置供暖系统的地区，冬季检测应在供暖系统正常运行后进行；对未设计供暖系统的地区，应在人为适当地提高室内温度后进行检测。在其他季节，可采取人工加热或制冷的方式建立室内外温差。围护结构高温侧表面温度应高于低温侧 10℃以上，且在检测过程中的任何时刻均不得低于或等于低温侧表面温度。

委托方应提供被测建筑物的平面图、围护结构施工设计说明。检测负责人根据检测目的做出传热系数值估算。

现场应用稳定的交流 220V 电源。

### 8.12.4 抽样原则

当对外墙传热系数或热阻检验时，应由监理工程师见证，由建设单位委托具有资质的检测机构实施；其检测方法、抽样数量、检测部位和合格判定标准等可按照相关标准确定。

### 8.12.5 检测方法

根据检测目的选定检测区域，检查被测外墙的围护结构，其表面应平整、无贯通裂缝。

室内布置 3 个测点，室外布置 2 个测点，测点位置不应靠近热桥和有空气渗漏的部位，避开阳光、加热、制冷装置和风扇的直接影响，测点应距离门、梁、柱 400mm 以上。

采用的是温度、热流一体式传感器，温度和热流测点位置保持一致，记录每根传感器的编号及热流系数，用于后期计算。

在传感器粘贴面满涂一薄层膏状物（机用黄油或医用凡士林），将其粘贴在被测围护结构表面。要求：粘贴紧密，热流传感器与被测围护结构表面之间不应有气泡。

接通电源，对应设置检测时间，每间隔 1min 读取一组数值，持续检测时间不应少于 96h（4d）。

当测试完成后，保存数据，传递给计算机用于计算。

测试时建议添加 UPS 电源，保证检测的连贯性。

### 8.12.6 传热系数计算

进行数据计算处理。

#### 8.12.6.1 算术平均法

数据分析宜采用动态分析法。当满足下列条件时，可采用算术平均法：

围护结构主体部位热阻的末次计算值与 24h 之前的计算值相差不大于 5%。

检测期间内第一个 INT（$2 \times DT/3$）天内与最后一个同样长的天数内围护结构主体部位热阻的计算值相差不大于 5%。

注：DT 为检测持续天数，INT 表示取整数部分。

当采用算术平均法进行数据分析时，应按下式计算外墙主体部位的传热系数，并应使用全天数据（24h 的整数倍）进行计算。

热阻：

$$R = (\Delta t_1/q_1 + \Delta t_2/q_2 + \cdots + \Delta t_n/q_n)/Pn$$

式中： $R$——围护结构的热阻（$m^2 \cdot K/W$），计算结果保留两位小数；

$\Delta t_1$、$\Delta t_2$、$\Delta t_n$——现场检测所得的第 1、2、$n$ 天外墙围护结构内、外表面平均温差（℃）；

$P$——热流系数 $[W/(m^2 \cdot mV)]$；

$q_1$、$q_2$、$q_n$——现场检测所得的第 1、2、$n$ 天外墙围护结构平均热流毫伏值（mV）；

$n$——检测天数（d）。

#### 8.12.6.2 动态分析法

当采用动态分析法时，宜使用与检测标准配套的数据处理软件进行计算。

外墙传热系数：

$$K = 1/(R_i + R + R_e)$$

式中：$K$——外墙的传热系数（$W/m^2 \cdot K$），计算结果保留两位小数；

$R_i$——外墙内表面换热阻（$m^2 \cdot K/W$），见表 8.12-1；

$R_e$——外墙外表面换热阻（$m^2 \cdot K/W$），见表 8.12-2。

**外墙内表面换热阻 $R_i$（$m^2 \cdot K/W$）**　　　　表 8.12-1

| 适用季节 | 表面特征 | $R_i$ |
|---|---|---|
| 冬季和夏季 | 墙面，$h/s \leqslant 0.3$ 时 | 0.11 |

**外墙外表面换热阻 $R_e$（$m^2 \cdot K/W$）**　　　　表 8.12-2

| 适用季节 | 表面特征 | $R_e$ |
|---|---|---|
| 冬季 | 外墙与室外空气直接接触的表面 | 0.04 |
| 夏季 | 外墙 | 0.05 |

### 8.12.7　合格指标与判定方法

外墙平均传热系数合格指标与判别方法应符合下列规定：

（1）外墙受检部位平均传热系数的检测值应小于或等于设计值，且应符合国家现行有关标准的规定。

（2）当外墙受检部位平均传热系数的检测值符合第（1）项的规定时，应判定为合格。

### 8.12.8　检测原始记录和报告

原始记录、检测报告参见附录 8.6、附录 8.7。

# 第9章

# 电线电缆

## 9.1 概述

电线电缆是用以传输电（磁）能、信息和实现电磁能转换的线材产品。广义的电线电缆亦简称为电缆，狭义的电线电缆是指绝缘电缆，它可定义为由下列部分组成的集合体：一根或多根绝缘线芯，以及它们各自可能具有的包覆层、总保护层及外护层，电缆亦可有附加的没有绝缘的导体。

## 9.2 分类

### 9.2.1 实心导体

#### 9.2.1.1 结构

（1）实心导体（第1种）应由《电缆的导体》GB/T 3956—2008规定的材料之一构成。

（2）实心铜导体应为圆形截面。

注：标称截面积25mm²及以上的实心铜导体用于特殊类型的电缆，如矿物绝缘电缆，而非一般用途。

（3）截面积10~35mm²的实心铝导体和实心铝合金导体应是圆形截面。对于单芯电缆，更大尺寸的导体应是圆形截面；而对于多芯电缆，可以是圆形或成形截面。

#### 9.2.1.2 电阻

测量时，每根导体20℃时的电阻值不应超过规定的最大值。

注：对于具有与铝导体相同标称截面积的实心铝合金导体，表9.4-2中给出的电阻值可乘以1.162的系数，除非制造方和买方另有规定。

### 9.2.2 绞合导体

#### 9.2.2.1 非紧压绞合圆形导体（第2种）

1）结构

（1）非紧压绞合圆形导体（第2种）应由《电缆的导体》GB/T 3956—2008规定的材料之一构成。

（2）绞合铝导体或铝合金导体的截面积不应小于10mm²。

（3）每根导体的单线应具有相同的标称直径。

（4）每根导体的单线数量不应小于表9.4-3规定的相应最小值。

2）电阻

按测定的 20℃时每种导体的电阻值不应超过表 9.4-3 规定的最大值。

#### 9.2.2.2　紧压绞合圆形导体和绞合成型导体（第 2 种）

1）结构

（1）紧压绞合圆形导体和绞合成型导体（第 2 种）应由《电缆的导体》GB/T 3956—2008 规定的材料之一构成。紧压绞合圆形铝导体或铝合金导体的标称截面积不应小于 10mm²。绞合成型的铜导体、铝导体或铝合金导体的标称截面积不应小于 25mm²。

（2）同一导体内不同单线的直径之比应不大于 2。

（3）每种导体内的单线数量应不小于表 9.4-3 给出的相应最小值。

注：这一要求适用于紧压前由圆形单线组成的导体，而非预制成形的单线组成的导体。

2）电阻

测定的 20℃时每种导体的电阻值不应超过表 9.4-2 规定的对应值。

#### 9.2.2.3　软导体及比第 5 种更柔软的导体（第 5 种和第 6 种）

1）结构

（1）软导体（第 5 种和第 6 种）应由不镀金属或镀金属的退火铜线构成。

（2）每根导体中的单线应具有相同的标称直径。

（3）每种导体中的单线直径不应超过表 9.4-4 或表 9.4-5 规定的相应最大值。

2）电阻

测定的 20℃时每种导体的电阻值不应超过表 9.4-4 或表 9.4-5 规定的相应最大值。

## 9.3　检验依据与试样数量

### 9.3.1　试验方法及结果判定依据

《电缆和光缆在火焰条件下的燃烧试验　第 12 部分：单根绝缘电线电缆火焰垂直蔓延试验 1kW 预混合型火焰试验方法》GB/T 18380.12—2022

《电线电缆电性能试验方法　第 4 部分：导体直流电阻试验》GB/T 3048.4—2007

《电缆的导体》GB/T 3956—2008

### 9.3.2　试样数量

单根绝缘电线电缆火焰垂直蔓延试验：试样应是一根长（600±25）mm 的单根绝缘电线电缆或光缆。

导体电阻值：从被试电线电缆上切取长度不小于 1m 的试样，或以成盘（圈）的电线电缆作为试样。

## 9.4　技术要求

根据相应的标准，电线电缆的参数应满足下列规定的标准要求。

### 9.4.1 单根垂直蔓延试验（表9.4-1）

供火时间      表 9.4-1

| 试件外径/mm | 供火时间/s |
|---|---|
| $D \leqslant 25$ | $60 \pm 2$ |
| $25 < D \leqslant 50$ | $120 \pm 2$ |
| $50 < D \leqslant 75$ | $240 \pm 2$ |
| $D > 75$ | $480 \pm 2$ |

注：长短轴之比小于 3 的非圆形电缆或光缆，应将短轴标称值作为外径（$D$）。长短轴之比为 3～16 的非圆形电缆或光缆，应将长短轴之和除以 3.14（$\pi$）作为外径（$D$）。长短轴之比大于 16 的非圆电缆或光缆，应由产品标准提供试验条件，如果产品标准中没有提供，应由制造商和买方协商解决。

### 9.4.2 导体电阻值（表9.4-2～表9.4-5）

单芯和多芯电缆用第 1 种实心导体      表 9.4-2

| 标称截面积/mm² | 20℃时导体最大电阻/（Ω/km） | | |
|---|---|---|---|
| | 圆形退火铜导体 | | 铝导体和铝合金导体，圆形或成型 ᶜ |
| | 不镀金属 | 镀金属 | |
| 0.5 | 36.0 | 36.7 | — |
| 0.75 | 24.5 | 24.8 | — |
| 1.0 | 18.1 | 18.2 | — |
| 1.5 | 12.1 | 12.2 | — |
| 2.5 | 7.41 | 7.56 | — |
| 4 | 4.61 | 4.70 | — |
| 6 | 3.08 | 3.11 | — |
| 10 | 1.83 | 1.84 | 3.08ᵃ |
| 16 | 1.15 | 1.16 | 1.91ᵃ |
| 25 | 0.727ᵇ | — | 1.20ᵃ |
| 35 | 0.524ᵇ | — | 0.868ᵃ |
| 50 | 0.387ᵇ | — | 0.641 |
| 70 | 0.268ᵇ | — | 0.443 |
| 95 | 0.193ᵇ | — | 0.320ᵈ |
| 120 | 0.153ᵇ | — | 0.253ᵈ |
| 150 | 0.124ᵇ | — | 0.206ᵈ |
| 185 | 0.101ᵇ | — | 0.164ᵈ |
| 240 | 0.0775ᵇ | — | 0.125ᵈ |
| 300 | 0.0620ᵇ | — | 0.100ᵈ |
| 400 | 0.0465ᵇ | — | 0.0778 |

| 标称截面积/mm² | 20℃时导体最大电阻/（Ω/km） | | |
|---|---|---|---|
| | 圆形退火铜导体 | | 铝导体和铝合金导体，圆形或成型ᶜ |
| | 不镀金属 | 镀金属 | |
| 500 | — | — | 0.0605 |
| 630 | — | — | 0.0469 |
| 800 | — | — | 0.0367 |
| 1000 | — | — | 0.0291 |
| 1200 | — | — | 0.0247 |

a. 仅适用于截面积 10mm²～35mm² 的圆形铝导体；见 9.2.1.1（3）。

b. 见 9.2.1.1（2）注。

c. 见 9.2.1.2 注。

d. 对于单芯电缆，四根扇形成形导体可以组合成一根圆形导体。该组合导体的最大电阻值应为单根构件导体的 25%。

**单芯和多芯电缆用第 2 种绞合导体**　　　　　　　　表 9.4-3

| 标称截面积/mm² | 导体的最少单线数量 | | | | | | 20℃时导体最大电阻/（Ω/km） | | |
|---|---|---|---|---|---|---|---|---|---|
| | 圆形 | | 静压原型 | | 成型 | | 退火铜导体 | | 铝或铝合金导体ᶜ |
| | 铜 | 铝 | 铜 | 铝 | 铜 | 铝 | 不镀金属单线 | 镀金属单线 | |
| 0.5 | 7 | — | — | — | — | — | 36.0 | 36.7 | — |
| 0.75 | 7 | — | — | — | — | — | 24.5 | 24.8 | — |
| 1.0 | 7 | — | — | — | — | — | 18.1 | 18.2 | — |
| 1.5 | 7 | — | 6 | — | — | — | 12.1 | 12.2 | — |
| 2.5 | 7 | — | 6 | — | — | — | 7.41 | 7.56 | — |
| 4 | 7 | — | 6 | — | — | — | 4.61 | 4.70 | — |
| 6 | 7 | — | 6 | — | — | — | 3.08 | 3.11 | — |
| 10 | 7 | 7 | 6 | 6 | — | — | 1.83 | 1.84 | 3.08 |
| 16 | 7 | 7 | 6 | 6 | — | — | 1.15 | 1.16 | 1.91 |
| 25 | 7 | 7 | 6 | 6 | 6 | 6 | 0.727 | 0.734 | 1.20 |
| 35 | 7 | 7 | 6 | 6 | 6 | 6 | 0.524 | 0.529 | 0.868 |
| 50 | 19 | 19 | 6 | 6 | 6 | 6 | 0.387 | 0.391 | 0.641 |
| 70 | 19 | 19 | 12 | 12 | 12 | 12 | 0.268 | 0.270 | 0.443 |
| 95 | 19 | 19 | 15 | 15 | 15 | 15 | 0.193 | 0.195 | 0.320 |
| 120 | 37 | 37 | 18 | 18 | 18 | 15 | 0.153 | 0.154 | 0.253 |
| 150 | 37 | 37 | 18 | 15 | 30 | 15 | 0.124 | 0.126 | 0.206 |
| 185 | 37 | 37 | 30 | 30 | 34 | 30 | 0.0991 | 0.100 | 0.164 |
| 240 | 37 | 37 | 34 | 30 | 34 | 30 | 0.0754 | 0.0762 | 0.125 |

续表

| 标称截面积/mm² | 导体的最少单线数量 | | | | | | 20℃时导体最大电阻/（Ω/km） | | |
|---|---|---|---|---|---|---|---|---|---|
| | 圆形 | | 静压原型 | | 成型 | | 退火铜导体 | | 铝或铝合金导体ᶜ |
| | 铜 | 铝 | 铜 | 铝 | 铜 | 铝 | 不镀金属单线 | 镀金属单线 | |
| 300 | 61 | 61 | 34 | 30 | 53 | 30 | 0.0601 | 0.0607 | 0.100 |
| 400 | 61 | 61 | 53 | 53 | 53 | 53 | 0.0470 | 0.0475 | 0.0778 |
| 500 | 61 | 61 | 53 | 53 | 53 | 53 | 0.0366 | 0.0369 | 0.0605 |
| 630 | 91 | 91 | 53 | 53 | 53 | 53 | 0.0283 | 0.0286 | 0.0469 |
| 800 | 91 | 91 | 53 | 53 | — | — | 0.0221 | 0.0224 | 0.0367 |
| 1000 | 91 | 91 | 53 | 53 | — | — | 0.0176 | 0.0177 | 0.0291 |
| 1200 | b | | | | | | 0.0151 | 0.0151 | 0.0247 |
| 1400ᵃ | b | | | | | | 0.0129 | 0.0129 | 0.0212 |
| 1600 | b | | | | | | 0.0113 | 0.0113 | 0.0186 |
| 1800ᵃ | b | | | | | | 0.0101 | 0.0101 | 0.0165 |
| 2000 | b | | | | | | 0.0090 | 0.0090 | 0.0149 |
| 2500 | b | | | | | | 0.0072 | 0.0072 | 0.0127 |

a. 这些尺寸不推荐。其他不推荐的尺寸针对某些特定应用，但未包含进本标准范围内。

b. 这些尺寸的最小单线数量未作规定。这些尺寸可以由 4、5 或 6 个均等部分（Miliken）构成。

c. 对于具有与铝导体标称截面积相同的绞合铝合金导体，其电阻值宜由制造方与买方商定。

**单芯和多芯电缆用第 5 种软铜导体**　　　　　　　　　　　　　　表 9.4-4

| 标称截面积/mm² | 导体内最大单线直径/mm² | 20℃时导体最大电阻/（Ω/km） | |
|---|---|---|---|
| | | 不镀金属单线 | 镀金属单线 |
| 0.5 | 0.21 | 39.0 | 40.1 |
| 0.75 | 0.21 | 26.0 | 26.7 |
| 1.0 | 0.21 | 19.5 | 20.0 |
| 1.5 | 0.26 | 13.3 | 13.7 |
| 2.5 | 0.26 | 7.98 | 8.21 |
| 4 | 0.31 | 4.95 | 5.09 |
| 6 | 0.31 | 3.30 | 3.39 |
| 10 | 0.41 | 1.91 | 1.95 |
| 16 | 0.41 | 1.21 | 1.24 |
| 25 | 0.41 | 0.780 | 0.795 |
| 35 | 0.41 | 0.554 | 0.565 |
| 50 | 0.41 | 0.386 | 0.393 |
| 70 | 0.51 | 0.272 | 0.277 |

| 标称截面积/mm² | 导体内最大单线直径/mm² | 20℃时导体最大电阻/（Ω/km） | |
|---|---|---|---|
| | | 不镀金属单线 | 镀金属单线 |
| 95 | 0.51 | 0.206 | 0.210 |
| 120 | 0.51 | 0.161 | 0.164 |
| 150 | 0.51 | 0.129 | 0.132 |
| 185 | 0.51 | 0.106 | 0.108 |
| 240 | 0.51 | 0.0801 | 0.0817 |
| 300 | 0.51 | 0.0641 | 0.0654 |
| 400 | 0.51 | 0.0486 | 0.495 |
| 500 | 0.61 | 0.0384 | 0.0391 |
| 630 | 0.61 | 0.0287 | 0.0292 |

**单芯和多芯电缆用第 6 种软铜导体**　　　　　　　　　表 9.4-5

| 标称截面积/mm² | 导体内最大单线直径/mm² | 20℃时导体最大电阻/（Ω/km） | |
|---|---|---|---|
| | | 不镀金属单线 | 镀金属单线 |
| 0.5 | 0.16 | 39.0 | 40.1 |
| 0.75 | 0.16 | 26.0 | 26.7 |
| 1.0 | 0.16 | 19.5 | 20.0 |
| 1.5 | 0.16 | 13.3 | 13.7 |
| 2.5 | 0.16 | 7.98 | 8.21 |
| 4 | 0.16 | 4.95 | 5.09 |
| 6 | 0.21 | 3.30 | 3.39 |
| 10 | 0.21 | 1.91 | 1.95 |
| 16 | 0.21 | 1.21 | 1.24 |
| 25 | 0.21 | 0.780 | 0.795 |
| 35 | 0.21 | 0.554 | 0.565 |
| 50 | 0.31 | 0.386 | 0.393 |
| 70 | 0.31 | 0.272 | 0.277 |
| 95 | 0.31 | 0.206 | 0.210 |
| 120 | 0.31 | 0.161 | 0.164 |
| 150 | 0.31 | 0.129 | 0.132 |
| 185 | 0.41 | 0.106 | 0.108 |
| 240 | 0.41 | 0.0801 | 0.0817 |
| 300 | 0.41 | 0.0641 | 0.0654 |

## 9.5 检验参数

### 9.5.1 单根垂直蔓延试验

单根阻燃性能是指电缆的每一根电线在独立状态下的阻燃性能，试样外径 $d \leqslant 25\text{mm}$、$25 < d \leqslant 50\text{mm}$、$50 < d \leqslant 75\text{mm}$、$d > 75\text{mm}$，分别对应供火时间条件下试验的 $(60 \pm 2)\text{s}$、$(120 \pm 2)\text{s}$、$(240 \pm 2)\text{s}$ 和 $(480 \pm 2)\text{s}$。单根阻燃性能合格的指标为上夹具下缘与上炭化起始点之间的距离大于 50mm；上夹具下缘与下炭化起始点之间的距离不大于 540mm；试验过程中，燃烧滴落物未引燃试样下方的滤纸。

### 9.5.2 导体电阻值

导体电阻是指欧姆定律的电学基础知识，它告诉我们，电流通过导体时，其值与导体两端的电压成正比，与导体的电阻成反比。因此，通过检测导体两端的电压和电流值，就可以得到导体的电阻值。

## 9.6 试验准备

### 9.6.1 单根垂直蔓延试验设备

（1）钢直尺（图 9.6-1）

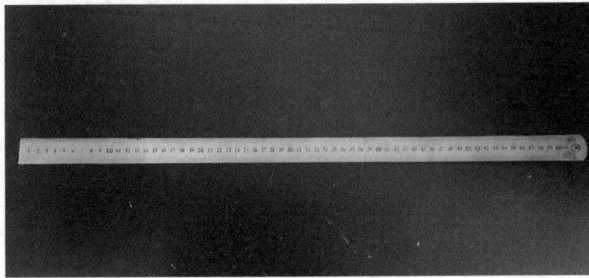

图 9.6-1　钢直尺

（2）游标卡尺（图 9.6-2）

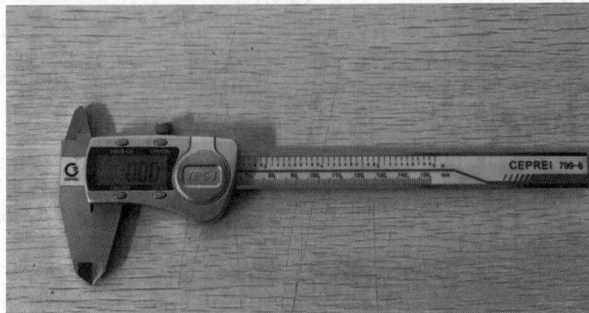

图 9.6-2　游标卡尺

（3）单根电线电缆垂直燃烧仪（图 9.6-3）

图 9.6-3　单根电线电缆垂直燃烧仪

## 9.6.2　导体电阻值试验设备

（1）双臂直流电桥（图 9.6-4）

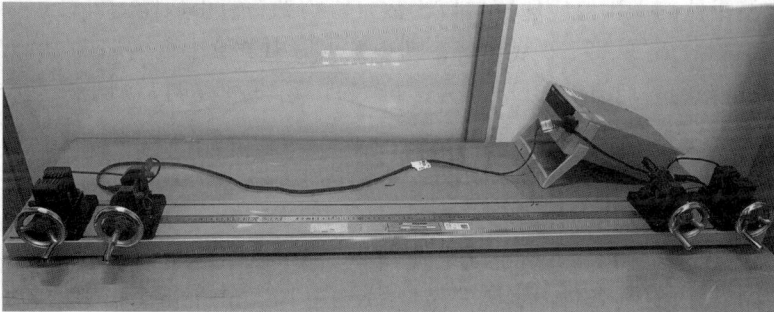

图 9.6-4　双臂直流电桥

（2）游标卡尺（图 9.6-5）

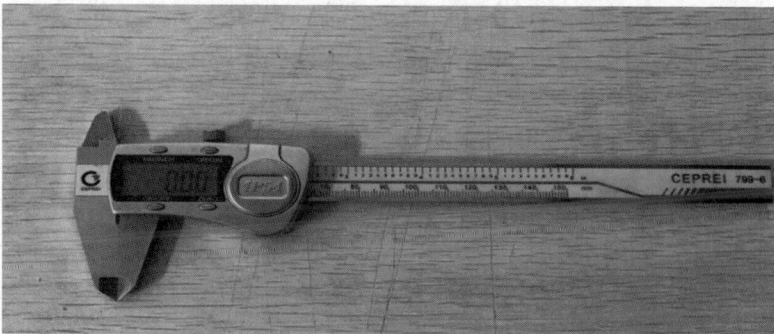

图 9.6-5　游标卡尺

所用仪器设备均经有计量检测资质单位校准合格，且在有效期之内。

## 9.7　试验环境条件与设备标准记录

### 9.7.1　试验环境条件

#### 9.7.1.1　单根垂直蔓延试验

试验前所有样品需要在（23±5）℃、相对湿度（50±20）%的条件下放置16h；如果电线表面有涂料和清漆涂层时应在（60±2）℃下放置4h，然后再按照上述方法处理。

#### 9.7.1.2　导体电阻值

试验时，试样应在温度为15~25℃和空气湿度不大于85%的试验环境中放置足够长的时间，在试样放置和试验过程中，环境温度的变化应不超过±1℃。

## 9.8　检测步骤

### 9.8.1　单根垂直蔓延试验步骤

（1）试样外径应按IEC 60811-203规定的方法测量，应测量3处，相互间距至少100mm。

（2）3次测量值的平均值应保留两位小数，修约到一位小数作为外径。如果修约前平均值的第二位小数为9、8、7、6或5时，则小数点后第一位小数增加1，例如，5.75修约后为5.8，如果修约前平均值的第二位小数为0、1、2、3或4时，则小数点后第一位小数保持不变，例如，5.74修约后为5.7。

（3）外径测量值应用于选择供火时间。

（4）试件应被校直，并用合适的铜线固定在支架上，垂直放在金属罩内。

（5）点燃燃烧器，≥0.5mm的电线电缆调节燃气和空气流量到规定的数值。

（6）在23℃、0.1MPa条件下，燃气流量（650±10）mL/min，燃气为纯度≥95%的工业丙烷，空气流量（10.0±0.3）mL/min。

（7）燃烧器的位置正好接触试件表面，接触点距离上支架（475±5）mm同时燃烧器与试件轴线成45°±2°的夹角，整个燃烧器的位置应固定。

（8）对于扁电线接触点应在电线扁平部分中部。

（9）完成规定时间的供火后，应将燃烧器移开并熄灭燃烧器火焰。

（10）供火。

安全警告：试验时应采取预防措施以保护操作人员免遭下述伤害。

（11）火灾或爆炸危险。

（12）烟雾和/或有毒产物的吸入，尤其是含卤材料燃烧时。

（13）有害残渣。

### 9.8.2　导体电阻值检测步骤

（1）从被试电线电缆上切取长度不小于1m的试样，已成圈的电线作为试样需去除试样导体外表面绝缘、护套或其他覆盖物，也可以只去除试样两端与测量系统相连接部位的覆盖物、露出导体去除覆盖物时应小心进行，防止损伤导体。

（2）如果需要将试样拉直，不应有任何导致试样导体横截面发生变化的扭曲，也不应导致试样导体伸长。

（3）试样在接入测量系统前，应预先清除其连接部位的导体表面，去除附着物、污垢和油垢。连接处表面的氧化层应尽可能除尽，如用试剂处理后，必须用水充分清洗以清除试剂的残留液。对于阻水型导体试样，应采用低熔点合金浇注。

（4）铝绞线的电流引入端可采用铝压接头（铝鼻子），并按常规压接方法压接，以使压接后的导体与接头融为一体。其电位电极可采用直径约 1.0mm 的软铜丝在绞线外紧密绕 1～2 圈后打结引出，以防松动。

（5）记录试验环境温度，在数字式设备上读取实验室温度下的导体电阻值数据。

（6）电阻值数据根据导体电阻值修正。

通过表 9.8-1 提供的校正系数修正到 20℃时和 1km 长度的电阻值。

$$R_{20} = R_t \times k_t \times \frac{1000}{L}$$

式中：$k_t$——表 9.8-1 提供的温度校正系数；

$R_{20}$——20℃时导体电阻（$\Omega/km$）；

$R_t$——导体测量电阻值（$\Omega$）；

$L$——电缆长度（m）。

**导体电阻值的温度校正系数 $k_t$**　　　　　表 9.8-1

| 测量时导体温度$t$/℃ | 校正系数$k_t$对所有导体 | 测量时导体温度$t$/℃ | 校正系数$k_t$对所有导体 |
|---|---|---|---|
| 1 | 1.087 | 15 | 1.020 |
| 2 | 1.082 | 16 | 1.016 |
| 3 | 1.078 | 17 | 1.012 |
| 4 | 1.073 | 18 | 1.008 |
| 5 | 1.068 | 19 | 1.004 |
| 6 | 1.064 | 20 | 1.000 |
| 7 | 1.059 | 21 | 0.996 |
| 8 | 1.050 | 22 | 0.992 |
| 9 | 1.046 | 23 | 0.988 |
| 10 | 1.042 | 24 | 0.984 |
| 11 | 1.037 | 25 | 0.980 |
| 12 | 1.033 | 26 | 0.977 |
| 13 | 1.029 | 27 | 0.973 |
| 14 | 1.025 | 28 | 0.969 |

| 测量时导体温度$t$/℃ | 校正系数$k_t$对所有导体 | 测量时导体温度$t$/℃ | 校正系数$k_t$对所有导体 |
|---|---|---|---|
| 29 | 0.965 | 35 | 0.943 |
| 30 | 0.962 | 36 | 0.940 |
| 31 | 0.958 | 37 | 0.936 |
| 32 | 0.954 | 38 | 0.933 |
| 33 | 0.951 | 39 | 0.929 |
| 34 | 0.947 | 40 | 0.926 |

## 9.9  报告结果评定

单根垂直蔓延试验：所有的燃烧停止后，应擦净试件，如果原始表面未损坏，则所有擦得掉的烟灰应忽略不计。非金属材料的软化或任何变形也应忽略不计。应测量上支架下缘与炭化部分上起始点之间的距离和上支架下缘与炭化部分下起始点之间的距离，精确至毫米。

导体电阻值：导体电阻值校正后，根据标准对应表中的标称截面积（$mm^2$）的电阻值进行判定。

## 9.10  检测报告

检测报告内容包括以下各项全部或部分：

（1）样品名称、委托单位、生产单位、工程名称、检测编号、检测项目。

（2）单项评价、检测结果、检测人员、检测日期、审核批准签名。

（3）检测依据的标准及代号、使用的仪器设备名称、型号、唯一性编号。

单根垂直蔓延试验、导体电阻值检测报告参考模板见附录9.1。

# 第 10 章

# 反射隔热材料

## 10.1 概述

反射隔热涂料通过对原料的加工，可以制作出对红外线和可见光中带热源的光线进行有效反射的涂层，从而达到隔热降温的目的。通过反射阳光、紫外线、阻止热导来达到隔热降温的效果，反射型不同于阻隔型，只需薄薄一层，通过涂料自身添加的超细微孔材料、陶瓷微珠加上合适的树脂、氧化颜料和生产工艺与一些高新技术来达到降低辐射传热和对流传热的目的。

## 10.2 反射隔热涂料分类和标记

### 10.2.1 分类

按明度（$L^*$值）高低分为低明度$L^* \leqslant 40$（代号为 L）；中明度 $40 < L^* \leqslant 80$（代号为 M）；中高明度 $80 < L^* \leqslant 95$（代号为 MII）和高明度$L^* > 95$（代号为 H）。

按涂层状态分为平涂型（代号为 F）和质感型（代号为 T）。

按使用部位又分为墙面用（代号为 W）和屋面用（代号为 R）。

### 10.2.2 标记

按产品名称、标准编号、明度、涂层状态、使用部位的顺序标记。

示例：建筑外墙用中明度平涂型热反射隔热涂料标记为"建筑外表面用热反射隔热涂料 JC/T 1040—2020M FW"。

## 10.3 检验依据与试样制作

### 10.3.1 检验依据

《建筑外表面用热反射隔热涂料》JC/T 1040—2020
《建筑反射隔热涂料节能检测标准》JGJ/T 287—2014
《建筑反射隔热涂料》JG/T 235—2014

### 10.3.2 试样制作

根据《建筑外表面用热反射隔热涂料》JC/T 1040—2020 取样时所述要求。

#### 10.3.2.1 平涂型 F

将搅拌混合均匀的涂料刮涂或喷涂在铝合金板表面，至少分两次施涂，施涂时间间隔不小于 6h。溶剂型产品干膜总厚度控制在 0.10～0.20mm，水性产品控制在 0.15～0.30mm。在标准试验条件下养护 7d 后进行试验。

试件尺寸：150mm × 70mm ×（0.8～1.2）mm，样品数量为 3 块。

#### 10.3.2.2 质感型 T

将搅拌混合均匀的涂料刮涂或喷涂在铝合金板表面，多彩类涂料层干膜总厚度为 0.20～0.50mm，其他类质感型涂料干膜总厚度约为 2mm。在标准试验条件下养护 14h 后进行试验。

试件尺寸：200mm × 150mm ×（0.8～1.2）mm，样品数量为 2 块。

## 10.4 技术要求

根据相应的标准，反射隔热涂料的参数应满足下列规定的标准要求。

### 10.4.1 半球发射率

半球发射率的反射隔热性能应符合表 10.4-1 的规定。

半球发射率的反射隔热性能　　　　　　　　　　表 10.4-1

| 项目 | 指标 |
|---|---|
| 半球发射率 | ≥ 0.85 |

### 10.4.2 太阳光反射比

太阳光反射比的反射隔热性能应符合表 10.4-2～表 10.4-4 的规定。

反射隔热性能　　　　　　　　　　表 10.4-2

| 项目 | 指标 | | |
|---|---|---|---|
| | 低明度 | 中明度 | 高明度 |
| 太阳光反射比 | ≥ 0.25 | ≥ 0.40 | ≥ 0.65 |

平涂型反射隔热性能　　　　　　　　　　表 10.4-3

| 项目 | 指标 | | | |
|---|---|---|---|---|
| | L（$L^* \leqslant 40$） | M（$40 < L^* \leqslant 80$） | MH（$80 < L^* \leqslant 95$） | H（$L^* > 95$） |
| 太阳光反射比 | ≥ 0.28 | ≥ $L^*/100-0.12$ | | ≥ 0.83 |

质感型反射隔热性能　　　　　　　　　　表 10.4-4

| 项目 | 指标 | | | |
|---|---|---|---|---|
| | L（$L^* \leqslant 40$） | M（$40 < L^* \leqslant 80$） | MH（$80 < L^* \leqslant 95$） | H（$L^* > 95$） |
| 太阳光反射比 | ≥ 0.25 | ≥ $L^*/100 - 0.15$ | | |

## 10.5　检验参数

### 10.5.1　半球发射率

半球发射率是描述物体表面辐射特性的一个关键参数，它表示物体表面对半球空间内所有方向的辐射能量的发射能力。半球发射率的值通常在 0～1 之间，数值为 1 意味着物体表面对所有方向的辐射能量都能够完全发射出去，即理论上能够达到最大的辐射能力；而数值为 0 意味着物体表面对所有方向的辐射能量都无法发射出去。半球发射率的计算方法取决于物体表面的形状和材料特性，通常使用黑体辐射作为参考，即将黑体表面的辐射能量作为理论上可能发射的最大辐射能量。具体的计算方法可以通过测量物体表面的辐射能量和黑体表面的辐射能量来得到。半球发射率在工程实践中有广泛的应用，如在建筑节能领域用于评估建筑物的热传递效率，在热辐射传热领域用于计算辐射传热，以及在光学设计中用于决定材料的发光特性和透过性。

### 10.5.2　太阳光反射比

采用带积分球的紫外、可见光、近红外分光光度计或光谱仪精确测量材料不同波长的反射比。根据太阳光在热射线波长范围内的相对能量分布，通过加权平均的方法计算材料在一定波长范围内的太阳光反射比。

## 10.6　试验准备

### 10.6.1　半球发射率试验设备

辐射仪如图 10.6-1 所示，主要由以下几部分组成：

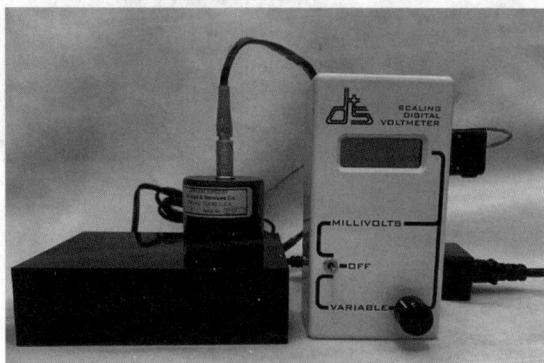

图 10.6-1　辐射仪

（1）差热电堆式辐射能探测器

由可控加热器、高发射率探头元件和低发射探头元件构成，可控加热器应能保证探测器温度高于试板温度或标准板温度。发射率探头元件应能产生与温差成比例关系的输出电压。探测器重复性应为 ±0.01。

（2）读数模块

读数模块与差热电堆式辐射能探测器相连，用于处理热电堆输出信号。读数模块数显分辨率应为 0.01。

（3）热沉

热沉用于放置试板和标准板，热沉应导热良好，能使试板和标准板温度稳定一致。

（4）标准板

由低发射率标准板和高发射率标准板组成。

### 10.6.2　太阳光反射比试验设备

（1）紫外、可见光、红外分光光度计如图 10.6-2 所示，标准白板如图 10.6-3 所示。

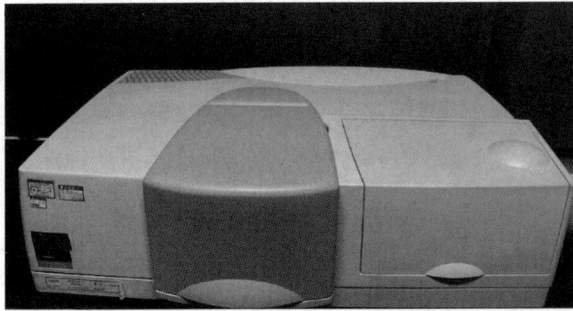

图 10.6-2　紫外、可见光、红外分光光度计

图 10.6-3　标准白板

（2）测试波长范围

紫外区 280～380nm；

可见光区 380～780nm；

太阳光区 250～2500nm。

（3）波长准确度

波长精度不小于 1.6nm。

（4）光度测量准确度

光度测量准确度为 ±1%。

（5）所用仪器设备均经有计量检测资质单位校准合格，且在有效期之内。

## 10.7 试验环境条件与设备标准记录

### 10.7.1 试验环境条件

按《建筑反射隔热涂料节能检测标准》JGJ/T 287—2014 要求：调节实验室温湿度，使之满足检测环境的温度为（23±5）℃，相对湿度不得高于 60%。

按《建筑反射隔热涂料》JG/T 235—2014、《建筑外表面用热反射隔热涂料》JC/T 1040—2020 要求：调节实验室温湿度，使之满足检测环境的温度为（23±2）℃，相对湿度（50±5）%。

除非另有规定外，试验的状态调节和试验应在标准试验条件下进行。

### 10.7.2 试验设备校准与记录

相关检测设备应符合以下要求：

辐射仪发射率标准板根据《−50～+90℃ 黑体辐射源校准规范》JJF 1080—2002 进行校准。

紫外、可见光、红外分光光度计根据《紫外、可见、近红外分光光度计》JJG 178—2007 进行校准。

仪器使用的时候需进行检查和记录。

## 10.8 检测步骤

### 10.8.1 半球发射率检测步骤

#### 10.8.1.1 平涂型样品

（1）在标准实验室环境中调节状态使高低发射率板、热沉和试板温度一致。

（2）开启试验装置电源，仪器预热至稳定。

（3）将高、低发射率标准板置于热沉上，探测器分别放在高、低发射率标准板上 90s，通过微调使读数与标准板的标示值一致，再重复一遍此步骤。

（4）将试板置于热沉上 90s，然后将探测器放在试板上直至读数稳定，即为测量结果。

#### 10.8.1.2 质感型样品

（1）将高、低发射率标准板置于热沉上，将试板置在热沉边，在标准实验室环境中调节状态使高低发射率板、热沉和试板温度一致。

（2）开启试验装置电源，仪器预热至稳定。

（3）将探测器分别放在高、低发射率标准板上 90s，通过微调使读数与标准板的标示值一致，再重复一遍此步骤。

（4）将探测器放到试板被检测表面上位置 1 大约 20s，然后将探测器贴着被测表面滑动至位置 2 停留大约 15s，再滑动至位置 3 停留大约 15s，最后滑动至位置 4 停留为 20s，记录位置 4 的读数，每个位置点间距约为 100mm，如图 10.8-1 所示。

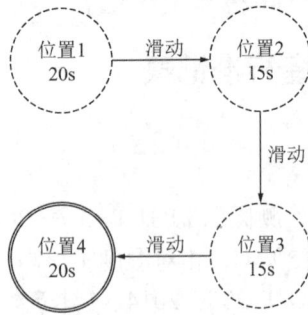

图 10.8-1　检测过程示意图

### 10.8.2　太阳光反射比检测步骤

（1）打开电脑和分光光度计的电源开关，打开操作软件，按"连接"，等软件和仪器连接上后，打开仪器盖子，把反射镜盖好。

（2）将标准白板安装在积分球试样孔处，在仪器参数窗口内按标准要求设置好反射比、波长范围、波长间隔、速度、间隙、狭缝宽等参数，做基线。

（3）波长范围设置为 300～2500nm，波长间隔为 5nm。

（4）基线完成后，取下标准白板，将其中一块试样安装在积分球试样孔处，在同一波长范围内测定试样相对于标准白板的光谱反射比。

（5）光谱曲线完成后，选择存储路径，新建一个文档名称，再按"保存"按钮保存数据，导出数据。

（6）将另外 2 块重复上述操作。

太阳光反射比应按下式计算：

$$\rho = \frac{\sum\limits_{\lambda=300\mathrm{nm}}^{2500\mathrm{nm}} \rho_0(\lambda)\rho(\lambda)S_\lambda\Delta\lambda}{\sum\limits_{\lambda=300\mathrm{nm}}^{2500\mathrm{nm}} S_\lambda\Delta\lambda}$$

式中：$\rho$——试板的太阳光反射比；

$\rho_0(\lambda)$——标准白板的光谱反射比；

$\rho(\lambda)$——试板的光谱反射比；

$S_\lambda$——太阳辐射相对光谱分布，见表 10.8-1；

$\Delta\lambda$——波长间隔（nm）。

太阳辐射相对光谱分布　　　　　　　　　　　　　　　　　　表 10.8-1

| $\lambda$/nm | $S_\lambda\Delta\lambda$ | $\lambda$/nm | $S_\lambda\Delta\lambda$ | $\lambda$/nm | $S_\lambda\Delta\lambda$ |
|---|---|---|---|---|---|
| 300 | 0.000 000 | 325 | 0.001 309 | 350 | 0.002 445 |
| 305 | 0.000 057 | 330 | 0.001 914 | 355 | 0.002 555 |
| 310 | 0.000 236 | 335 | 0.002 018 | 360 | 0.002 683 |
| 315 | 0.000 554 | 340 | 0.002 189 | 365 | 0.003 020 |
| 320 | 0.000 916 | 345 | 0.002 260 | 370 | 0.003 359 |

| λ/nm | $S_\lambda\Delta\lambda$ | λ/nm | $S_\lambda\Delta\lambda$ | λ/nm | $S_\lambda\Delta\lambda$ |
|---|---|---|---|---|---|
| 375 | 0.003 509 | 620 | 0.014 859 | 1250 | 0.023 376 |
| 380 | 0.003 600 | 630 | 0.014 622 | 1300 | 0.017 756 |
| 385 | 0.003 529 | 640 | 0.014 526 | 1350 | 0.003 743 |
| 390 | 0.003 551 | 650 | 0.014 445 | 1400 | 0.000 741 |
| 390 | 0.004 294 | 660 | 0.014 313 | 1450 | 0.003 792 |
| 400 | 0.007 812 | 670 | 0.014 023 | 1500 | 0.009 693 |
| 410 | 0.011 638 | 680 | 0.012 838 | 1550 | 0.013 693 |
| 420 | 0.011 877 | 690 | 0.011 788 | 1600 | 0.012 203 |
| 430 | 0.011 347 | 700 | 0.012 453 | 1650 | 0.010 615 |
| 440 | 0.013 246 | 710 | 0.012 798 | 1700 | 0.007 256 |
| 450 | 0.015 343 | 720 | 0.010 589 | 1750 | 0.007 183 |
| 460 | 0.016 166 | 730 | 0.011 233 | 1800 | 0.002 157 |
| 470 | 0.016 178 | 740 | 0.012 175 | 1850 | 0.000 398 |
| 480 | 0.016 402 | 750 | 0.012 181 | 1900 | 0.000 082 |
| 490 | 0.015 794 | 760 | 0.009 515 | 1950 | 0.001 087 |
| 500 | 0.015 801 | 770 | 0.010 479 | 2000 | 0.003 024 |
| 510 | 0.015 973 | 780 | 0.011 381 | 2050 | 0.003 988 |
| 520 | 0.015 357 | 790 | 0.011 262 | 2100 | 0.004 229 |
| 530 | 0.015 867 | 800 | 0.028 718 | 2150 | 0.004 142 |
| 540 | 0.015 827 | 850 | 0.048 240 | 2200 | 0.003 690 |
| 550 | 0.015 844 | 900 | 0.040 297 | 2250 | 0.003 592 |
| 560 | 0.015 590 | 950 | 0.021 384 | 2300 | 0.003 436 |
| 570 | 0.015 256 | 1000 | 0.036 097 | 2350 | 0.003 163 |
| 580 | 0.014 745 | 1050 | 0.034 110 | 2400 | 0.002 233 |
| 590 | 0.014 330 | 1100 | 0.018 861 | 2450 | 0.001 202 |
| 600 | 0.014 663 | 1150 | 0.013 228 | 2500 | 0.000 475 |
| 610 | 0.015 030 | 1200 | 0.022 551 | | |

## 10.9　报告结果评定

取 3 块试板的算术平均值作为最终结果，结果应精确至 0.01。

## 10.10 检测报告

检测报告内容包括以下各项全部或部分：

（1）样品名称、委托单位、生产单位、工程名称、检测编号、检测项目。

（2）单项评价、检测结果、检测人员、检测日期、审核批准签名。

（3）检测依据的标准及代号、使用的仪器设备名称、型号、唯一性编号。

半球发射率、太阳光反射比检测报告参考附录 10.1。

# 第 11 章

# 供暖通风空调节能工程用设备

## 11.1 风机盘管简介

用于空气处理的设备，基本包括风机、盘管、电机、凝结水盘，根据使用要求不同可增加配置器、排水隔气装置、空气过滤和净化装置、进出风管、进出风分布器等配件。

该检测方法适用于外供冷水、热水由风机和盘管组成的机组；对房间直接送风，具有供冷、供热功能，其送风量在 2500m³/h 以下，出口静压小于 100Pa 的机组。

## 11.2 分类与标识

### 11.2.1 分类

（1）按照结构形式可分卧式、立式、卡式和壁挂式，代号分别为"W""L""K"和"B"。

（2）按安装形式可分明装和暗装，代号为"M"和"A"。

（3）按照进出水方位可分为左式和右式（面对出风口，供回水管分别在左侧、右侧），代号为"Z""Y"。

（4）按照出口静压可分为低静压型和高静压型，低静压型代号可省略，高静压型代号为"G+出口静压值"。

（5）按用途可分为通用、干式和单暖通，通用代号省略，干式和单暖通代号为"G"和"R"。

（6）按电机类型分为交流电机和永磁同步电机，交流电机代号可省略，永磁同步电机代号为"YC"。

（7）按照管制类型可分为两管制和四管制。

### 11.2.2 标识

```
FP □□ □ □□□□ □ ─── 出口静压
                    电机类型
                    管制类型
                    进出水方位
                    安装形式
                    结构形式
                    规格数字：额定风量（m³/h）÷10
                    用途类型
                    产品代号（FP）
```

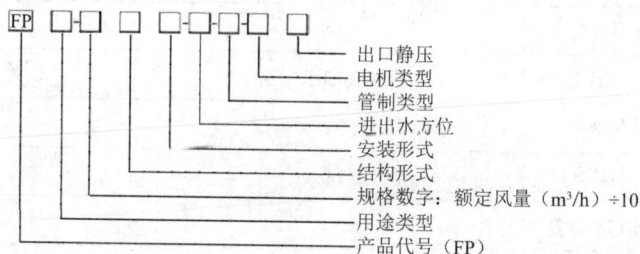

示例：额定风量为 680m³/h 的卧式暗装、左进水、高静压 50Pa、交流电机、两管制三排管通用机组标识为 FP-68WA-Z-2(3)-G50。

## 11.3 风机盘管热工性能检测

### 11.3.1 检测依据

《风机盘管机组》GB/T 19232—2019

### 11.3.2 检测设备

风机盘管的热工性能使用风机盘管焓差实验室进行测试，实验室应满足以下要求：

（1）各类仪表准确度应符合表 11.3-1 的要求。试验读数允许偏差见表 11.3-2。

各类仪表准确度要求 表 11.3-1

| 测量参数 | 测量仪表 | 测量项目 | 单位 | 仪表准确度 |
|---|---|---|---|---|
| 温度 | 热电偶 | 空气进、出口干、湿球温度、水温 | ℃ | 0.1 |
| | | 其他温度 | | 0.3 |
| 压力 | 倾斜式微压计 补偿式微压计 | 空气动压、静压 | Pa | 1.0 |
| 水量 | 各类流量计 | 冷、热水流量计 | % | 1.0 |
| 风量 | 各类计量器具 | 风量 | % | 1.0 |
| 时间 | 秒表 | 测时间 | s | 0.2 |
| 重量 | 各类台秤 | 称重量 | kg | 0.2 |
| 电特性 | 功率 | 测量电器特性 | 级 | 0.5 |
| | 电压表 | | | |
| | 电流表 | | | |
| | 频率表 | | | |
| 噪声 | 声级计 | 机组噪声 | dB（A） | 0.5 |

试验读数允许偏差 表 11.3-2

| 项目 | | 单次读数与规定试验工况最大偏差 | 读数平均值与规定试验工况偏差 |
|---|---|---|---|
| 进口空气状态 | 干球温度 | ±0.5 | ±0.3 |
| | 湿球温度 | ±0.3 | ±0.2 |
| 水温 | 供冷 | ±0.2 | ±0.1 |
| | 供热 | ±1.0 | ±0.5 |
| | 进出口水温差 | ±0.2 | — |
| 出口静压 | | ±2.0 | — |
| 电源特性 | | ±2.0 | — |

（2）风量测量装置（图 11.3-1）

穿孔板的穿孔率为 40%，各类仪表仪器应由有计量检测资质单位校准合格，且在有效期之内，其准确度应符合表 11.3-1 要求。

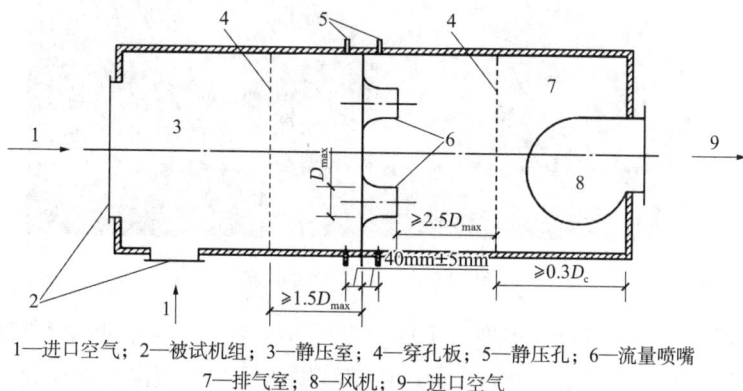

1—进口空气；2—被试机组；3—静压室；4—穿孔板；5—静压孔；6—流量喷嘴；
7—排气室；8—风机；9—进口空气

图 11.3-1　风量测量装置

（3）冷量、热量测量装置（图 11.3-2）

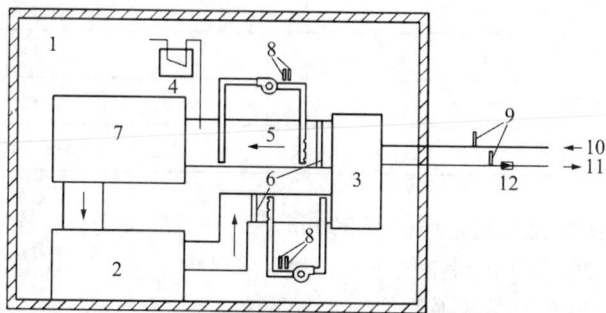

1—试验房间；2—空气预处理机组；3—被试机组；4—微压计；5—测试风管断；6—空气混合器；7—空气流量测量装置
8—干、湿球温度测量装置；9—水温测量装置；10—进水；11—回水；12—流量计

图 11.3-2　冷量、热量测量装置

## 11.3.3　抽样原则

根据《建筑节能工程施工质量验收标准》GB 50411—2019 按结构形式抽检，要求同厂家的风机盘管数量在 500 台以下，抽检 2 台，每增加 1000 台，增加抽检 1 台。

## 11.3.4　试验步骤

### 11.3.4.1　风量测试

1）在焓差实验室中安装试样，如图 11.3-3 所示。

安装时应注意：

（1）机组应在高速挡下测量机组的风量、输入功率、制冷量、制热量。

（2）被试机组出风口与变径连接密封要好。

（3）根据被试机组大小选择好相应的喷嘴。

图 11.3-3　样品安装示意图

2）通过实验室设置界面，将进口干球温度设置为表 11.3-3 要求的中间值，机组应在高速挡下测量机组的风量、输入功率，通过调节辅助风机频率使出口静压符合规定值。

通用机组额定风量和输入功率的试验工况　　　　　　　　表 11.3-3

| 项目 | 试验参数 |
|---|---|
| 机组进口空气干球温度/℃ | 19～21 |
| 供水状态 | 不供水 |
| 风机状态 | 高挡 |
| 机组电源 | 220V/50Hz |

3）记录数据：在系统工况达到稳定 30min 后，进行测量记录，连续测量 30min，按照相等时间（5min 或 120min）记录空气干球温度，应至少记录 4 次数值，记录期间可以对试验工况进行微调，取每次记录的平均值作为测量值。

4）数据处理

单个喷嘴的风量按照下式计算：

$$L_n = CA_n \sqrt{\frac{2\Delta p}{\rho_n}}$$

$$\rho_n = \frac{P_t + P}{287T}$$

式中：$L_n$——流经每个喷嘴的风量（m³/h）;

$P$——大气压力（Pa）;

$C$——流量系数，见表 11.3-4，喷嘴喉部直径大于等于 125mm，可设定 $C = 0.99$;

$A_n$——喷嘴面积（m²）;

$\rho_n$——喷嘴处空气密度（kg/m³）;

$\Delta p$——喷嘴前后静压差或喷嘴喉部的动压（Pa）;

$P_t$——机组出口空气全压（Pa）;

$T$——机组出口热力学温度（K）。

喷嘴流量系数

表 11.3-4

| 雷诺数Re | 流量系数C | 雷诺数Re | 流量系数C | 备注 |
|---|---|---|---|---|
| 40000 | 0.973 | 150000 | 0.988 | |
| 50000 | 0.977 | 200000 | 0.991 | $Re = \omega D/V$ |
| 60000 | 0.979 | 250000 | 0.993 | $\omega$—喷嘴喉部速度; $V$—空气黏性系数; |
| 80000 | 0.983 | 350000 | 0.994 | $D$—喷嘴喉部直径 |
| 100000 | 0.985 | — | — | |

若采用多个喷嘴测量时，机组风量应等于各单个喷嘴风量之和。

### 11.3.5　供冷量和供暖量测试

（1）接通电源，打开电脑测试软件。

（2）依次打开软件的冷机系统、调节系统、测量系统、被试机组、表冷器、辅助风机、被试机供水泵。

（3）进口干球、湿球温度、水温、供水量、水温差应满足表 11.3-5 的要求，通过调节辅助风机频率使出口静压符合规定值。通过调节被试机组供水频率来调节供水量、水温差。

额定供冷量、供暖量试验参数

表 11.3-5

| 项目 | | 供冷工况 | 供暖工况 |
|---|---|---|---|
| 进口空气状态 | 干球温度/°C | 27 | 21 |
| | 湿球温度/°C | 19.5 | ≤ 15 |
| 供水状态 | 供水温度/°C | 7 | 60 或 45 |
| | 供回水温差/°C | 5 | — |
| | 供水量/（kg/h） | 按水温差得出 | 与供冷工况相同 |

（4）记录数据

在系统和工况达到稳定 30min 后，进行测量记录，连续测量 30min，按照相等时间（5min 或 120min）记录空气干球温度，应至少记录 4 次数值，记录期间可以对试验工况进行微调，取每次记录的平均值作为测量值。

（5）数据处理

① 风量计算

$$L = CA_n\sqrt{\frac{2\Delta P}{\rho}}$$

$$\rho = \frac{(B + p_t)(1 + d)}{461T(0.622 + d)}$$

式中：$L$——试验风量；

$\quad C$——喷嘴流量系数，见表 11.3-4；

$\quad A_n$——喷嘴面积（$m^2$）；

$\quad \Delta P$——喷嘴前后静压差或喷嘴喉部处动压（Pa）；

$\quad \rho$——湿空气密度（$kg/m^3$）；

$\quad B$——大气压力（Pa）；

$\quad p_t$——在喷嘴进口处空气全压（Pa）；

$\quad d$——喷嘴处湿空气含湿量；

$\quad T$——机组出口热力学温度（K）。

② 供冷量计算

a. 风侧供冷量和湿热供冷量分别按下式计算：

$$Q_a = \frac{L\rho(I_1 - I_2)}{1 + d}$$

$$Q_{se} = L\rho C_{pa}(t_{a1} - t_{a2})$$

式中：$Q_a$——风侧供冷量（kW）；

$\quad L$——试验风量（$m^3/h$）；

$\quad \rho$——湿空气密度（$kg/m^3$）；

$\quad I_1$、$I_2$——被测机组进、出口焓值；

$\quad d$——喷嘴处湿空气含湿量；

$\quad Q_{se}$——湿热供冷量（kW）；

$\quad C_{pa}$——空气比定压热容，取 1.005kJ/(kg/℃)；

$\quad t_{a1}$、$t_{a2}$——被试机组进出口干球温度（℃）。

b. 水侧供冷量按下式计算：

$$Q_w = GC_{pw}(t_{w2} - t_{w1}) - N$$

式中：$Q_w$——水侧供冷量（kW）；

$\quad G$——供水量（kg/s）；

$\quad C_{pw}$——水的比热容，取 4.18kJ/(kg/s)；

$\quad t_{w1}/t_{w2}$——被试机组进、出口水温（℃）；

$\quad N$——输入功率（kW）。

c. 实测供冷量按下式计算：

$$Q_L = \frac{Q_n + Q_w}{2}$$

式中：$Q_L$——被试机组实测供冷量（kW）；

$\quad Q_n$——风侧供冷量（kW）；

$\quad Q_w$——水侧供冷量（kW）；

两侧的平衡误差按下式计算：

$$\left| \frac{Q_n - Q_w}{Q_L} \right| \times 100\% \leqslant 5\%$$

式中：$Q_L$——被试机组实测供冷量（kW）；

　　　$Q_n$——风侧供冷量（kW）；

　　　$Q_w$——水侧供冷量（kW）。

③供热量计算

a. 风侧供热量按下式计算：

$$Q_{ah} = L\rho C_{pa}(t_{a2} - t_{a1})$$

式中：$Q_{ah}$——风侧供热量（kW）；

　　　$L$——试验风量（m³/s）；

　　　$\rho$——湿空气密度（kg/m³）；

　　　$C_{pa}$——空气比定压热容，取 1.005kJ/(kg·℃)；

　　$t_{a1}$、$t_{a2}$——被试机组进、出口干球温度（℃）。

b. 水侧供热量按下式计算：

$$Q_{wh} = GC_{pw}(t_{w1} - t_{w2}) + N$$

式中：$Q_{wh}$——水侧供热量（kW）；

　　　$G$——供水量（kg/s）；

　　　$C_{pw}$——水的比热容，取 4.18kJ/(kg/s)；

　　$t_{w1}/t_{w2}$——被试机组进、出口水温（℃）；

　　　$N$——输入功率（kW）。

c. 被试机组实测供热量

$$Q_h = \frac{Q_{ah} + Q_{wh}}{2}$$

式中：$Q_h$——被试机组实测供热量（kW）；

　　　$Q_{ah}$——风侧供热量（kW）；

　　　$Q_{wh}$——水侧供热量（kW）。

d. 两侧供热量的平衡误差按照下式计算：

$$\left|\frac{Q_{ah} - Q_{wh}}{Q_h}\right| \times 100\% \leqslant 5\%$$

式中：$Q_h$——被试机组实测供热量（kW）；

　　　$Q_{ah}$——风侧供热量（kW）；

　　　$Q_{wh}$——水侧供热量（kW）。

## 11.3.6　结果判定

（1）风量

风量实测值不应低于额定值的 95%。

（2）功率

输入功率实测值不应大于额定值的 110%。

（3）供冷量、供热量

机组供冷量、供热量不应低于额定值的 95%。

## 11.4 风机盘管噪声测量

### 11.4.1 试验设备

1）半消声室

（1）反射平面是由混凝土、沥青或其他类似的坚实材料构成的平整表面。

（2）背景噪声比机组声压级低 10dB 以上，否则在测点位置测量背景噪声，按照表 11.4-1 进行修正。

噪声修正量       表 11.4-1

| 测得机组噪声声压级与背景噪声声压级之差/dB | 从测得声压级中减去的修正量/dB |
| :---: | :---: |
| < 6 | 测量无效 |
| 6~8 | 1.0 |
| 9~10 | 0.5 |
| > 10 | 0 |

2）多功能声级计

声级计应满足Ⅰ型或Ⅰ型以上的声级计。

3）压差级

压差级应满足表 11.3-2 的要求。

4）噪声测量环境

半消声地面应为反射面，噪声测量应符合《采暖通风与空气调节设备噪声声功率级的测定——工程法》GB/T 9068—1988 的相关规定。

测量声学环境应满足表 11.4-2 要求。

声学环境要求       表 11.4-2

| 测量室 | 1/3 倍频带中心频率/Hz | 最大允许差/Hz |
| :---: | :---: | :---: |
| 消声室 | ≤ 630<br>800~5000<br>≥ 6300 | ±1.5<br>±1.0<br>±1.5 |
| 半消声室 | ≤ 630<br>800~5000<br>≥ 6300 | ±2.0<br>±2.0<br>±3.0 |

### 11.4.2 噪声测量条件

（1）被试机组输入电源额定电压、额定频率，并按照高挡进行；

（2）出口静压应与规定值一致；

（3）在半消声室测量时，测点距反射面应大于 1m；

（4）被测风机盘管噪声与背景噪声应大于 10dB。

风机盘管测量示意见图 11.4-1。

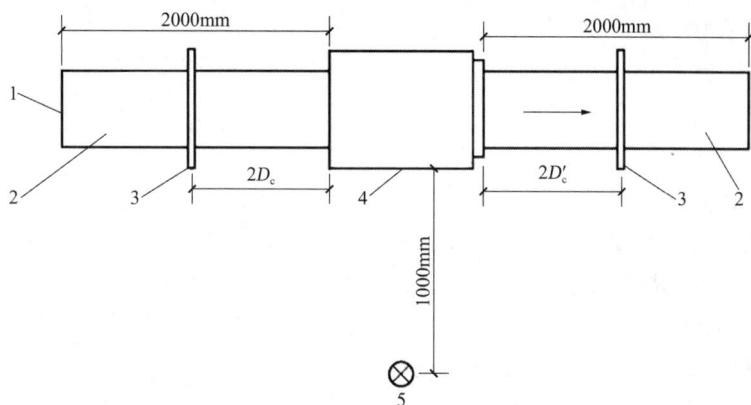

1—阻尼网；2—测试风管；3—静压环；4—被试机组；5—噪声测点

图 11.4-1　风机盘管测量示意图

### 11.4.3　试验步骤

（1）按图 11.4-2 所示安装好被试机组。

（2）按要求调节好测点位置。

（3）接通电源，调节阻尼布、阻尼网使得静压为规定压力。

（4）读取试验数据。

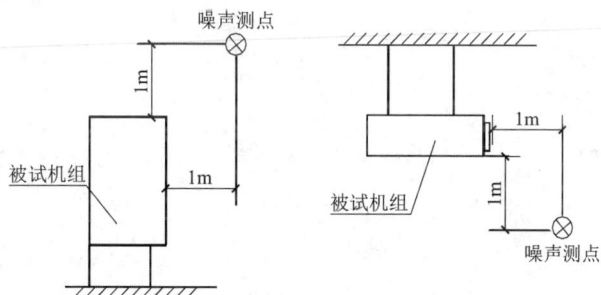

图 11.4-2　风机盘管噪声测试安装示意图

注意：（1）电源为 220V/50Hz 交流电，被试机组接高速挡；（2）接通电源，调节阻尼布、阻尼网使静压为规定压力；（3）读取试验数据。

### 11.4.4　结果判定

机组实测声压级不应大于额定值。

## 11.5　报告内容

试验报告应包含以下信息：

（1）试验依据标准

（2）实验室的名称和地址

（3）报告日期和编号

（4）委托单位

（5）生产厂家

（6）到样日期

（7）工程名称

（8）监督登记号

（9）见证人和见证号

（10）风机盘管试验工况

（11）样品描述

（12）试验日期

（13）试验结果

# 第 12 章

# 照明灯具

## 12.1 概述

随着人们对照明品质的要求不断提高,照明检测成为确保灯光质量和能效的重要手段。通过对照明强度、均匀度、色温和色彩还原性等指标的检测,可以评估灯光对人眼的舒适性和视觉效果的质量。对于节能环保的需求日益增长,灯光的能效性能检测可以帮助用户选择更为高效的照明产品,降低能源消耗和对环境的影响。现代照明技术的发展与检测随着 LED 照明技术的快速发展,灯光照明检测也面临着新的挑战和机遇。对于 LED 照明产品来说,应该进行寿命测试、颜色衰减测试等,以保证其稳定性和可靠性。灯光照明检测是一项关键的技术活动,对于确保灯光品质、能效和安全性具有重要意义。

## 12.2 照明光源初始光效、照明设备功率与功率因数检测

由交流或直流供电并可能配置 LED 控制装置的 LED 灯、LED 灯具和 LED 模块的电学、光学和色度参数的测量方法。LED 光引擎类似于 LED 模块,可参照执行。

### 12.2.1 检测依据、数量及评定标准

《LED 灯、LED 灯具和 LED 模块的测试方法》GB/T 39394—2020
《光通量的测量方法》GB/T 26178—2010

### 12.2.2 检测仪器

(1)光色电综合分析系统(由积分球和控制柜等组成)
(2)试验样品为 LED 吸顶灯

### 12.2.3 检测前准备工作

测量应在环境(如烟、尘、水汽和振动)对被测量参数的影响可忽略不计的房间内进行,周边布置应保证杂散光最小,如果杂散光较大相关的误差应被校正,环境温度要求为(25.0±1.2)℃。

### 12.2.4 检测操作

(1)将积分球打开,并将样品放在积分球内部的样品架上,然后将线接好,关闭积分球,升启设备电源然后依次打开电参数测量仪、光谱辐射计、交流电流开关,选取电压模

式，切换电流为交流电。

（2）打开软件，选择对应电流为 220V，设定余热时间为 30min，当在至少 15min 内其光输出和电功率的最大读数和最小读数间的差异小于最小读数的 0.5%时，认为其达到稳定。如果被测试件经过预点燃，则无须点燃 30min，并当其读数在最后 15min 内符合上述要求时则认为其已稳定。设备自动采集数据并结束试验，关闭电源，拆除试件。

### 12.2.5 数据处理

测试结果由设备自行运算后直接读取，并依据《LED 灯、LED 灯具和 LED 模块的测试方法》GB/T 39394—2020 第 6.4 条按下式计算光效：

$$\eta_v = \phi/P_{tot}$$

式中：$\eta_v$——光效（lm/W）；

$\phi$——光通量（lm）；

$P_{tot}$——电功率（W）

原始记录和检测报告查看附录 12.1、附录 12.2。

## 12.3 镇流器能效检测

镇流器效率为镇流器的输出功率（灯功率）与镇流器-灯线路输入总功率的比值，评价镇流器能效的指标也是评定镇流器和灯的组合体能效水平的参数。

### 12.3.1 检测依据、数量及评定标准

《普通照明用气体放电灯用镇流器能效限定值及能效等级》GB 17896—2022

《灯控制装置的效率要求 第 1 部分：荧光灯控制装置 控制装置线路总输入功率和控制装置效率的测量方法》GB/T 32483.1—2016

### 12.3.2 检测仪器

（1）光色电综合分析系统（由积分球和控制柜等组成）

（2）电子镇流器综合性能测试仪

（3）多用基准镇流器

（4）基准灯

### 12.3.3 检测前准备工作

调节试验环境条件，应在 20～27℃大气无对流风的室内进行，对于要求基准灯性能稳定的试验，例如电子镇流器效率测试，在进行试验期间，灯周围的环境温度应设定在 24～26℃，其变化应不超过 1℃。

### 12.3.4 检测操作

1）获得被测镇流器-样品灯输入总功率

（1）供电电源、镇流器输入端分别接入设备特性输入端；

（2）镇流器输出端、样品灯 4 个端子分别接入设备特性输出端；

（3）开启设备电源，打开软件开始测试，读取测试结果，读取被测镇流器总功率的值；

（4）关闭电源拆除线路。

2）获得用基准镇流器实测到的样品灯功率

（1）将供电电源接入基准镇流器；

（2）将样品灯与积分球内部线路连接；

（3）开启设备电源和积分球电源，打开软件开始测试，测试结束后读取用基准镇流器实测到的样品灯功率；

（4）关闭电源，拆除线路。

3）获得用基准镇流器相连的基准灯的光输出

（1）将基准灯接入积分球内部线路；

（2）开启积分球电源，开始测试，测试结束后，读取试验结果获得用基准镇流器相连的基准灯的光输出值；

（3）关闭电源，拆除线路。

4）获得连接到被测镇流器的基准灯的光输出

（1）将被测镇流器输入端接入积分球内部输入端口；

（2）将被测镇流器输出端与基准灯 4 个端子连接；

（3）开启积分球电源，打开软件开始测试，测试结束后，读取试验结果获得连接到被测镇流器的基准灯的光输出值；

（4）关闭电源，拆除线路。

## 12.3.5　数据处理

电子镇流器效率$\eta_b$按下式计算：

$$P_{tot.ref} = P_{tot.meas} \times \frac{P_{Lrated}}{P_{Lref.meas}} \times \frac{Light_{ref}}{Light_{test}}$$

$$\eta_b = \left(\frac{P_{Lrated}}{P_{tot.ref}}\right) = \left(\frac{P_{Lref.meas}}{P_{tot.meas}} \times \frac{Light_{test}}{Light_{ref}}\right)$$

式中：$P_{tot.ref}$——受试控制装置——灯线路的已修正到可比较的基准条件下的总输入功率（W）；

$P_{tot.meas}$——实测的输入到受试控制装置——灯线路总输入功率（W）；

$P_{Lrated}$——相关灯参数表给出的相关基准灯的额定功率或典型高频灯功率（W），参见表 12.3-1；

$P_{Lrated.meas}$——用基准镇流器的电路中实测到的灯功率（W）；

$Light_{ref}$——用光电测试仪测得的与基准镇流器相连的基准灯的光输出；

$Light_{test}$——用光电测试仪测得的连接到受试控制装置的基准灯的光输出。

根据《普通照明用气体放电灯用镇流器能效限定值及能效等级》GB 17896—2022 进行判定（表 12.3-1）。

管形荧光灯用电子镇流器能效等级 表 12.3-1

| 配套灯的类型、规格等信息 | | | | 效率/% | | |
|---|---|---|---|---|---|---|
| 类别和示意图 | 标称功率/W | 国际代码 | 额定功率/W | 1级 | 2级 | 3级 |
| T8 | 15 | FD-15-E-G-26/450 | 13.5 | 87.8 | 84.4 | 75.0 |
| | 18 | FD-18-E-G-26/600 | 16 | 87.7 | 84.2 | 76.2 |
| | 30 | FD-30-E-G-26/900 | 24 | 82.1 | 77.4 | 72.7 |
| | 36 | FD-36-E-G-26/1200 | 32 | 91.4 | 88.9 | 84.2 |
| | 38 | FD-38-E-G-26/1050 | 32 | 87.7 | 84.2 | 80.0 |
| | 58 | FD-58-E-G-26/1500 | 50 | 93.0 | 90.9 | 84.7 |
| | 70 | FD-70-E-G-26/1800 | 60 | 90.9 | 88.2 | 83.3 |

原始记录和检测报告查看附录 12.3、附录 12.4。

# 第13章

# 可再生能源应用系统

## 13.1 概述

可再生能源建筑应用是指在建筑供热水、供暖、空调和供电等系统中，采用太阳能、地热能等可再生能源系统提供全部或部分建筑用能的应用形式。

## 13.2 太阳能热利用系统的太阳能集热系统得热量检测

### 13.2.1 检测依据

《可再生能源建筑应用工程评价标准》GB/T 50801—2013

### 13.2.2 检测设备

（1）太阳能热利用测试系统；

（2）温度仪表（环境空气温度）：仪器准确度 ±0.5℃，仪器精度 ±0.2℃；

（3）温度仪表（水温度）：仪器准确度 ±0.2℃，仪器精度 ±0.1℃；

（4）液体流量计：仪器准确度 ±1.0%；

（5）风速仪：仪器准确度 ±0.5m/s。

### 13.2.3 检测条件及环境

1）在测试前，应确保系统进行了系统试运转和调试，并应连续运行 72h，设备及主要部件的联动应协调，动作准确，无异常现象。

2）应根据项目具体情况选择测试条件，长期测试和短期测试条件分别如下。

（1）太阳能热水系统长期测试的周期不应少于 120d，且应连续完成，长期测试开始的时间应在每年春分（或秋分）前至少 60d 开始，结束时间应在每年春分（或秋分）后至少 60d 结束。长期测试周期内的平均负荷率不应小于 30%。

（2）太阳能热利用系统短期测试的时间不应少于 4d。短期测试期间的运行工况应尽量接近系统的设计工况，且应在连续运行的状态下完成。短期测试期间的系统平均负荷率不应小于 50%，短期测试期间室内温度的检测应在建筑物达到热稳定后进行。太阳能热水系统短期测试期间的室外环境平均温度允许范围应为年平均环境温度 ±10℃。

3）太阳辐照量短期测试不应少于 4d，每一太阳辐照区间测试天数不应少于 1d。太阳辐照量区间划分应符合下列规定：

太阳辐照量小于 8MJ/(m² · d)；

太阳辐照量大十等于 8MJ/(m² · d)且小于 12MJ/(m² · d)；

太阳辐照量大于等于 12MJ/(m² · d)且小于 16MJ/(m² · d)；

太阳辐照量大于等于 16MJ/(m² · d)。

4）对于因集热器安装角度、局部气象条件等原因导致太阳辐照量难以达到 16MJ/m² 的工程，可由检测机构、委托单位等有关各方根据实际情况对太阳辐照量的测试条件进行适当调整，但测试天数不得少于 4d，测试期间的太阳辐照量应均匀分布。

### 13.2.4 抽样原则

当太阳能供热水系统的集热器结构类型、集热与供热水范围、系统运行方式、集热器内传热工质、辅助能源安装位置以及辅助能源启动方式相同，且集热器总面积、贮热水箱容积的偏差均在 ±10%以内时，应视为同一类型太阳能供热水系统。同一类型太阳能供热水系统被测试数量应为该类型系统总数量的 2%，且不得少于 1 套。

### 13.2.5 试验步骤

（1）长期测试的时间应符合《可再生能源建筑应用工程评价标准》GB/T 50801—2013 第 4.2.3 条的规定。

太阳能热水系统长期测试的周期不应少于 120d，且应连续完成，长期测试开始的时间应在每年春分（或秋分）前至少 60d 开始，结束时间应在每年春分（或秋分）后至少 60d 结束。长期测试周期内的平均负荷率不应小于 30%。

（2）短期测试时，每日测试的时间从上午 8 时开始至达到所需要的太阳辐射量为止。

（3）测试参数应包括集热系统进、出口温度、流量、环境温度和风速，采样时间间隔不得大于 10s。

（4）太阳能集热系统得热量$Q_j$可以用热量表直接测量，也可通过分别测量温度、流量等参数后按下式计算：

$$Q_j = \sum_{i=1}^{n} m_{ji} \rho_w c_{pw}(t_{dji} - t_{bji}) \Delta T_{ji} \times 10^{-6}$$

式中：$Q_j$——太阳能集热系统得热量（MJ）；

$n$——总记录数；

$m_{ji}$——第$i$次记录的集热系统平均流量（m³/s）；

$\rho_w$——集热工质的密度（kg/m³）；

$c_{pw}$——集热工质的比热容［J/(kg · ℃)］；

$t_{dji}$——第$i$次记录的集热系统的出口温度（℃）；

$t_{bji}$——第$i$次记录的集热系统的进口温度（℃）；

$\Delta T_{ji}$——第$i$次记录的时间间隔（s），$\Delta T_{ji}$不应大于 600s。

## 13.3　太阳能热利用系统的太阳能集热系统集热效率检测

### 13.3.1 检测依据

《可再生能源建筑应用工程评价标准》GB/T 50801—2013

### 13.3.2　检测设备

（1）太阳能热利用测试系统；

（2）钢卷尺：仪器准确度 ±1.0%；

（3）总辐射表：应符合《总辐射表》GB/T 19565—2017 的要求。

### 13.3.3　检测条件及环境

见第 13.2.3 节。

### 13.3.4　抽样原则

见第 13.2.4 节。

### 13.3.5　试验步骤

长期测试的时间应符合《可再生能源建筑应用工程评价标准》GB/T 50801—2013 第 4.2.3 条的规定。

太阳能热水系统长期测试的周期不应少于 120d，且应连续完成，长期测试开始的时间应在每年春分（或秋分）前至少 60d 开始，结束时间应在每年春分（或秋分）后至少 60d 结束。长期测试周期内的平均负荷率不应小于 30%。

短期测试时，每日测试的时间从上午 8 时开始至达到所需要的太阳辐射量为止。达到所需要的太阳辐射量后，应采取停止集热系统循环泵等措施，确保系统不再获取太阳得热。

$$\eta = Q_j/(A \times H) \times 100\%$$

式中：$\eta$——太阳能热利用系统的集热系统效率（%）；

　　　$Q_j$——太阳能热利用系统的集热系统得热量（MJ）；

　　　$A$——集热系统的集热器总面积（m²）；

　　　$H$——太阳能总辐照量（MJ/m²）。

## 13.4　太阳能热利用系统的太阳能集热系统太阳能保证率检测

### 13.4.1　检测依据

《可再生能源建筑应用工程评价标准》GB/T 50801—2013

### 13.4.2　检测设备

（1）太阳能热利用测试系统；

（2）温度仪表（环境空气温度）：仪器准确度 ±0.5℃，仪器精度 ±0.2℃；

（3）温度仪表（水温度）：仪器准确度 ±0.2℃，仪器精度 ±0.1℃；

（4）液体流量计：仪器准确度 ±1.0%；

（5）风速仪：仪器准确度 ±0.5m/s；

（6）钢卷尺：仪器准确度 +1.0%；

（7）总辐射表：应符合《总辐射表》GB/T 19565—2017 的要求。

### 13.4.3 检测条件及环境

见第 13.2.3 节。

### 13.4.4 抽样原则

见第 13.2.4 节。

### 13.4.5 试验步骤

（1）长期测试的时间应符合《可再生能源建筑应用工程评价标准》GB/T 50801—2013 标准第 4.2.3 条的规定。

太阳能热水系统长期测试的周期不应少于 120d，且应连续完成，长期测试开始的时间应在每年春分（或秋分）前至少 60d 开始，结束时间应在每年春分（或秋分）后至少 60d 结束。长期测试周期内的平均负荷率不应小于 30%。

（2）短期测试时，太阳能热水供应前端（用于供热水箱收集热量的设备一端）每日测试的时间从上午 8 时开始至达到所需要的太阳辐射量为止。达到所需要的太阳辐射量后，应采取停止集热系统循环泵等措施，确保系统不再获取太阳得热。太阳能热水供应末端（用户用热水端）每日测试持续的时间应从上午 8 时开始到次日上午 8 时结束。

（3）应该按照所测试的太阳能集热器的角度设置相同的太阳辐照测试仪，且没有相关物体在测试期间进行遮挡。测量空气温度时应确保温度传感器置于遮阳且通风的环境中，高于地面约 1m，距离集热系统的距离在 1.5～10.0m 之间。环境温度传感器的附近不应有烟囱、冷却塔或热气排风扇等影响环境温度的条件存在。采样时间间隔不得大于 10s。

（4）太阳能热水供应前端，供热水箱收集热量的进水口（或热水循环口）应用热量表直接测量系统总得热量$Q_j$，也可通过分别测试对应供热水箱的进出口温度、流量等参数进行计算，采样时间间隔不得大于 10s。

（5）太阳能热水供应末端，应用热量表直接测量总能耗$Q_z$；也可通过分别测试系统的冷水、热水温度，及对应的流量等参数进行计算，采样时间间隔不得大于 10s。

（6）单日太阳能保证率应按照下式计算：

$$f_i = Q_j/Q_z \times 100$$

式中：$f_i$——单日太阳能保证率（%）；

$\quad Q_j$——太阳能集热系统得热量（MJ）；

$\quad Q_z$——系统能耗（MJ）。

短期测试时系统的太阳能保证率按照下式计算：

$$f = \frac{x_1 f_1 + x_2 f_2 + x_3 f_3 + x_4 f_4}{x_1 + x_2 + x_3 + x_4}$$

式中：$\qquad f$——系统的太阳能保证率（%）；

$f_1$，$f_2$，$f_3$，$f_4$——依据《可再生能源建筑应用工程评价标准》第 4.2.3 条第 4 款

$\qquad\qquad$ 确定的各太阳辐照量下的单日太阳能保证率（%）；

$x_1$，$x_2$，$x_3$，$x_4$——依据《可再生能源建筑应用工程评价标准》GB/T 50801—

$\qquad\qquad$ 2013 附录 C 取值。

## 13.5　太阳能光伏组件发电效率

### 13.5.1　检测依据

《可再生能源建筑应用工程评价标准》GB/T 50801—2013

### 13.5.2　检测设备

（1）太阳能热利用测试系统；

（2）风速仪：仪器准确度 ±0.5m/s；

（3）温度仪表（环境空气温度）：仪器准确度 ±0.5℃，仪器精度 ±0.2℃；

（4）钢卷尺：仪器准确度 ±1.0%；

（5）总辐射表：应符合《总辐射表》GB/T 19565—2017 的要求；

（6）电功率表：误差不大于 5%。

### 13.5.3　检测条件及环境

（1）在测试前，应确保系统在正常负载条件下连续运行 3d，测试期内的负载变化规律应与设计文件一致。

（2）长期测试的周期不应少于 120d，且应连续完成，长期测试开始的时间应在每年春分（或秋分）前至少 60d 开始，结束时间应在每年春分（或秋分）后至少 60d 结束。

（3）短期测试需重复进行 3 次，每次短期测试时间应为当地太阳正午时前 1h 到太阳正午时后 1h，共计 2h。

（4）短期测试期间，室外环境平均温度 $t_a$ 的允许范围应为年平均环境温度 ±10℃。

（5）短期测试期间，环境空气的平均流动速率不应大于 4m/s。

（6）短期测试期间，太阳总辐照度不应小于 700W/m²，太阳总辐照度的不稳定度不应大于 ±50W。

注：短期：测试时间 3d。

### 13.5.4　抽样原则

当太阳能光伏系统的太阳能电池组件类型、系统与公共电网的关系相同，且系统装机容量偏差在 10% 以内时，应视为同类型太阳能光伏系统。同一类型太阳能光伏系统被测试数量应为该类型系统总数量的 5%，且不得少于 1 套。

### 13.5.5　试验步骤

（1）应测试系统每日的发电量、光伏电池表面上的总太阳辐照量、光伏电池板的面积、光伏电池背板表面温度、环境温度和风速等参数，采样时间间隔不得大于 10s。

（2）对于独立太阳能光伏系统，电功率表应接在蓄电池组的输入端，对于并网太阳能光伏系统，电功率表应接在逆变器的输出端。

（3）测试开始前，应切断所有外接辅助电源，安装调试好太阳辐射表、电功率表/温度自记仪和风速计，并测量太阳能电池方阵面积。

（4）测试期间数据记录时间间隔不应大于 600s，采样时间间隔不应大于 10s。

$$\eta_\mathrm{d} = \frac{3.6 \times \sum\limits_{i=1}^{n} E_i}{\sum\limits_{i=1}^{n} H_i A_{ci}} \times 100$$

式中：$\eta_\mathrm{d}$——太阳能光伏系统光电转换效率（%）；

$n$——不同朝向和倾角采光平面上的太阳能电池方阵个数；

$H_i$——第 $i$ 个朝向和倾角采光平面上单位面积的太阳辐射量（MJ/m²）；

$A_{ci}$——第 $i$ 个朝向和倾角平面上的太阳能电池采光面积（m²），在测量太阳能光伏系统电池面积时，应扣除电池的间隙距离，将电池的有效面积逐个累加，得到总有效采光面积；

$E_i$——第 $i$ 个朝向和倾角采光平面上的太阳能光伏系统的发电量（kW·h）。

## 13.6  太阳能光伏发电系统年发电量

### 13.6.1  检测依据

《可再生能源建筑应用工程评价标准》GB/T 50801—2013

### 13.6.2  检测设备

见第 13.5.2 节。

### 13.6.3  检测条件及环境

见第 13.5.3 节。

### 13.6.4  抽样原则

见第 13.5.4 节。

### 13.6.5  试验步骤

（1）测试太阳辐照量，环境温度，风速等参数。应该按照所测试的太阳能光伏板的角度设置相同的太阳辐照测试仪，且没有相关物体在测试期间进行遮挡。测量空气温度时应确保温度传感器置于遮阳且通风的环境中，高于地面约 1m，距离集热系统的距离在 1.5～10.0m 之间。环境温度传感器的附近不应有烟囱、冷却塔或热气排风扇等影响环境温度的条件存在。采样时间间隔不得大于 10s。

（2）测试光伏电池板的面积、光伏电池背板表面温度，采样时间间隔不得大于 10s。

（3）测试系统每日发电量。对于独立太阳能光伏系统，电功率表应接在蓄电池组的输入端；对于并网太阳能光伏系统，电功率表应接在逆变器的输出端。采样时间间隔不得大于 10s。

长期测试的年发电量按照如下公式计算：

$$E_n = \frac{365\sum_{i=1}^{n} E_{\mathrm{d}i}}{N}$$

式中：$E_n$——太阳能光伏系统年发电量（kW·h）；

　　　$E_{\mathrm{d}i}$——长期测试期间第 $i$ 日的发电量（kW·h）；

　　　$N$——长期测试持续的天数。

短期测试的年发电量按照如下公式计算

$$E_n = \frac{\eta_{\mathrm{d}}\sum_{i=1}^{n} H_{\mathrm{a}i} \cdot A_{\mathrm{c}i}}{3.6 \times 100}$$

式中：$E_n$——太阳能光伏系统年发电量（kW·h）；

　　　$\eta_{\mathrm{d}}$——太阳能光伏系统光电转换效率（%）；

　　　$n$——不同朝向和倾角采光平面上的太阳能电池方阵个数；

　　　$H_{\mathrm{a}i}$——第 $i$ 个朝向和倾角采光平面上全年单位面积的总太阳辐射量（MJ/m²），按照《可再生能源建筑应用工程评价标准》GB/T 50801—2013 附录 D 的方法计算；

　　　$A_{\mathrm{c}i}$——第 $i$ 个朝向和倾角采光平面上的太阳能电池面积。

# 附录

## 附录　部分检测原始记录表格与报告

### 附录 2.1　导热系数检测原始记录（通用）

| 样品名称 | | | 委托编号 | | |
|---|---|---|---|---|---|
| 规格型号 | | | 样品编号 | | |
| 工程名称 | | | 送样日期 | 年　　月　　日 | |
| | | | 检验日期 | 年　　月　　日 | |
| 检验设备 | 设备名称 | | 唯一性编号 | | |
| | | | | | |
| 检验依据 | 《绝热材料稳态热阻及有关特性的测定　防护热板法》GB/T 10294—2008 | | | | |
| 试验参数 | 环境温度/℃ | | 防护板温度 | | 1 号冷板温度 |
| | 环境湿度/% | | 计量板温度 | | 2 号冷板温度 |
| 调节环境 | □ 在（23±1）℃、（50±10）%RH 中，持续调节 24h 以上，直至与室内空气质量平衡；<br>□ 在（105±5）℃下烘烤 24h 以上，直至样品恒质；<br>□ 其他 | | | | |
| | 检验项目 | 1 号样品（左侧） | | 2 号样品（右侧） | |
| 初始状态 | 样品尺寸（长×宽）/mm | | | | |
| | 样品厚度/mm | | | | |
| | 样品质量/g | | | | |
| 状态调节 | 调节后样品厚度/mm | | | | |
| | 调节后样品质量/g | | | | |
| | 调节后样品密度/（kg/m³） | | | | |
| | 调节过程中相对质量变化/% | | | | |
| | 调节过程中相对厚度变化/% | | | | |
| 测定参数 | 平均加紧厚度/mm | | 计量热板平均温度/℃ | | |
| | 冷板平均温度/℃ | | 平均温差/℃ | | |
| | 计量面积/m² | | 修正系数 | | |
| | 平均功率/W | | | | |
| | 导热系数/［W/(m·K)］ | | | | |
| 备注 | | | | | |

## 附录 2.2　导热系数检测报告（通用）

| 样品名称 | | 生产厂家 | |
|---|---|---|---|
| 产品规格 | | 样品编号 | |
| 样品状态 | | 工程部位 | |
| 检测项目 | 导热系数 | | |
| 检验类型 | 有见证人取样送检<br>见证人：/；见证号：/<br>见证单位：/ | | |
| 检验依据 | 《绝热材料稳态热阻及有关特性的测定　防护热板法》GB/T 10294—2008 | | |
| 主要仪器 | CD-DR3030（J）导热系数测定仪<br>电子天平<br>游标卡尺 | | |
| 检验项目及结果 | | | |

| 序号 | 检验项目 | 单位 | 方法标准 | 设计和标准要求 | 检验结果 | 单项判定 |
|---|---|---|---|---|---|---|
| 1 | 导热系数 | W/(m·K) | GB/T 10294—2008 | ≤ 0.040 | 0.031 | 合格 |
| 检验结论 | 所检导热系数符合设计要求 | | | | | |
| 备注： | | | | | | |

## 附录 2.3  挤塑板（XPS）表观密度试验检测原始记录

| 样品名称 | | | | 委托编号 | | | | |
|---|---|---|---|---|---|---|---|---|
| 规格型号 | | | | 样品编号 | | | | |
| 工程名称 | | | | 送样日期 | | 年　　月　　日 | | |
| | | | | 检验日期 | | 年　　月　　日 | | |
| 检验设备 | | | 电子天平<br>游标卡尺 | | | | | |
| 检验依据 | | | 《泡沫塑料及橡胶 表观密度的测定》GB/T 6343—2009 | | | | | |
| 调节环境 | | | 温度（23±2）℃、相对湿度（50±5）%　　样品调节时间：16h | | | | | |
| 试验环境 | | | 温度（　　　　℃）、相对湿度（　　　　%） | | | | | |
| 编号 | 样品尺寸/mm | | | 样品体积<br>$V$/mm³ | 排除空气的<br>质量$m_a$/g | 样品质量$m$/g | 表观密度/<br>（kg/m³） | 平均值/<br>（kg/m³） |
| | 长$L$ | 宽$b$ | 厚$h$ | | | | | |
| B-1 | | | | | | | | |
| B-2 | | | | | | | | |
| B-3 | | | | | | | | |
| B-4 | | | | | | | | |
| B-5 | | | | | | | | |

$$\rho = \frac{m}{V} \times 10^6 \tag{1}$$

$$\rho = \frac{m + m_a}{V} \times 10^6 \tag{2}$$

式中：$V$——样品的体积（mm³）；

　　　$m$——样品的质量（g）；

　　　$m_a$——排除空气的质量，常压和一定温度时的空气密度（g/mm³）乘以样品体积（mm³）（g）。

注：密度低于15kg/m³闭孔泡沫材料的表观密度用式（2）计算，其余情况按式（1）计算。

样品尺寸要求（长×宽×厚）：100mm×100mm×　　　　　　mm

（带有模塑表皮的制品，厚度取制品的原厚；橡塑保温材料厚度为工程实际使用厚度）

| 备注 | |
|---|---|
| | |

## 附录2.4 挤塑板（XPS）表观密度试验检测报告

| 样品名称 | — | | 生产厂家 | — | |
|---|---|---|---|---|---|
| 产品规格 | — | | 样品编号 | — | |
| 样品状态 | — | | 工程部位 | — | |
| 检测项目 | 密度 | | | | |
| 检验类型 | 有见证人取样送检<br>见证人：/见证号：/<br>见证单位：/ | | | | |
| 检验依据 | 《矿物棉及其制品试验方法》GB/T 5480—2017 | | | | |
| 主要仪器 | 电子天平<br>游标卡尺 | | | | |
| 检验项目及结果 | | | | | |
| 序号 | 检验项目 | 单位 | 方法标准 | 设计和标准要求 | 检验结果 | 单项判定 |
| 1 | 密度 | kg/m³ | 《泡沫塑料及橡胶表观密度的测定》GB/T 6343—2009 | 48（±10%） | 51 | 合格 |
| 检验结论 | 所检密度符合设计要求 | | | | |
| 备注： | | | | | |

## 附录2.5 矿物棉及其制品检测原始记录

| 样品名称 | | | | 委托编号 | | | | |
|---|---|---|---|---|---|---|---|---|
| 规格型号 | | | | 样品编号 | | | | |
| 工程名称 | | | | 送样日期 | | 年 | 月 | 日 |
| | | | | 检验日期 | | 年 | 月 | 日 |
| 检验设备 | 电子天平<br>DHG—9145A型电热鼓风干燥箱<br>游标卡尺 | | | | | | | |
| 检验依据 | 《矿物棉及其制品试验方法》GB/T 5480—2017 | | | | | | | |
| 调节环境 | 干燥箱温度：（110±5）℃、调节时间：3h | | | | | | | |
| 试验环境 | 温度（        ℃）、相对湿度（        %） | | | | | | | |
| 编号 | 样品尺寸/mm | | | 样品体积<br>$V$/mm³ | 样品质量<br>$m$/g | 表观密度<br>$\rho$/（kg/m³） | 平均值/（kg/m³） | |
| | 长$L$ | 宽$b$ | 厚$h$ | | | | | |
| B-1 | | | | | | | | |
| B-2 | | | | | | | | |
| B-3 | | | | | | | | |
| B-4 | | | | | | | | |
| $$\rho = \frac{m}{Lbh} \times 10^9$$<br>式中：$m$——样品的质量（g）；<br>　　　$L$——样品的长度（mm）；<br>　　　$b$——样品的宽度（mm）；<br>　　　$h$——样品的厚度（mm）。<br>样品尺寸：300mm×300mm×　　　mm（制品实际厚度） | | | | | | | | |
| 备注 | | | | | | | | |

## 附录2.6 矿物棉及其制品检测报告

| 样品名称 | 岩棉板 | | 生产厂家 | — |
|---|---|---|---|---|
| 产品规格 | — | | 样品编号 | — |
| 样品状态 | 外观完好 | | 工程部位 | — |
| 检测项目 | 密度 | | | |
| 检验类型 | 普通送检 | | | |
| 检验依据 | 《矿物棉及其制品试验方法》GB/T 5480—2017 | | | |
| 主要仪器 | 电子天平<br>游标卡尺 | | | |
| 检验项目及结果 | | | | | | |
| 序号 | 检验项目 | 单位 | 方法标准 | 设计和标准要求 | 检验结果 | 单项判定 |
| 1 | 密度 | kg/m³ | GB/T 5480—2017 | ≥100 | 107 | 合格 |
| 备注： | | | | | | |

## 附录 2.7　保温材料（建筑保温砂浆）密度检验原始记录

| 样品<br>名称 | | | | 委托<br>编号 | | | |
|---|---|---|---|---|---|---|---|
| 规格<br>型号 | | | | 样品<br>编号 | | | |
| 工程<br>名称 | | | | 送样<br>日期 | | 年　　月　　日 | |
| | | | | 检验<br>日期 | | 年　　月　　日 | |
| 检验<br>设备 | | 电子天平<br>DHG-9145A 型电热鼓风干燥箱<br>游标卡尺<br>钢卷尺 | | | | | |
| 检验<br>依据 | | 《建筑保温砂浆》GB/T 20473—2021 | | | | | |
| 调节<br>环境 | | 在（110±5）℃下烘烤直至样品恒质 | | | | | |
| 试验<br>环境 | | 温度（　　　℃）、相对湿度（　　　%） | | | | | |

| 编号 | 样品尺寸/mm | | | 样品体积<br>$V$/mm³ | 样品质量<br>$m$/g | 表观密度<br>$\rho$/（kg/m³） | 平均值/（kg/m³） |
|---|---|---|---|---|---|---|---|
| | 长$L$ | 宽$b$ | 厚$h$ | | | | |
| B-1 | | | | | | | |
| B-2 | | | | | | | |
| B-3 | | | | | | | |
| B-4 | | | | | | | |
| B-5 | | | | | | | |
| B-6 | | | | | | | |

$$\rho = m/V$$

式中：$V$——样品的体积（mm³）；

　　　$m$——样品的质量（g）；

　　　$\rho$——样品的密度（kg/m³）。

注：无机硬质绝热制品的样品质量$m$指在干燥箱温度（110±5）℃环境下烘干至恒质量时的值；

样品尺寸要求（长×宽×厚）：70.7mm×70.7mm×　　　mm（制品实际厚度且满足≥25mm）

| 备注 | |
|---|---|

## 附录 2.8　保温材料（建筑保温砂浆）密度检验报告

| 样品名称 | — | 生产厂家 | — |
|---|---|---|---|
| 产品规格 | — | 样品编号 | — |
| 样品状态 | — | 工程部位 | — |
| 检测项目 | | 密度 | |
| 检验类型 | | 有见证人取样送检<br>见证人：/见证号：/<br>见证单位：/ | |
| 检验依据 | | 《建筑保温砂浆》GB/T 20473—2021 | |
| 主要仪器 | | 电子天平<br>游标卡尺<br>DHG-9145A 型电热鼓风干燥箱 | |
| 检验项目及结果 | | | | | | |
| 序号 | 检验项目 | 单位 | 方法标准 | 设计和标准要求 | 检验结果 | 单项判定 |
| 1 | 密度 | kg/m³ | GB/T 20473—2021 | ≤350 | 300 | 合格 |
| 检验结论 | | 所检密度符合设计要求 | | | | |
| 备注： | | | | | | |

## 附录2.9 保温材料（硬质泡沫塑料制品）吸水率检验原始记录

| 样品名称 | | | |
|---|---|---|---|
| 规格型号 | | 样品编号 | |
| 工程名称 | | 送样日期 | 年　　月　　日 |
| | | 检验日期 | 年　　月　　日 |
| 检验设备 | 电子天平<br>游标卡尺<br>数字式投影仪 | | |
| 检验依据 | 《硬质泡沫塑料吸水率的测定》GB/T 8810—2005 | | |
| 调节环境 | 温度（23±2）℃、相对湿度（50±5）%样品调节时间：6h | | |
| 试验条件 | 浸泡液温度（23±2）℃、浸泡液密度（$\rho=1g/cm^3$）、浸泡时间（96±1）h | | |

| 编号 | 样品尺寸/mm | | | 样品体积 $V_0/cm^3$ | 样品调节后质量 $m_1/g$ | 装有试样的网笼浸在水中的表观质量 $m_3/g$ | 网笼浸在水中的表观质量 $m_2/g$ | 吸水率 $WA_v$/% | 平均值/% |
|---|---|---|---|---|---|---|---|---|---|
| | 长 | 宽 | 厚 | | | | | | |
| D-1 | | | | | | | | | |
| D-2 | | | | | | | | | |
| D-3 | | | | | | | | | |

| 说明 | 此检测的样品平均泡孔直径　　　0.50mm，样品体积　　　500cm³，切割面泡孔的体积校正系数3.0%，（□可以，□不可以）忽略不计。 |
|---|---|

$$WA_v = \frac{m_3 + V_1 \times \rho - (m_1 + m_2 + V_c \times \rho)}{V_0 \times \rho} \times 100\% \tag{1}$$

式中：$m_1$——试样调节后的质量（g）；
　　　$m_2$——网笼浸在水中的表观质量（g）；
　　　$m_3$——装有试样的网笼浸在水中的表观质量（g）；
　　　$V_0$——试样初始体积（cm³）；
　　　$V_1$——试样浸泡后的体积（cm³）；
　　　$V_c$——试样切割表面泡孔的体积（cm³）；
　　　$WA_v$——样品的吸水率（体积分数）（%）。

说明：试样浸泡前后没有明显的非均匀溶胀现象，若切割面泡孔的体积校正系数可以忽略，则认为$V_c \approx 0$，$V_1 \approx V_0$，此时的吸水率可以用式（2）计算。

$$WA_v = \frac{m_t - m_1}{V_0 \times \rho} \times 100\% \tag{2}$$

样品尺寸要求（长×宽×厚）：150mm×150mm×　　　mm（制品实际厚度且满足≤75mm）

| 备注 | |
|---|---|

## 附录 2.10　保温材料（硬质泡沫塑料制品）吸水率检验检测报告

<table>
<tr><td rowspan="5">样品信息</td><td>样品名称</td><td colspan="5">—</td></tr>
<tr><td>生产厂家</td><td colspan="5">—</td></tr>
<tr><td>样品尺寸<br>（长×宽×厚）</td><td colspan="5">150mm×150mm×40mm　　（吸水率）</td></tr>
<tr><td>样品编号</td><td colspan="5">—</td></tr>
<tr><td>其他</td><td colspan="5">产品规格：/　　工程部位：/</td></tr>
<tr><td>检验依据</td><td colspan="6">《硬质泡沫塑料吸水率的测定》GB/T 8810—2005</td></tr>
<tr><td>主要仪器</td><td colspan="6">电子天平<br>游标卡尺<br>数字式投影仪</td></tr>
<tr><td>检验<br>结果</td><td>检验项目</td><td>单位</td><td>检验结果</td><td>判定指标</td><td>单项<br>结论</td></tr>
<tr><td></td><td>吸水率</td><td>%</td><td>0.4</td><td>≤1.5</td><td>合格</td></tr>
<tr><td colspan="4">见证人：/<br>见证号：/<br>见证单位：/<br>监督员：/<br>监督登记号：/</td><td>备注</td><td>此外空白</td></tr>
</table>

## 附录 2.11　保温材料（柔性泡沫塑料绝热制品）吸水率检验原始记录

| 样品名称 | | | | | | 委托编号 | | | |
|---|---|---|---|---|---|---|---|---|---|
| 规格型号 | | | | | | 样品编号 | | | |
| 工程名称 | | | | | | 送样日期 | 年　　月　　日 | | |
| | | | | | | 检验日期 | 年　　月　　日 | | |
| 检验设备 | 电子天平<br>智能真空泵<br>游标卡尺 | | | | | | | | |
| 检验依据 | 《柔性泡沫橡塑绝热制品》GB/T 17794—2021 | | | | | | | | |
| 调节环境 | 温度（23±2）℃、相对湿度（50±5）%　样品调节时间：24h | | | | | | | | |
| 试验条件 | 在绝对真空度 85kPa 的容器中保持吸水 3min | | | | | | | | |
| 编号 | 样品尺寸/mm | | | 样品调节后质量<br>$m_1$/g | 样品吸水后质量<br>$m_2$/g | 真空吸水率<br>$\rho$/% | | 平均值/% | |
| | 长 | 宽 | 厚 | | | | | | |
| D-1 | | | | | | | | | |
| D-2 | | | | | | | | | |

$$\rho = \frac{m_2 - m_1}{m_1} \times 100$$

式中：$\rho$——样品的真空吸水率（%）。

注：样品尺寸要求（长×宽×厚）：100mm×100mm×　　mm（制品实际厚度）

| 备注 | |
|---|---|

## 附录2.12  保温材料（柔性泡沫塑料绝热制品）吸水率检验报告

<table>
<tr><td rowspan="5">样品信息</td><td>样品名称</td><td colspan="5">—</td></tr>
<tr><td>生产厂家</td><td colspan="5">—</td></tr>
<tr><td>样品尺寸<br>（长×宽×厚）</td><td colspan="5">150mm×150mm×25mm（吸水率）</td></tr>
<tr><td>样品编号</td><td colspan="5">—</td></tr>
<tr><td>其他</td><td colspan="5">产品规格：/　　工程部位：/</td></tr>
<tr><td>检验依据</td><td colspan="6">《柔性泡沫橡塑绝热制品》GB/T 17794—2021</td></tr>
<tr><td>主要仪器</td><td colspan="6">电子天平<br>游标卡尺</td></tr>
<tr><td>检验<br>结果</td><td>检验项目</td><td>单位</td><td>检验结果</td><td>判定指标</td><td colspan="2">单项<br>结论</td></tr>
<tr><td></td><td>吸水率</td><td>%</td><td>0.2</td><td>≤0.5%</td><td colspan="2">合格</td></tr>
<tr><td colspan="4">见证人：/<br>见证号：/<br>见证单位：/<br>监督员：/<br>监督登记号：/</td><td>备注</td><td colspan="2">此处空白</td></tr>
</table>

## 附录 2.13　传热系数检验原始记录

| 试件名称 | | — | 委托编号 | | — | |
|---|---|---|---|---|---|---|
| 规格尺寸 | | — | 试件编号 | | — | |
| 工程名称 | | — | 送样日期 | | 年　　月　　日 | |
| | | | 检验日期 | | 年　　月　　日 | |
| 检验设备 | | — | | | | |
| 检验依据 | | | | | | |
| 试件信息 | 试件总面积 | | | | | |
| | 试件构造及厚度 | | | | | |
| 试验条件 | 环境空气温度 | | 计量箱空气相对湿度 | | 防护箱空气温度 | |
| | 冷箱空气温度 | | 热箱外壁热流系数$M_3$ | | 试件框热流系数$M_2$ | |
| | 试件冷侧表面气流速度 | | 试件计量面积$A$ | | 传热方向 | |
| | 测量装置尺寸 | | 内表面辐射率 | | 估计准确度 | |
| | 计量箱空气温度 | | 传热稳定时间 | | 采集间隔时间 | |
| 养护时间 | | 试件成形后置于通风良好的室外环境自然养护 20d 以上，检验时试件达到风干状态 | | | | |
| 备注 | | | | | | |

## 附录 2.14　传热系数检验报告

| 工程名称 | — | 报告编号 | — |
|---|---|---|---|
| 委托单位 | — | 委托日期 | /年/月/日 |
| 试件名称 | — | 检验日期 | /年/月/日 |
| 试件编号 | — | 报告日期 | /年/月/日 |
| 检验类型 | 普通送检/<br>见证人：/见证号：/<br>见证单位：/ | | |
| 设计指标 | — | | |
| 检测方法 | 防护热箱法 | | |
| 检验依据 | 《绝热 稳态传热性质的测定 标定和防护热箱法》GB/T 13475—2008 | | |
| 主要仪器 | WTRZ-1515A 型建筑墙体稳态传热性能试验机 | | |
| 试件材料信息 | 主体材料类型：/<br>生产厂家：/<br>主体材料规格尺寸（长×宽×厚）：600mm×200mm×200mm<br>墙体构造及厚度：内 15mm 水泥砂浆 + 200mm 蒸压加气混凝土砌块 + 外 15mm 水泥砂浆 | | |
| 检验条件 | 环境空气温度：25℃ | | |
| | 计量箱空气温度：30.0℃<br>计量箱空气相对湿度：54%<br>防护箱空气温度：30.0℃<br>冷箱空气温度：−10.0℃<br>热箱外壁热流系数$M_3$：3.386<br>试件框热流系数$M_2$：0.499 | 试件冷侧表面气流速度 3.0m/s<br>试件计量面积$A$：1.49m²<br>传热方向：从热到冷<br>内表面辐射率：0.85<br>传热稳定时间：24h<br>采集间隔时间：30min | |
| 检验结果 | 传热系数$K$：1.64W/(m²·K) | | |
| 结论 | 所检项目墙体传热系数符合设计指标（检测值＜设计值） | | |
| 备注 | — | | |

## 附录 2.15　保温装饰板——单位面积质量检测原始记录

| 样品名称 | | 委托编号 | |
|---|---|---|---|
| 规格型号 | | 样品编号 | |
| 工程名称 | | 送样日期 | |
| | | 检验日期 | |
| 检测依据 | | | |
| 仪器设备 | | | |
| 检测结果 | | | | | | | | | |
| 试验日期 | | | | 试验环境 | | | | | |
| 试验编号 | | | | | | | | | |
| 长度 $L$/mm | | | | | | | | | |
| 平均值 $L$/mm | | | | | | | | | |
| 宽度 $B$/mm | | | | | | | | | |
| $B$平均值/mm | | | | | | | | | |
| 质量 $m$/kg | | | | | | | | | |
| 单位面积质量 $E$/（kg/m²） | | | | | | | | | |
| $E$平均值/（kg/m²） | | | | | | | | | |
| 备注 | $E = \dfrac{m}{L \times B} \times 10^6$ | | | | | | | | |

## 附录 2.16 保温装饰板——单位面积质量检测报告

| 委托单位 | | 报告编号 | |
|---|---|---|---|
| 检测单位 | | | |
| 样品名称 | | 样品编号 | |
| 工程名称 | | 委托编号 | |
| 见证单位 | | 委托日期 | |
| 规格型号 | | 检测日期 | |
| 生产厂家 | | 报告日期 | |
| 样品状态 | | 见证人 | |
| 工程部位 | | 检测类别 | |
| 主要检测设备 | 钢卷尺<br>电子台秤 | | |
| 检测依据 | 《保温装饰板外墙外保温系统材料》JG/T 287—2013 | | |
| 判定依据 | 《保温装饰板外墙外保温系统材料》JG/T 287—2013 | | |
| 检测数据 | | | |
| 检测项目 | 单位 | 性能指标（Ⅰ型） | 检测结果 | 单项评定 |
| 单位面积质量 | （kg/m²） | ＜20 | 14 | 合格 |
| 检测结论 | 依据《保温装饰板外墙外保温系统材料》JG/T 287—2013 标准判定，单位面积质量符合Ⅰ型指标要求 | | |
| 备注 | | | |

# 附录 3.1 玻璃纤维网布检验报告示例

委托单位：　　　　　　　　　　　　　　　　　　报告编号：

工程名称：

工程部位：　　　　　　　　　　　　　　　　　　检验类别：

监督登记号：　　　　　　　　　　　　　　　　　评定依据：

见证单位：　　　　　　　　　　　　　　　　　　见证人：

送样日期：　　　　　　　　检验日期：　　　　　　报告日期：

| 样品信息 | | | | |
|---|---|---|---|---|
| 样品编号 | | 样品名称 | | |
| 网布代号 | | 代表批量/m² | | |
| 生产厂家 | | 出厂日期 | | |
| 检测结果 | | | | |
| 检测项目 | | 检测依据 | 技术要求 | 实测值 | 单项评定 |
| 单位面积质量/（g/m²） | | | | | |
| 断裂强力/（N/50mm） | 径向 | | | | |
| | 纬向 | | | | |
| 耐碱性（拉伸断裂强力保留率）/% | 径向 | | | | |
| | 纬向 | | | | |
| 结论 | | | | | |
| 备注 | | — | | | |

注：1. 若对报告有异议，应于收到报告之日起 15 日内，以书面形式向本公司提出，逾期视为对报告无效。

　　2. 未经本公司书面批准，不得部分复制检测报告（完整复制除外）。

　　3. 本公司地址：××××××××；电话：×××××××××××

批准：　　　　　　　　　　审核：　　　　　　　　　　检验：

## 附录6.1　铝合金隔热型材检验报告

委托单位：　　　　　　　　　　　　　　报告编号：

工程名称：

工程部位：　　　　　　　　　　　　　　检验类别：

监督登记号：　　　　　　　　　　　　　评定依据：《铝合金建筑型材 第 6 部分：隔热型
　　　　　　　　　　　　　　　　　　　材》GB/T 5237.6—2017

见证单位：　　　　　　　　　　　　　　见证人：

送样日期：　　　　检测日期：　　　　　报告日期：

| 样品信息 | | | | |
|---|---|---|---|---|
| 样品编号 | | 型材名称 | | |
| 牌号（供应状态） | | 膜层类型 | | |
| 外接圆直径/mm | | 类别 | | |
| 种类 | | 公称壁厚/mm | | |
| 生产厂家 | | 代表数量/根 | | |
| 检测结果 | | | | |
| 检测项目 | | 检测依据 | 技术要求 | 实测值 | 单项评定 |

| 检测项目 | | 检测依据 | 技术要求 | 实测值 | 单项评定 |
|---|---|---|---|---|---|
| 纵向抗剪试验/（N/mm） | 室温 | 《铝合金建筑型材 第 6 部分：隔热型材》GB/T 5237.6—2017 | | | |
| | 低温 | | | | |
| | 高温 | | | | |
| 横向抗拉试验/（N/mm） | 室温 | 《铝合金隔热型材复合性能试验方法》GB/T 28289—2012 | | | |
| | 低温 | | | | |
| | 高温 | | | | |
| 结论 | | | | | |
| 备注 | | | | | |

注：1. 若对报告有异议，应于收到报告之日起 20 日内，以书面形式向本公司提出，逾期视为对报告无异议。

2. 未经本公司书面批准，不得部分复制本检验报告。（完全复制除外）

3. 本公司地址：××××××××××；电话：××××××××××

批准：　　　　　　　审核：　　　　　　　检验：

## 附录 7.1  门窗三性检验报告

| 委托单位 | | | | |
|---|---|---|---|---|
| 工程名称 | | 样品编号 | | |
| 设计单位 | | 委托日期 | | |
| 施工单位 | | 检验日期 | | |
| 试件名称 | | 试件数量 | | |
| 检验类别 | | 工程地点 | | |
| 见证信息 | | | | |
| 检验依据及分级标准 | 《建筑外门窗气密、水密、抗风压性能检测方法》GB/T 7106—2019 《建筑幕墙、门窗通用技术条件》　　　　　GB/T 31433—2015 | | | |
| 检验项目 | 气密性能、水密性能、抗风压性能 | | | |
| 检验仪器 | 建筑外门窗综合物理性能试验机，空盒温度气压计，钢卷尺 | | | |
| 检验结论 | 报告日期：　　年　月　日 | | | |
| 备注 | — | | | |

## 附录7.2  建筑玻璃光学性能检验报告示例

| 工程名称 | — | 报告编号 | — |
|---|---|---|---|
| 委托单位 | — | 样品编号 | — |
| 样品名称 | — | 委托日期 | — |
| 样品数量 | — | 检验日期 | — |
| 检验类型 | — | | |
| 检验依据 | 《建筑玻璃 可见光透射比、太阳光直接透射比、太阳能总透射比、紫外线透射比及有关窗玻璃参数的测定》GB/T 2680—2021<br>《建筑门窗玻璃幕墙热工计算规程》JGJ/T 151—2008 | | |
| 检验项目 | 可见光透射比、太阳得热系数、传热系数 | | |
| 设计指标 | — | | |
| 主要仪器 | 紫外/可见光/红外分光光度计、傅里叶变换红外光谱仪 | | |
| 样品信息 | 生产厂家：/<br>规格型号（长×宽）：/<br>工程部位：/ | | |
| 检验结果 | — | | |
| 结果判定 | — | | |
| 备注 | — | | |

注：1. 未经本中心书面批准，不得涂改、换页、部分复制检验报告（完整复制除外）。

2. 检验地址：×××××；电话：××××××××××、××××××；传真：××××

批准：　　　　　　　　　审核：　　　　　　　　　　　主检：

## 附录 7.3 中空玻璃密封性能检验报告

工程名称：　　　　　　　　　　　　　　　　　　检验单位：

委托单位：　　　　　　　　　　　　　　　　　　报告编号：

委托日期：　　　　　　　　检验日期：　　　　　报告日期：

| 样品信息 | 样品名称 | — |
|---|---|---|
| | 样品编号 | — |
| | 玻璃厂家 | — |
| | 规格尺寸<br>（长×宽×厚） | — |
| | 样品类型 | — |
| | 样品数量 | 10 块 |
| 工程部位 | | — |
| 检验依据 | | 《建筑节能工程施工质量验收标准》GB 50411—2019 |
| 主要仪器 | | 中空玻璃露点仪 |
| 养护条件 | | 在温度（23±2）℃、相对湿度 30%～75%的环境下养护 24h 以上 |
| 检验条件 | | 环境温度：/　　　　　　　相对湿度：/ |
| 检验结果 | | — |
| 结　　论 | | — |
| 见证人：<br>见证号：<br>监督员：<br>监督登记号： | 备<br>注 | 此处空白 |

注：1. 未经本中心书面批准，不得涂改、换页、部分复制检验报告（完整复制除外）。
　　2. 检验地址：××××；电话：××××××××、××××××；传真：××××

批准：　　　　　　　　审核：　　　　　　　　　　主检：

## 附录7.4 门窗传热系数检验报告

| 工程名称 | | — | 报告编号 | — |
|---|---|---|---|---|
| 委托单位 | | — | 委托日期 | — |
| 试件名称 | | | 检验日期 | |
| 试件编号 | | — | 报告日期 | — |
| 检验类型 | | — | | |
| 设计指标 | | — | | |
| 检测方法 | | 标定热箱法 | | |
| 检验依据 | | 《建筑外门窗保温性能检测方法》GB/T 8484—2020 | | |
| 主要仪器 | | 建筑外窗保温性能检测设备 | | |
| 试件材料信息 | 试件 | 样品规格：/<br>生产单位：/ | | |
| | 型材 | 生产单位：/<br>种　类：/ | | |
| | 玻璃 | 生产单位：/<br>种　类：/<br>厚　度：/ | | |
| | 密封材料 | 生产单位：/<br>种　类：/ | | |
| 检验条件 | 冷箱气流速度：3.0m/s，热箱为空气自然对流<br>热箱外壁内、外表面面积加权温差：/<br>试件框热侧冷侧表面面积加权温差：/<br>填充板热侧冷侧两表面之间平均温差：/<br>热箱、冷箱空气平均温差：/ | | 热箱空气温度：20.00℃<br>冷箱空气温度：−20.00℃<br>环境空气温度：/<br>热室空气相对湿度：/<br>热箱电加热平均功率：/ | |
| 检验结果 | | — | | |
| 结论 | | — | | |
| 备注 | | — | | |

注：1. 未经本中心书面批准，不得涂改、换页、部分复制检验报告（完整复制除外）。
　　2. 检验地址：×××××××；电话：××××××××××、××××××；传真：××××

批准：　　　　　　　审核：　　　　　　　　　　主检：

## 附录 8.1  外墙节能构造及保温层厚度检测报告示例

| 外墙节能构造检验报告 | | 报告编号 | |
| --- | --- | --- | --- |
| | | 委托编号 | |
| | | 检测日期 | |
| 工程名称 | | | |
| 建设单位 | | 委托人/联系电话 | |
| 监理单位 | | 检测依据 | |
| 施工单位 | | 设计保温材料 | |
| 节能设计单位 | | 设计保温层厚度 | |

| 检验结果 | 检验项目 | 芯样 1 | 芯样 2 | 芯样 3 |
| --- | --- | --- | --- | --- |
| | 取样部位 | 轴线/层 | 轴线/层 | 轴线/层 |
| | 芯样外观 | 完整/基本<br>完整/破碎 | 完整/基本<br>完整/破碎 | 完整/基本<br>完整/破碎 |
| | 保温材料种类 | | | |
| | 保温层厚度 | mm | mm | mm |
| | 平均厚度 | mm | | |
| | 围护结构<br>分层做法 | 1 基层；<br>2<br>3<br>4<br>5 | 1 基层；<br>2<br>3<br>4<br>5 | 1 基层；<br>2<br>3<br>4<br>5 |
| | 照片编号 | | | |

| 结论： | 见证意见：<br>1. 抽样方法符合规定；<br>2. 现场钻芯真实；<br>3. 芯样照片真实；<br>4. 其他。<br>见证人： |
| --- | --- |

| 批准 | | 审核 | | 检验 | |
| --- | --- | --- | --- | --- | --- |
| 检验单位 | | （印章） | | 报告日期 | |

## 附录 8.2 保温板粘结强度检测报告

| 委托单位：XXXXXXXX有限公司 | | | | | 报告编号：XXXXXXX-XXXXXXX-XXXXX | | | | |
|---|---|---|---|---|---|---|---|---|---|
| 工程名称：XX项目保温板拉拔试验（自检） | | | | | 检验依据：《建筑工程饰面砖粘结强度检验标准》JGJ/T 110—2017 | | | | |
| 工程地点：XXXXXXX | | | | | 仪器名称：一体式粘结强度检测仪（G5878） | | | | |
| 检测日期：20XX-X | | | | | 报告日期：20XX-X-X | | | | |
| 序号 | 取样部位 | 试样尺寸/mm | 拉拔力/kN | 粘结强度实测值/MPa | 粘结强度平均值/MPa | 粘结强度单块最小值/MPa | 破坏状态 | 结果评定 | |
| 1 | | 97×45 | 2.08 | 0.5 | 0.5 | 0.4 | 3 | 合格 | |
| | | 97×46 | 2.13 | 0.5 | | | 3 | | |
| | | 95×47 | 1.98 | 0.4 | | | 3 | | |
| 2 | | 96×48 | 2.02 | 0.4 | 0.4 | 0.4 | 3 | 合格 | |
| | | 94×46 | 1.71 | 0.4 | | | 6 | | |
| | | 98×46 | 1.92 | 0.4 | | | 3 | | |

备注：破坏状态序号是参考《建筑工程饰面砖粘结强度检验标准》JGJ/T 110—2017 附录 A 的规定而制定的，"1"表示胶粘剂与保温板或标准块界面断开；"2"表示保温板为主断开；"3"表示保温板与粘结层界面为主断开；"4"表示粘结层为主断开；"5"表示粘结层与找平层界面为主断开；"6"表示找平层为主断开；"7"表示找平层与基体界面为主断开；"8"表示基体为主断开

注：1. XXXXXXXXXXXXXXXXXXXXX。

2. XXXXXXXXXXXXXXXXXXXX。

3. 本公司地址：XXXXXXXXXXXXXXXXXXXXXXX。

4. 电话：XXXXXXXXXXXXXXXXXXXXX。

批准：　　　　　　　　审核：　　　　　　　　　　检测：

## 附录 8.3　某项目植筋静力抗拔检测报告

（1）概述

某项目位于广州市白云区，建设单位为×××，设计单位为×××，监理单位×××，施工单位为××××，该项目建于 2023 年 1 月，目前主体结构暂未完工。该项目植筋采用化学胶植法施工锚固钢筋，为了解该项目植筋的拉拔力是否满足设计要求，受建设单位的委托方要求，我司于 2023 年 10 月 20 日对该工程现场 3 根 HRB400E$\phi$8 植筋进行了抗拔力检测。

（2）检测目的

检测现场所施工的植筋抗拔力是否达到委托检测要求。

（3）检测依据

《混凝土结构后锚固技术规程》JGJ 145—2013。

委托方提供的相关图纸及设计文件。

（4）检测方法

加载方法：本次检测采用连续加载法。

荷载值与加载要求：根据《混凝土结构后锚固技术规程》JGJ 145—2013，本次检测的 HRB400E$\phi$14、HRB400E$\phi$16 植筋最大荷载值取 $0.9 f_y k A_s$ 分别即 55.39kN、72.35kN；连续加载时，应以均匀速率在 2～3min 内加载至最大检验荷载，并持荷 2min。

（5）仪器设备

本次检测所使用的仪器均经广东省计量科学研究院检定合格及校准，并在有效期内。

HC-V10 拉拔仪（编号：G4844）。

（6）检测数据

根据委托单位提供的资料，本次检测的 14mm、16mm 植筋总数量分别约为 623 根、330 根，依据《混凝土结构后锚固技术规程》JGJ 145—2013 附录 C 中 C.2.3 规定：应取植筋检验批总数的 1%且不少于 3 根进行检验，本次 14mm、16mm 植筋检验批分别抽取 7 根、4 根进行检验。本次检测的 1～7 号植筋规格为 14mm，单根植筋的抗拔力最大检测荷载为 55.39kN；8～11 号植筋规格为 16mm，单根植筋的抗拔力最大检测荷载为 72.35kN。

依照检测记录，1～11 号植筋在最大抗拔力检测荷载作用下检测结果汇总见下表。

**检测结果汇总表**

| 编号 | 植筋型号 | 最大检测荷载/kN | 在加载过程中检测荷载作用下 | | | | | | 构件位置 |
| | | | 滑移 | | 荷载下降超过5% | | 局部裂纹、破坏 | | |
| | | | 有 | 无 | 有 | 无 | 有 | 无 | |
| 1 | HRB400E$\phi$14 | 55.39 | | ✓ | | ✓ | | ✓ | 二层梁 1-3～1-4×1-C |
| 2 | HRB400E$\phi$14 | 55.39 | | ✓ | | ✓ | | ✓ | 二层梁 1-3～1-4×1-B |
| 3 | HRB400E$\phi$14 | 55.39 | | ✓ | | ✓ | | ✓ | 二层梁 1-5～1-6×1-B |
| 4 | HRB400E$\phi$14 | 55.39 | | ✓ | | ✓ | | ✓ | 三层梁 1-4×1-A～1-B |

| 编号 | 植筋型号 | 最大检测荷载/kN | 在加载过程中检测荷载作用下 | | | | | | 构件位置 |
|---|---|---|---|---|---|---|---|---|---|
| | | | 滑移 | | 荷载下降超过5% | | 局部裂纹、破坏 | | |
| | | | 有 | 无 | 有 | 无 | 有 | 无 | |
| 5 | HRB400E φ14 | 55.39 | | ✓ | | ✓ | | ✓ | 二层梁 1-3～1-4×1-C |
| 6 | HRB400E φ14 | 55.39 | | ✓ | | ✓ | | ✓ | 六层梁 1-5～1-6×1-C |
| 7 | HRB400E φ14 | 55.39 | | ✓ | | ✓ | | ✓ | 七层梁 1-2×1-B～1-C |
| 8 | HRB400E φ16 | 72.35 | | ✓ | | ✓ | | ✓ | 三层梁 1-5×1-A～1-B |
| 9 | HRB400E φ16 | 72.35 | | ✓ | | ✓ | | ✓ | 四层梁 1-6×1-C～1-D |
| 10 | HRB400E φ16 | 72.35 | | ✓ | | ✓ | | ✓ | 四层梁 1-6×1-C～1-D |
| 11 | HRB400E φ16 | 72.35 | | | | ✓ | | ✓ | 五层梁 1-4～1-5×1-B |

从上表可以看出，1～11 号植筋在最大检测荷载作用下，无滑移、基材混凝土无裂纹或其他局部损坏迹象出现，且加载装置的荷载示值在 2min 内无下降或下降幅度不超过 5%的检验荷载，该 11 根植筋抗拔的检测结果均满足委托检测要求。

（7）结论

由本次检测数据分析可知，7 根 HRB400E$\phi$14 和 4 根 HRB400E$\phi$16 植筋在最大检测荷载作用下，均无滑移、基材混凝土无裂纹或其他局部损坏迹象出现，且加载装置的荷载示值在 2min 内无下降或下降幅度不超过 5%的检验荷载，7 根 HRB400E$\phi$14 和 4 根 HRB400E$\phi$16 植筋的检测结果均满足委托检测要求。根据《混凝土结构后锚固技术规程》JGJ 145—2013 第 C.5.1 条，该 HRB400E$\phi$14 和 HRB400E$\phi$16 植筋检验批均评定为合格检验批。

## 附录 8.4　现场照明检测原始记录示例

### 现场照明检测原始记录

| 检测依据 | 《照明测量方法》GB/T 5700—2023 |
| --- | --- |
| 仪器设备 | □照度计　□测距仪　□电力质量分析仪　□钢卷尺 |
| 测试位置 | 测点位置　　　　测点高度 |

照度实测值（lx）

| | L1 | L2 | L3 | L4 | L5 | L6 | L7 | L8 | L9 | L10 |
| --- | --- | --- | --- | --- | --- | --- | --- | --- | --- | --- |
| W1 | | | | | | | | | | |
| W2 | | | | | | | | | | |
| W3 | | | | | | | | | | |
| W4 | | | | | | | | | | |
| W5 | | | | | | | | | | |
| W6 | | | | | | | | | | |
| W7 | | | | | | | | | | |
| W8 | | | | | | | | | | |
| W9 | | | | | | | | | | |
| W10 | | | | | | | | | | |

| 长/m | | 面积/m² | | 实测功率/W | |
| --- | --- | --- | --- | --- | --- |
| 宽/m | | $E_{min}$ | | 照度均匀度 $U_2$ | |

测点示意图

| 照度设计值（lx） | |
| --- | --- |
| 照度平均值（lx） | |
| 功率密度设计值/（W/m²） | |
| 功率密度实测值/（W/m²） | |

212

## 附录 8.5 现场照明检测报告

| 工程名称： | | | | 报告编号： | |
|---|---|---|---|---|---|
| 委托单位： | | | | 试验类别： | |
| 检测日期： | | | | 报告日期： | |
| 检测区域 | 测点位置 | 照度设计要求（lx） | | 平均照度实测值（lx） | 结论 |
| | | ≤XX | | | |
| | | 照明功率密度设计要求/（W/m²） | | 照明功率密度实测值/（W/m²） | 结论 |
| | | ≤XX | | | |
| 以下空白 | | | | | |
| 备注 | 1. 试验依据：《照明测量方法》GB/T 5700—2023 | | | | |
| | 2. 评定依据：　　　　/ | | | | |
| | 3. 见证单位：　　　　/ | | | | |
| | 4. 见证人（见证编号）：　　　　/ | | | | |
| 声明 | 1. 未经本司书面批准，不得部分复印本报告内容（完整复印除外） | | | | |
| | 2. 本司地址： | | | | |
| | 3. 本报告未使用专用防伪纸无效 | | | | |

批准：　　　　　　　　　审核：　　　　　　　　　　　　试验：

## 附录 8.6 外墙传热系数检测原始记录

| 工程名称： | | | 检测日期： | | |
|---|---|---|---|---|---|
| 检测依据： | | 《居住建筑节能检测标准》JGJ/T 132—2009 | | | |
| 仪器设备： | | 建筑围护结构热工性能测试仪 | | | |
| 时间 | 冷侧温度/℃ | 热侧温度/℃ | 热流密度/（W/m²） | 时间 | 冷侧温度/℃ | 热侧温度/℃ | 热流密度/（W/m²） |
| | | | | | | | |
| | | | | | | | |
| | | | | | | | |
| | | | | | | | |
| | | | | | | | |
| | | | | | | | |
| | | | | | | | |
| | | | | | | | |
| | | | | | | | |
| | | | | | | | |
| 主检： | | | 校核： | | | |

## 附录 8.7 外墙传热系数检测报告

| 工程名称 | | 报告编号 | |
|---|---|---|---|
| 工程地址 | | 构件位置 | |
| 委托单位 | | 委托日期 | |
| 测试起始和结束日期、时刻 | | 报告日期 | |
| 见证信息 | | 见证人：<br>见证号：<br>见证单位： | |
| 设计指标 | 外墙传热系数$K < \times\times$ W/(m² · K) | 检验依据 | 《居住建筑节能检测标准》 JGJ/T 132—2009 |
| 测试方法 | 热流计法 | 数据处理方法 | 动态分析法 |
| 测量周期 | 96h | 测试间隔 | 60s |
| 主要仪器 | 建筑围护结构热工性能测试仪<br>温度传感器：PT100<br>热流传感释：板式热电堆型热流计<br>热箱垂直贴在内墙上，传感器使用玻璃胶贴紧墙面，内侧布 2 个传感器，外侧布 3 个传感器 | | |
| 试件信息 | 围护结构类型：墙。<br>由室外侧到室内侧的构道如下：<br>1：×× <br>2：×× <br>备注：受检墙体构造由监理提供 | | |
| 检验结果 | 热阻：××m² · K/W<br>传热系数$K$：××W/(m² · K) | | |
| 结论 | 所检外墙传热系数符合设计指标 | | |
| 备注 | | | |
| 注：联系电话： | 联系人： | | |

批准：　　　　　　　　　审核：　　　　　　　　　主检：

## 附录9.1　电线电缆检验实例

范例：某电线电缆送了同一规格的样品，试验前所有样品需要在温度（23±5）℃、相对湿度（50±20）%的条件下放置16h后试验时记录温度20℃、湿度55%。将样品编号为样品1、样品2。将样品1放置在单根电线电缆垂直燃烧仪、样品2放置在双臂直流电桥检测仪器，按第9.8节检测步骤进行试验，所检项目符合规范要求。

试验结果如表所示。

| 参数 | 规范要求 | | 样品1 | 样品2 | 检验结果 |
|---|---|---|---|---|---|
| 上支架下缘至炭化部分上起点的长度 | 《电缆和光缆在火焰条件下的燃烧试验 第12部分：单根绝缘电线电缆火焰垂直蔓延试验 1kW 预混合型火焰试验方法》GB/T 18380.12—2022 | ≥50 | 425 | — | 符合 |
| 燃烧向下延伸至距离上支架下缘的长度 | | ≤540 | 499 | — | 符合 |
| 20℃导体电阻/（Ω/km） | 《电缆的导体》GB/T 3956—2008 | 2.5mm² ≤7.41 | — | 7.29 | 符合 |

**电线电缆燃检验报告**

| 工程名称 | — | 报告编号 | — |
|---|---|---|---|
| 委托单位 | — | 样品编号 | — |
| 样品名称 | — | 委托日期 | — |
| 样品数量 | — | 检验日期 | — |
| 检验类型 | — | | |
| 检验依据 | 《电缆和光缆在火焰条件下的燃烧试验 第12部分：单根绝缘电线电缆火焰垂直蔓延试验 1kW 预混合型火焰试验方法》GB/T 18380.12—2022<br>《电线电缆电性能试验方法 第4部分：导体直流电阻试验》GB/T 3048.4—2007<br>《电缆的导体》GB/T 3956—2008 | | |
| 检验项目 | 导体电阻值、单根垂直蔓延试验 | | |
| 设计指标 | — | | |
| 主要仪器 | UUA612 单根绝缘电线电缆垂直燃烧仪，唯一性编号为：<br>双臂直流电桥，SB2230，唯一性编号：<br>游标卡尺，唯一性编号为： | | |
| 样品信息 | 生产厂家：/<br>规格型号（长×宽）：/<br>工程部位：/ | | |
| 检验结果 | | | |

| 参数 | 规范要求 | | 测试值 | 单项判定 |
|---|---|---|---|---|
| 上支架下缘至炭化部分上起点的长度/mm | 《电缆和光缆在火焰条件下的燃烧试验 第12部分：单根绝缘电线电缆火焰垂直蔓延试验 1kW 预混合型火焰试验方法》GB/T 18380.12—2022 | ≥50 | 425 | 符合 |
| 燃烧向下延伸至距离上支架下缘的长度/mm | | ≤540 | 499 | 符合 |
| 20℃导体电阻/（Ω/km） | 2.5mm² | 《电缆的导体》GB/T 3956—2008 ≤7.41 | 7.29 | 符合 |
| 结果判定 | 合格 | | | |
| 备注 | — | | | |

注：1. 未经本中心书面批准，不得涂改、换页、部分复制检验报告（完整复制除外）。

2. 检验地址：×××××；电话：×××××××××、×××××××××；传真：××××

批准：　　　　　　　　审核：　　　　　　　　主检：

## 附录10.1 反射隔热涂料检验实例

范例：某反射隔热涂料试样为平涂型 F。将搅拌混合均匀的涂料刮涂或喷涂在 150mm×70mm×1.0mm 铝合金板表面上，分两次施涂，施涂时间间隔不小于 6h。溶剂型产品干膜总厚度控制在 0.10～0.20mm 的 3 块试样，在标准试验条件下养护 7d 后进行试验。在环境温度 23℃，相对湿度 52%的条件下，将样品编号为样品 1、样品 2、样品 3。分别放置在辐射仪、紫外/可见光/红外分光光度计仪器设备内，按第 10 章检测步骤进行试验，样品经检验，所检项目符合《建筑外表面用热反射隔热涂料》JC/T 1040—2020 的要求。

检测结果如表 1 所示。

检测结果　　　　　　　　　　　　　　　　　　　　　　　　　　表 1

| 检验参数 | 规范要求 | 样品 1 | 样品 2 | 样品 3 | 平均值 | 检验结果 |
|---|---|---|---|---|---|---|
| 半球发射率 | ≥0.85 | 0.88 | 0.88 | 0.89 | 0.88 | 合格 |
| 太阳光反射比 | ≥0.83 | 0.86 | 0.86 | 0.86 | 0.86 | 合格 |

报告示例如下：

### 建筑外表面用热反射隔热涂料检验报告

| 工程名称 | — | 报告编号 | — |
|---|---|---|---|
| 委托单位 | — | 样品编号 | — |
| 样品名称 | — | 委托日期 | — |
| 样品数量 | — | 检验日期 | — |
| 检验类型 | — | | |
| 检验依据 | 《建筑外表面用热反射隔热涂料》JC/T 1040—2020<br>《建筑反射隔热涂料节能检测标准》JGJ/T 287—2014<br>《建筑反射隔热涂料》JG/T 235—2014 | | |
| 检验项目 | 半球发射率、太阳光反射比 | | |
| 设计指标 | — | | |
| 主要仪器 | 半球发射率测试仪 DS、紫外/可见光/红外分光光度计<br>唯一性编号：<br>唯一性编号： | | |
| 样品信息 | 生产厂家：/<br>规格型号（长×宽）：/<br>工程部位：/ | | |
| 检验结果 | | | |
| 检验参数 | 规范要求 | 检测值 | 单项判定 |
| 半球发射率 | ≥0.85 | 0.88 | 合格 |
| 太阳光反射比 | ≥0.83 | 0.86 | 合格 |
| 结果判定 | 合格 | | |
| 备注 | | | |

注：1. 未经本中心书面批准，不得涂改、换页、部分复制检验报告（完整复制除外）。

　　2. 检验地址：×××××；电话：×××××××××、×××××××××；传真：××××

批准：　　　　　　　　审核：　　　　　　　　主检：

## 附录 12.1　灯具光色电特性检验原始记录

| 样品名称 | | 委托编号 | | |
|---|---|---|---|---|
| 产品型号 | | 样品编号 | | |
| 工程名称 | | 送样日期 | 年　月　日 | |
| | | 检验日期 | 年　月　日 | |
| 主要仪器 | □灯具光色电综合测试系统 ZWL-9200GT　唯一性编号：<br>□便携式现场光谱光色综合分析系统 EZ-3000　唯一性编号： | | | |
| 检验依据 | □《光源显色性评价方法》GB/T 5702—2019<br>□《照明测量方法》GB/T 5700—2023<br>□《普通照明用 LED 模块测试方法》GB/T 24824—2009<br>□《单端荧光灯 性能要求》GB/T 17262—2011<br>□《普通照明用非定向自镇流 LED 灯性能要求》GB/T 24908—2014<br>□其他： | | | |
| 试验环境 | 环境温度/℃ | | 环境湿度/% | |
| 检验结果 | 光参数 | | | |
| | 光通量/lm： | | 照度/lx： | |
| | 色参数 | | | |
| | 相关色温/K： | | | |
| | $R_1 =$ | $R_2 =$ | $R_3 =$ | $R_4 =$ |
| | $R_5 =$ | $R_6 =$ | $R_7 =$ | $R_8 =$ |
| | 一般显色指数： | | | |
| | 电参数 | | | |
| | 测试电流/mA： | 正向电压/V： | 功率/W： | |
| 备注 | | | | |

## 附录12.2 灯具光色电特性检验报告

| 样品信息 | | | | |
|---|---|---|---|---|
| 样品编号 | | | 产品名称 | |
| 生产厂家 | — | | 型号规格 | |
| 试验环境 | 环境温度：25℃ 相对湿度：55% | | | |
| 主要仪器 | 灯具光色电综合综合测试系统 ZWL-9200GT 唯一性编号： | | | |
| 设计参数 | 光通量 900lm、光效/灯具初始光效 95lm/W、相关色温 6500K、显色指数 80、功率 12W、功率因数 0.5 | | | |
| 检验项目 | 光通量、光效/灯具初始光效、相关色温、显色指数、功率、功率因数 | | | |
| 检验依据 | 《光源显色性评价方法》GB/T 5702—2019<br>《照明光源颜色的测量方法》GB/T 7922—2023<br>《普通照明用 LED 模块测试方法》GB/T 24824—2009<br>《普通照明用非定向自镇流 LED 灯性能要求》GB/T 24908—2014<br>《反射型自镇流 LED 灯性能测试方法》GB/T 29295—2012 | | | |

| 检验结果 | | | | | |
|---|---|---|---|---|---|
| 序号 | 检测项目 | | 标准要求 | 实测值 | 单项评定 |
| 1 | 光度性能 | 光通量/lm | ≥810<br>光通量不低于标称值的 90%（《普通照明用非定向自镇流 LED 灯性能要求》GB/T 24908—2014） | 899 | 合格 |
| | | 光效/灯具初始光效/（lm/W） | 不低于表 1 的规定值的 90%（《普通照明用非定向自镇流 LED 灯性能要求》GB/T 24908—2014） | 90 | 合格 |
| 2 | 色度性能 | 相关色温/K | 6020～7040<br>《室内用 LED 照明灯具技术规范 第 1 部分：总规范》T/SZSA 008.1—2021 | 6540 | 合格 |
| | | 显色指数 | 不低于表 3 规定值，个别值不应比平均值低 3 个数值（《普通照明用非定向自镇流 LED 灯性能要求》GB/T 24908—2014） | 81.3 | 合格 |
| 3 | 电性能 | 功率/W | 实际消耗功率与额定功率之差不大于 15%或 0.5W（《普通照明用非定向自镇流 LED 灯性能要求》GB/T 24908—2014） | 12.7 | 合格 |
| | | 功率因数 | 实际功率因数应不比生产者的标称值低 0.05（《普通照明用非定向自镇流 LED 灯性能要求》GB/T 24908—2014） | 0.5 | 合格 |
| 结果判定 | | 合格 | | | |
| 备注 | | | | | |

## 附录12.3　管形荧光灯镇流器特性检验原始记录

| 样品名称 | | | | 委托编号 | | | |
|---|---|---|---|---|---|---|---|
| 产品型号 | | | | 样品编号 | | | |
| 工程名称 | | | | 送样日期 | 年 | 月 | 日 |
| | | | | 检验日期 | 年 | 月 | 日 |
| 主要仪器 | | | | | | | |
| 检验依据 | □《普通照明用气体放电灯用镇流器能效限定值及能效等级》GB 17896—2022<br>□ 其他 | | | | | | |
| 试验环境 | 环境温度/℃ | | | 环境湿度/% | | | |
| 检验结果 | 功率参数 | | | | | | |
| | 待机功耗/W： | | | | | | |
| | 实测到被测镇流器-灯 | 功率/W | | 光通量/lm | | | |
| | 实测到基准镇流器-灯 | 功率/W | | 光通量/lm | | | |
| | 实测灯功率/W： | 用基准镇流器 | | 用被测镇流器 | | | |
| | 修正后的被测镇流器功率/W： | | | | | | |
| | 高频工作时额定功率/W： | | | | | | |
| | 镇流器效率/%： | 按《普通照明用气体放电灯用镇流器能效限定值及能效等级》<br>GB 17896—2022 计算 | | | | | |
| | 电参数 | | | | | | |
| | 测试<br>电流/mA： | 正向<br>电压/V： | 电阻/Ω | | | | |
| 备注 | | | | | | | |

## 附录 12.4 管形荧光灯镇流器性能检测报告

| 工程名称 | — | 报告编号 | — |
|---|---|---|---|
| 委托单位 | — | 样品编号 | |
| 样品名称 | 镇流器 | 委托日期 | 年 月 日 |
| 样品数量 | 1件 | 检验日期 | 年 月 日 |
| 工程部位 | — | 报告日期 | 年 月 日 |
| 检验类型 | 普通送检 | | |
| 检验依据 | 《普通照明用气体放电灯用镇流器能效限定值及能效等级》GB 17896—2022 | | |
| 检验项目 | 待机功耗、镇流器效率、镇流器能效等级、镇流器节能评价值 | | |
| 设计指标 | — | | |
| 主要仪器 | DYJ 多用基准镇流器<br>灯具光色电综合测试系统 ZWL-9200GT | | |
| 样品信息 | 生产厂家：/<br>产品型号：/ | | |
| 实验环境 | 环境温度： ℃ 相对湿度： % | | |

| | 序号 | 参数名称 | 检测数据 | 标准要求 | 判定 |
|---|---|---|---|---|---|
| 检验结果 | 1 | 待机功耗/W | 0.91 | 待机功耗不应大于1W | — |
| | 2 | 镇流器效率 | 79.1% | 应不低于能效限定值并符合设计要求<br>≥75% | — |
| | 3 | 镇流器能效等级 | 2级 | 1级≥82.1%、2级≥77.4%、<br>3级≥72.7%（镇流器效率） | — |
| | 4 | 镇流器节能评价值 | 79.1% | 不小于2级的规定镇流器效率<br>（≥77.4%） | — |
| 结果判定 | — | | | | |
| 备注 | — | | | | |

# 参考文献

[1] 崔国庆, 杜思义. 建筑节能工程质量检测: 材料·实体·幕墙[M]. 2 版. 北京: 中国建筑工业出版社, 2021.

[2] 李胜英, 郭春梅. 建筑节能检测技术[M]. 北京: 中国电力出版社, 2017.

[3] 国家质量监督检验检疫局. 建筑材料不燃性试验方法: GB/T 5464—2010[S]. 北京: 中国标准出版社, 2011.

[4] 国家质量监督检验检疫局. 建筑材料可燃性试验方法: GB/T 8626—2007[S]. 北京: 中国标准出版社, 2007.

[5] 国家质量监督检验检疫局. 建筑材料及制品的燃烧性能燃烧热值的测定: GB/T 14402—2007[S]. 北京: 中国标准出版社, 2007.

[6] 国家质量监督检验检疫局. 塑料 用氧指数法测定燃烧行为 第 1 部分: 导则: GB/T 2406.1—2008[S]. 北京: 中国标准出版社, 2008.

[7] 国家质量监督检验检疫局. 塑料 用氧指数法测定燃烧行为 第 2 部分: 室温试验: GB/T 2406.2—2009[S]. 北京: 中国标准出版社, 2009.

[8] 国家质量监督检验检疫局. 塑料 燃烧性能的测定水平法和垂直法: GB/T 2408—2021[S]. 北京: 中国标准出版社, 2021.

[9] 国家质量监督检验检疫局. 建筑材料燃烧或分解的烟密度试验方法: GB/T 8627—2007[S]. 北京: 中国标准出版社, 2007.

[10] 国家质量监督检验检疫局. 建筑材料及制品燃烧性能分级: GB 8624—2012[S]. 北京: 中国标准出版社, 2012.

[11] 国家市场监督管理总局. 建筑玻璃可见光透射比、太阳光直接透射比、太阳能总透射比、紫外线透射比及有关窗玻璃参数的测定: GB/T 2680—2021[S]. 北京: 中国标准出版社, 2021.

[12] 住房和城乡建设部. 建筑门窗玻璃幕墙热工计算规程: JGJ/T 151—2008[S]. 北京: 中国建筑工业出版社, 2009.

[13] 住房和城乡建设部. 建筑节能工程施工质量验收标准: GB 50411—2019[S]. 北京: 中国建筑工业出版社, 2019.

[14] 国家市场监督管理总局. 建筑外门窗保温性能检测方法: GB/T 8484—2020[S]. 北京: 中国标准出版社, 2020.

[15] 住房和城乡建设部. 公共建筑节能检测标准: JGJ/T 177—2009[S]. 北京: 中国建筑工业出版社, 2010.

[16] 住房和城乡建设部. 居住建筑节能检测标准: JGJ/T 132—2009[S]. 北京: 中国建筑工业出版社, 2010.

[17] 国家市场监督管理总局. 电缆和光缆在火焰条件下的燃烧试验 第 12 部分: 单根绝缘电线电缆火焰垂直蔓延试验 1kW 预混合型火焰试验方法: GB/T 18380.12—2022[S]. 北京: 中国标准出版社, 2022.

[18] 国家质量监督检验检疫总局. 电线电缆电性能试验方法 第 4 部分: 导体直流电阻试验: GB/T 3048.4—2007[S]. 北京: 中国标准出版社, 2008.

[19] 工业和信息化部. 建筑外表面用热反射隔热涂料检测: JC/T 1040—2020[S]. 北京: 中国建材工业出版社, 2021.

[20] 住房和城乡建设部. 建筑反射隔热涂料节能检测标准: JGJ/T 287—2014[S]. 北京: 中国建筑工业出版社, 2015.

[21] 住房和城乡建设部. 建筑反射隔热涂料: JG/T 235—2014[S]. 北京: 中国标准出版社, 2014.